# 实时系统

雷向东　张健　雷振阳　李芳芳　/　编著

中南大学出版社
www.csupress.com.cn

·长沙·

## 图书在版编目(CIP)数据

实时系统 / 雷向东等编著. —长沙：中南大学出版社，
2024.6

ISBN 978-7-5487-5652-1

Ⅰ. ①实… Ⅱ. ①雷… Ⅲ. ①实时系统－高等学校－
教材 Ⅳ. ①TP316.2

中国国家版本馆 CIP 数据核字(2023)第 240039 号

# 实时系统
**SHISHI XITONG**

雷向东　张健　雷振阳　李芳芳　编著

| | | |
|---|---|---|
| □ 出 版 人 | 林绵优 | |
| □ 责任编辑 | 韩　雪 | |
| □ 责任印制 | 李月腾 | |
| □ 出版发行 | 中南大学出版社 | |
| | 社址：长沙市麓山南路 | 邮编：410083 |
| | 发行科电话：0731-88876770 | 传真：0731-88710482 |
| □ 印　　装 | 广东虎彩云印刷有限公司 | |

| | | | | |
|---|---|---|---|---|
| □ 开　　本 | 787 mm×1092 mm 1/16 | □印张 18.75 | □字数 480 千字 | |
| □ 版　　次 | 2024 年 6 月第 1 版 | □印次 2024 年 6 月第 1 次印刷 | | |
| □ 书　　号 | ISBN 978-7-5487-5652-1 | | | |
| □ 定　　价 | 88.00 元 | | | |

# 前　言

本书深入浅出地描述了实时系统的框架与工作原理，全面介绍了实时系统设计的各个方面的技术与最新研究成果。本书首先分析实时系统的任务与任务调度，然后详细讨论系统的软硬件设计和编程语言的使用技巧，并阐明实时数据存储和实时通信的性能问题，最后分析容错设计和时钟同步问题，且在每章后面附有习题。

本书结构清晰，理论和实际结合紧密，配以大量的例子和数据图表，具有如下特点：

（1）理论性强。对许多问题用数学语言进行了形式化描述，给出了相关的公式、定义、定理，并进行了推导或证明。

（2）可读性好。每章通过例题阐述了相关实时系统的设计方法和性能评价方法，分析了目前许多先进的实时系统在各个方面的应用。本书不仅理论性强，同时也非常注重联系实际，便于读者阅读。

（3）注重系统设计与性能评价。本书讲述了多种实时系统的设计方法和性能评价方法。读者学会这些设计方法和性能评价方法，对研究和开发其他实时系统很有帮助。

（4）硬件和软件结合。大多数实时系统是由硬件和软件共同组成的，本书在介绍硬件部分和软件部分的工作原理、设计方法和性能评价方法的同时，也给出了在设计实时系统的过程中软件与硬件如何做到平衡的方法。

本书适合作为高等院校计算机科学与技术、自动化等相关专业高年级本科生、研究生的教材，同时可供对实时系统比较熟悉，并且对实时系统设计有所了解的开发人员、广大科技工作者和研究人员参考。

限于编者的水平和经验，加之时间比较仓促，疏漏之处在所难免，敬请读者批评指正。

**编　者**

2024 年 3 月

# 目　录

# 第1章 实时系统的特性及任务

实时系统是指计算的正确性不仅取决于程序的逻辑正确性，也取决于计算结果产生的时间，如果系统的时间约束条件得不到满足，将会发生系统出错的情况。

所谓"实时"，是表示"及时"，而实时系统(real-time system，RTS)是指系统能及时响应外部事件的请求，在规定的时间内完成对该事件的处理，并控制所有实时任务协调一致地运行。

实时系统的正确性不仅依赖系统计算的逻辑结果，还依赖于产生这个结果的时间。实时系统能够在指定或者确定的时间内完成系统功能和对外部或内部、同步或异步事件做出响应的系统，因此实时系统应该具有在事先定义的时间范围内识别和处理离散事件的能力，能够处理和储存控制系统所需要的大量数据。

## 1.1 实时系统概述

一般来说，实时系统是能及时响应外部发生的随机事件，并以足够快的速度处理事件的计算机应用系统。

### 1.1.1 实时系统定义

在实时系统中，系统的正确性不仅取决于系统计算结果的正确性，而且取决于正确结果产生的时间(在分时系统中，只要满足前者即可)。因此实时系统设计者关心系统行为的确定性，确定性也是实时系统的一个重要特征。

实时系统的一个重要应用是实时嵌入式系统。实时嵌入式系统的传统应用领域包括汽车、航空电子、工业过程控制、数字信号处理、多媒体和实时数据库。然而，随着信息和通信技术的持续快速发展及物联网和普适计算的出现，实时嵌入式系统将应用在任何可以智能化的对象中。

### 1.1.2 实时系统特点

实时系统的基本特点如下。

(1)时间约束。

实时系统对外部事件的响应必须在一定时间内完成。同样，所求的各种输出也必须在一定时间内完成，事实上数据的获取、处理及处理数据的输出，都需要在特定的时间内完成。这一时间的总和叫作系统的响应时间。保证在规定的截止时间之内做出响应是实时系统设计的关键。

（2）可预测性。

可预测性是指实时系统能够对实时任务的执行时间进行判断，确定能否满足任务的截止时间要求。实时系统对时间约束要求的严格性，使可预测性成为实时系统的一项重要性能要求。除了要求硬件延迟的可预测性，还要求软件系统的可预测性，包括应用程序的响应时间是可预测的，即在有限的时间内完成必须的工作；操作系统的可预测性，即实时原语、调度函数等运行开销应是有界的，以保证应用程序执行时间的有界性。

（3）可靠性。

大多数实时系统要求有较高的可靠性。在一些重要的实时应用中，任何不可靠因素和计算机的一个微小故障，或某些特定强实时任务（又称关键任务）超过截止时间，都可能引起难以预测的严重后果。为此，系统需要采用静态分析和保留资源的方法及冗余配置，使系统在最坏的情况下也能正常工作或避免损失。可靠性已成为衡量实时系统性能不可缺少的重要指标。

（4）交互作用。

实时系统通常运行在一定的环境中，外部环境是实时系统不可缺少的一个组成部分。计算机子系统一般是控制系统，它必须在规定的时间内对外部请求做出反应，而外部物理环境往往是被控子系统，两者互相作用构成了完整的实时系统。大多数控制子系统必须连续运转，以保证子系统的正常工作或准备对任何异常行为采取行动。

（5）多任务类。

在实时系统中，不仅包括周期任务、偶发任务、非周期任务，还包括非实时任务。实时任务要求满足截止时间，而非实时任务要求其响应时间尽可能地短。多种类型任务的混合，使系统的可调度性分析更加困难。

（6）约束的复杂性。

任务的约束包括时间约束、资源约束、执行顺序约束和性能约束。时间约束是任何实时系统都固有的约束。资源约束是指多个实时任务共享有限的资源时，必须按照一定的资源访问控制协议进行同步，以避免死锁和高优先级任务被低优先级任务堵塞的时间（即优先级倒置时间）不可预测。执行顺序约束是指各任务的启动和执行必须满足一定的时间和顺序约束。例如，在分布式实时系统中，同一任务的各子任务之间存在前驱/后继约束关系，需要执行同步协议来管理子任务的启动和控制子任务的执行，使它们满足时间约束和系统可调度要求。性能约束是指必须满足如可靠性、可用性、可预测性、服务质量（quality of service，QoS）等性能指标。

实时系统在接受一个外部事件请求而开始执行任务后，必须在一个设计时就确定的期限内完成这个任务。也就是说，实时系统中的所有实时任务都有一个在设计时就确定了的完成期限。根据这个完成期限的严格程度，实时系统分为软实时系统、固实时系统和硬实时系统三类。

（1）软实时系统（soft real-time system）。

如果系统完成任务的期限要求不是十分严格，那么这种系统叫作软实时系统。也就是说，软实时系统对于超时具有一定的容忍度，超过允许期限得到的运算结果不会完全没有用，只是这个结果的可信度在某种程度上会降低，或者由此造成的后果还可以容忍。

某些应用虽然提出了时间需求，但实时任务偶尔违反这种需求不会对系统的运行及环境造成严重影响，如视频点播(video on demand, VOD)系统、信息采集与检索系统就是典型的软实时系统。如在 VOD 系统中，系统只需保证绝大多数情况下视频数据能够及时传输给用户即可，偶尔的数据传输延迟不会对用户造成很大影响，也不会造成像飞机失事一样严重的后果。又如在轧钢机中，如果钢板的废品率为 1.5%，尽管辊缝控制系统完成控制任务的时间超过了期限，生产出了不合格产品，但是如果允许把这种钢板以不合格品的形式出售且价格与正品又相差不大，那么这种系统就可看作是一个软实时系统。

(2) 固实时系统(firm real-time system)。

如果系统完成任务的期限到达截止时间，其价值立即降为 0，此后固定为 0，也不会为负值，这样的实时系统叫作固实时系统。

(3) 硬实时系统(hard real-time system)。

如果一个系统必须在极严格的期限内完成实时任务，否则就会产生灾难性的后果，那么这样的实时系统就叫作硬实时系统。对硬实时系统来说，超过期限计算出来的结果是没有任何价值的。因为时过境迁，计算结果再正确也没有用了。在航空航天、军事、核工业等一些关键领域中，应用的时间需求应能够得到完全满足，否则就会造成如飞机失事等重大的安全事故，造成严重的生命财产损失和生态破坏。因此，在这类系统的设计和实现过程中，应采用各种分析、模拟及形式化验证方法对系统进行严格的检验，以保证在各种情况下应用的时间需求和功能需求都能得到满足。例如，战斗机用空空导弹对抗时，如果自己的导弹瞄准发射控制系统计算超过截止时间，那么自己的飞机就已经被打掉了，于是系统的计算结果无论正确与否，都是毫无意义的了。

实时系统价值函数如图 1.1 所示。

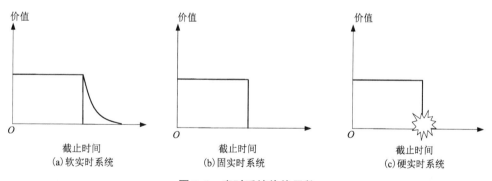

图 1.1　实时系统价值函数

在大多数情况下，实时任务一旦完成，它所形成的结果是不可逆的，即实时任务活动是不可逆的。例如，导弹发射出去后，就不可能让它再恢复原状了。

实时系统中的任务几乎都是由外部事件激活的。例如，用移动电话通信时，只有用户按下了某个按键才会激发电话的某个任务，从而使用相应的功能。另外，有些实时任务是具有周期性的。例如，在工厂中应用的定时采样系统，其任务通常是由定时器来激活的。

## 1.2 实时系统的结构

图1.2显示了一个实时系统控制某个进程的原理框图。被控制的进程和操作环境的状态（例如，压力、温度、速度和高度）通过传感器来获得，作为输入提供给控制器（即实时的计算机）。每个传感器的数据速率都依赖于测量参数的变化。

实时系统有一个确定的应用任务（或工作）的集合，即图1.2中的"工作菜单"，处理这些任务的软件预先载入计算机。如果计算机有一个共享的主存，则全部软件都将被载入。相反，如果它包含一系列属于各个处理器的私有内存，相应的问题就会出现了，即每个任务应该被载入哪个内存，这个问题与任务的分配与调度有关。

"触发生成器"是一种机制，用来触发每个任务的执行。很多任务都是周期性的，这些任务可能需要每$x$ ms执行一次。

计算机的输出被提供给"执行机构"和"显示器"。容错技术确保即使计算机的输出有一些小错误，"执行机构"也会被正确地设置。

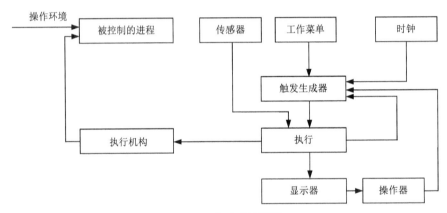

图1.2 实时系统框图

## 1.3 实时任务

### 1.3.1 实时任务定义

实时任务是指任务的结束时间有严格约束，任务必须在截止时间（deadline）之前完成。

在实时系统中，一个应用通常由一组任务构成，每个任务完成应用中的一部分功能，组合后为用户提供特定的服务。

### 1.3.2　实时任务分类

实时任务的分类方法有多种，根据任务的周期划分，可以分为以下三类：

（1）周期任务（periodic tasks）：周期任务是指按一定周期到达并请求运行，每次请求称为任务的一个任务实例，任务实例所属任务的起始时刻称为该任务实例的到达时刻，任务实例被设置为就绪状态的时刻称为该任务实例的释放时刻。

（2）偶发任务（sporadic task）：在偶发任务中，虽然其任务实例的到达时刻不是严格周期的，但相邻任务实例到达时刻的时间间隔一定大于等于某个最小值，即偶发任务的各任务实例按照不高于某个值的速率到达。因此在实际应用中，偶发任务经常被当作周期任务进行处理，其周期为相邻任务实例到达时刻的最小时间间隔。

（3）非周期任务（aperiodic task）：非周期任务是指随机到达系统的任务。

在实时系统中，如果一个任务未能在截止时间前完成，那么称该任务超时。根据是否允许任务超时及超时后对系统造成的影响，实时任务又分为以下四类：

（1）强实时任务（hard real-time task）：通常是指必须在规定时间内完成的任务，不允许有任何任务实例超时。若有任务实例未在截止时间内完成，则会对系统造成不可估量的损失。一般在最坏情况下根据任务的响应时间对强实时任务进行可调度性分析。如果存在最大响应时间大于截止时间的任务，则认为该系统不可调度。

（2）准实时任务（firm real-time task）：通常是指允许任务超时，但若超时，该任务的计算结果就没有任何意义。

（3）弱实时任务（soft real-time task）：通常是指允许任务超时，但超时后该任务的计算结果仍有一定的意义，并且其意义随着超时时间的增加而下降。

（4）弱-强实时任务（weakly hard real-time task）：弱-强实时任务通常是指周期任务，并且具有允许周期任务的一些任务实例超时，但这些超时的任务实例的分布应满足一定的规律的特性。这种要求称为超时分布约束，若不满足超时分布约束，则会造成系统动态失效。

## ▶ 1.4　实时系统性能度量指标

实时系统一般用于某些关键领域，因此必须在投入使用之前进行仔细设计和验证。对系统的验证过程包括用正式的和非正式的方法检查设计的正确性以及描述系统的性能和可靠性。

### 1.4.1　性能度量指标的特性

如何选择性能度量方法对正确描述系统的性能很关键，因为性能度量是对系统性能的描述。为了实用，性能度量必须是简明的，即它必须用很少的数字（甚至是一个）概括出系统的性能。假如使用系统的有效反应时间作为性能度量标准，那这其中就蕴含着平均值的重要性，而不是方差。

一个好的性能度量方法必须满足以下条件。

（1）对相关信息有一种好的描述方式。

（2）对于给定的应用，能够为次要因素的影响性提供一个客观的评判标准。

（3）能够优化设计。

（4）描述可检验的因素。

处理复杂系统的一个难题就是它们本身及环境影响所产生的最大信息量。确定这些单独数据的相关性几乎是不可能的，除非数据之间有一种好的组织方式，且这种方式能突出相关性。

要想对系统的相关性因素进行有效编码，其性能度量指标就必须实用。尽管是对计算机进行评估，但实用性确定了用来进行评价的价值尺度。

系统越复杂，对系统进行优化和改良就越难，进行一个小的改动就可能造成很大的负面作用。例如，改变计算机中总线的数目。多处理机是一种复杂计算机，由于它们的复杂性，所以能够提供各种性质的配置。这种复杂性能够用于复杂系统的优化。

一个性能度量方法如果没有好的推导性是没有实用价值的。为了使人信服，性能度量指标能合理准确地推导出预期结果。那些被认为是可信和合理的推论是以性能描述的实现为依据的。

实时系统的主要特点是必须保证处理结果的时间确定性。在实时系统（含嵌入式系统）中得到广泛应用的性能指标评估方法是基准程序法。通过对实时系统的性能评估，确认系统的时间确定性、可靠性、稳定性等指标。

### 1.4.2　传统的性能评测

可靠性、可用率和吞吐量及相关的评测标准被广泛应用于通用系统中。

可靠性是指在一个给定的时间段内系统不发生失效的概率。可用率指系统运行良好的时间的比率。吞吐量是单位时间内系统能处理的平均指令数。

这些评测标准要求定义对应不同的系统状态，它们应该如何相应地变化。对于简单系统而言，这个问题是显而易见的。但是，当系统缓慢退化时，必须定义一系列的系统故障状态。只要系统不在故障状态之内，它便是可运行的。这一系列的故障状态与特定的应用有关，因为不同的应用对计算机的处理能力要求不同。系统在某段时间内不出现故障的概率表示为这段时间的可靠能力。

期望存活时间表示的是可靠度降到某个特定值以下的时间期望。平均故障前计算量表示的是出现故障之前已经完成的平均计算量。计算可靠性 $R(s, t, T)$ 表示系统能在时刻 $t$ 开始执行任务 $T$，并能成功完成这个任务的概率。系统在时刻 $t$ 的状态为 $s$，假设 $s$ 为功能状态。与此相关的还有计算可用率，表示系统在任意给定时刻的系统计算能力的期望值。

**例 1.1**　考虑一个含有三元处理器组可重新配置的容错系统。一个三元处理器组就是一组 3 个处理器独立运行同一个软件，并行处理相同的任务。当任务完成时，三元处理器组中的处理器的输出结果由表决器产生。如果所有的处理器是相同功能的，那么它们的计算结果便是一致的。如果其中一个处理器失效，另外两个完好的处理器计算结果也将完全一样，则被认为是有效的而被采用。相比之下，那个失效的处理器计算出来的结果就会被认为是无效的而被丢弃。

系统开始时由 8 个功能相同的处理器组成，即 2 个三元处理器组，外加 2 个独立的处理器。该系统可以重新配置，当故障发生时，可以把任何一个可用的功能相同的处理器重新组合进来，以替代出现故障的处理器。例如，如果有 7 个相同功能的处理器，2 个三元处理器组，外加一个独立的具有相同功能的处理器。如果三元处理器组中的一个处理器失效，这个三元处理器组可以被重新组合，用另外一个独立的处理器来代替那个不能工作的处理器，这样就可以重构三元处理器组。很显然，只要在系统中有 6 个有效的处理器，就能维持 2 个三元处理器组正常运行。

假定所有的故障都是永久性的，各处理器发生故障的事件相互独立，每个处理器发生故障的过程为到达率为 λ 的泊松分布。为了简单起见，只考虑处理器出现故障的情况，不考虑表决故障，以及处理器之间的网络故障等问题，不对系统进行任何修复。

图 1.3 为系统的马尔可夫过程图。系统的状态由系统中功能相同的处理器的数目表示，状态范围为 0~9。然而从用户角度来考虑时，系统的性能取决于有效三元处理器组的数目。每一个三元处理器组如虚线框所示，每一组的状态数为 3。令 $\pi_i(\xi)$ 表示系统在 $\xi$ 时刻出现状态 $i$ 的概率。

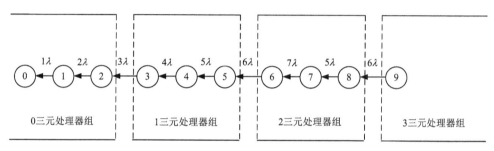

**图 1.3 适度的可降级系统的马尔可夫图**

在 $t$ 时刻，系统的可靠性表示为

$$P_{\text{fail}} = \sum_{i \in \text{FAIL}} \pi_i(\xi)$$

式中：FAIL 集合包含所有被定义为故障的状态。如果将系统出现故障定义为没有任何一个三元处理器组可用，那么 FAIL = {0, 1, 2}；如果将系统故障定义为有 2 个三元处理器组失效，那么 FAIL 为 {0, 1, 2, 3, 4, 5}。

如果每一个三元处理器组每单位时间处理 $x$ 条指令，那么 $\xi$ 时刻系统的吞吐量 $P$ 为

$$P = x \sum_{i=3}^{5} \pi_i(\xi) + 2x \sum_{i=6}^{9} \pi_i(\xi)$$

这种评测标准的缺陷在于它没有考虑到系统硬件、软件和应用程序之间的相互影响。一般来说，可靠性主要体现在硬件和软件上。可用率作为评测系统能否满足执行截止时间的能力标准，实际中的实用性不强。系统较长时间内表现出来的可用率并不能确定单个处理器出现故障的时间长度。吞吐量是一个平均评测指标，它描述了计算机的计算能力，但不能反映不同控制任务的响应时间。

这些传统的评测标准对界定清晰的硬件故障状态非常有效。对复杂系统来说，故障集不仅取决于硬件的状态，还与当前处理器之间的任务分配和调度方法有关。

### 1.4.3 可运行性

可运行性是对传统评测标准的改进，因为它是基于系统控制的进程的执行性能的。这个控制过程被定义为几个实现层次，表现为用户看到的几个不同的性能级别。每一个实现层次与某个特定的控制任务集合的执行有关。为了实现每个控制任务，要求实时系统运行一系列的控制算法。实时计算机的可运行性也就定义为计算机系统达到各个实现层次的概率。如果有 $n$ 个实现层次 $A_1$，$A_2$，$\cdots$，$A_n$，实时系统的可运行性表示为 $P(A_1)$，$P(A_2)$，$\cdots$，$P(A_n)$，这里 $P(A_i)$ 表示计算机按照某种方式运行，以使控制过程能达到 $A_i$ 级实现的概率。这样，用户看到的性能质量就与实时系统的性能联系起来了。

图 1.4 是 4 个分级的可运行性视图。每一层视图由它的上一层视图的需求驱动，并接收下一层视图的输入。下一层的视图总比上一层的更加详细。视图 0 表示就状态变量而言的受控过程，受控过程可以让用户区分进程的状态变量。视图 1 表示更详细的受控过程的任务，这些受控过程任务需要满足一定的时间限制，完成每个局部的性能要求。视图 2 相比于视图 1 更具体，它描述了为完成视图 1 的任务需要执行的具体算法。视图 3 考虑了硬件结构、操作系统及应用软件的属性。

可运行性考虑了视图 1 和视图 2 对操作环境的要求。必须使用适当的控制算法来满足用户要求的性能级别，这些控制算法是操作环境的函数。

通过适当定义实现层次，可以把可运行性简化为任何一种传统的性能评测指标。例如，如果定义实现层次单位时间内处理的工作数，那么就把可运行性简化为吞吐量。然而，可运行性的优点不在于此，而在于它能够实实在在地表达用户能够感知到的性能要求。

视图 0 的目标是指定的用户。在此基础上，在视图 1 中列出了环境条件，受控进程的性能，以及映射视图 0 中每一个层次的计算机性能。视图 1 的目标是控制工程师，控制工程师知道应当运行什么样的控制任务及这些任务的截止时间。视图 1 并不关注任务如何被分配、调度，以及如何在处理器上运行。视图 2 关注计算机的能力，以使其符合在视图 1 中指定的每一个要求。同样，视图 3 主要关注硬件(包括硬件故障率等)、操作系统(包括调度算法)、应用软件(包括软件故障率)。视图 2 和视图 3 是计算机架构师研究的领域。

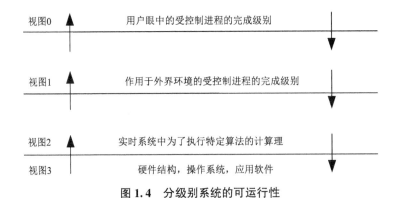

**图 1.4 分级别系统的可运行性**

视图以这种方式组织，用户无须知道控制过程的动态，也不需要知道实时计算机的设计和操作。控制工程师无须关心有关硬件、可执行软件和用来执行控制算法的应用软件的信息。而计算机工程师不需要很了解被控制过程的控制动态,所要关心的只是任务以何种速度启动,以及每个关键任务的硬截止时间。

计算机的执行结果不仅取决于计算机系统,而且取决于那些不可控的外界因素。

### 1.4.4　代价函数和硬截止时间

实时任务通常都有严格的截止时间,要想避免被控制的过程发生灾难性的故障,系统必须在此时间之前执行完这些任务。这些任务还有对应于响应时间的代价函数,这些函数是通过把一个零响应时间的实时系统与给定正响应时间的系统的可执行性进行比较而得到的。

被控制的过程只能在一个给定的状态空间内进行操作,如果它离开了这个状态空间,就会导致故障。任务的硬截止时间定义为能够允许过程被保持在指定的状态空间的最大的计算机响应时间。一个特定任务的执行代价函数由下式给定

$$p(x)-p(0)$$

式中:$p(x)$是对应于一个响应时间为 $x$ 的可执行性。

为了能够精确而又简明地表达任何系统的性能,正确地选择性能度量指标是至关重要的。性能度量指标不仅是一种向用户表达一个计算机对于某种特殊应用所具备的长处的方式,如果选择得合适,这些指标还能够在用户和控制之间,以及控制工程师与计算机工程师之间提供有效接口。

## ▶ 1.5　估计程序运行时间

由于实时系统有截止时间,所以必须精确地估算出程序运行时间。估计一个给定程序的运行时间是个很大的挑战,它取决于以下几个因素:

(1)源程序:仔细组织及优化将使运行时间减少。

(2)编译器:编译器将源程序转换成机器码。这种转换不是唯一的,实际的转换取决于正在使用的编译器的实现。执行时间取决于转换的性质。

(3)机器体系结构:许多影响程序执行时间的结构方面的因素很难被精确定量化。程序的执行需要处理器、存储器及 I/O 设备之间的交互。这种交互能够在多个处理器共享的互联网络(例如,总线)上发生。而花费在网络上的等待时间会影响执行时间。寄存器的数目影响到 CPU 中可以保存的变量数目。寄存器的数目越多,编译器分配寄存器越合理,CPU 的访存次数就越少。Cache 的大小和组织形式同样会影响存储器的访问时间。许多机器使用动态 RAM 作为主存。为了保持动态 RAM 的内容,需要定期刷新。这可以通过定期读和写来完成。刷新优于 CPU,因此也会影响存储器访问时间。

(4)操作系统:在操作系统中,进程调度及存储器组织都对程序的执行时间有重大影响,同体系结构一起决定了中断处理的时间开销。

这些因素能以一种很复杂的方式相互作用。为了获得较准确的执行时间范围,需要精确计算这些相互作用。

高速缓存是为了改善处理器和主存时钟周期的不一致。一次访问所需时间取决于内容是

否在缓存中。如果在高速缓存中，一次访问所需时间就是高速缓存的访问时间。如果不在高速缓存中，则为访问内存的时间。

很难确定一次给定的数据访问高速缓存是否命中，因为很难预知高速缓存中的内容。高速缓存命中率是高速缓存大小、组织、置换策略及处理器要访问顺序的函数。一旦一个块被移进缓存中，它会一直存在缓存中，直到移入其他的块。为了确定一个数据块是否存在高速缓存中，需要知道访问顺序。大多数情况下，准确预测访问顺序是不可能的，有两个主要原因：

（1）条件分支：它确定了程序的执行路径。由于不知道程序将沿哪条分支执行，也不可能沿每条路径都走一遍，因此所需时间与分支数目成指数关系。

（2）抢占：进程 A 被进程 B 抢占，在缓存中进程 A 的数据块需要被移除，腾出空间给进程 B。结果是当进程 A 继续执行时，会发生很严重的缺页现象。这可以通过给每个进程分配一部分缓存来避免，每个进程拥有自己的块，别的进程不能访问。

由于高速缓存效应，实时任务调度是具有挑战性的。存储器干扰是现代多核平台中的重要问题，有效利用高速缓存可以大大减少对存储器的访问，从而节省存储器带宽，减少存储器的干扰。使用高速缓存分区，系统性能在很大程度上取决于如何将高速缓存分区分配给任务，以及将存储器带宽分配给核。许多研究者已经对高速缓存管理中的系统软件问题进行了研究，提出了一种基于集群的实时高速缓存分配方案，该方案考虑了系统的机群信息，满足任务的实时性的同时，防止了存储器访问的干扰。该方案还将空闲时间最大化，以满足任务截止时间的要求，解决高速缓存共分区导致错误的高速缓存分配和高速缓存利用率不足问题。

使用页面着色技术将任务频繁访问页面保存在高速缓存中。在该任务运行时不会被高速缓存替换策略替换出去。主要方法如下：

（1）高速缓存分区。

高速缓存分区的思想是将高速缓存的给定部分分配给系统中的给定任务或核，以减少缓存污染。软件分区技术通常依赖于对高速缓存的间接控制、操作系统、编译器或应用程序级别的地址映射。然而，不容易以系统范围的方式应用。另外，基于硬件的技术需要额外的细粒度平台支持。

（2）高速缓存锁定。

锁定高速缓存的一部分是从缓存替换策略中排除包含的行，以便它们永远不会在任意时间窗口中被逐出。锁定是一种特定于硬件的功能，通常以单行或多行的粒度完成。目前大多数商用嵌入式平台提供的"按行锁定"策略是非原子的，这使得很难预测高速缓存的内容。此外，多核共享缓存通常被物理索引（标记）。因此，如果对锁定条目的物理地址不进行任何操作，在最坏的情况下，可以同时保留锁定的行。

（3）页面着色。

页面着色是指不将特定颜色分配给系统的给定实体，而是对页面进行着色，以确保给定页面将映射到特定的高速缓存集上。这能够有效地将每个实时任务的所有最常访问的内存页打包到高速缓存中，并执行选择性锁定。因而，有效地利用了高速缓存，大大减少对存储器的访问，从而节省存储器带宽，减少存储器的干扰。

虚存是执行时间不确定性的主要来源，用来处理缺页的处理时间，差异很大。要得到准确的缺页率几乎是不可能的。

内存锁定用于锁定内存页面，使页面驻留在存储器中，也就是说，锁定的页面不会被页面替换策略替换出去，一直保持在内存中。Linux 操作系统提供了这种实时功能，这样就允许精确地控制哪个部分必须保存在物理内存中，以减少在内存和磁盘之间传输数据的开销。例如，内存锁定可用于使一个线程常驻于内存中，以监测需立即关注的关键进程。当进程退出时，锁定的内存页面将自动解锁。锁定的内存页面也可以主动解锁。

## ▶ 1.6　实时操作系统性能指标

衡量实时操作系统(real-time operating system，RTOS)实时性能的重要指标如下。

(1)任务切换时间。

当多任务内核决定运行其他任务时，它把正在运行任务的当前状态(即 CPU 寄存器中的全部内容)保存到任务自己的栈中。然后把下一个将要运行的任务的当前状态从该任务的栈中重新装入 CPU 的寄存器，并开始下一个任务的运行。这个过程就称为任务切换。任务切换所需要的时间取决于 CPU 有多少寄存器要入栈。CPU 的寄存器越多，额外负荷就越重。

(2)中断响应时间(可屏蔽中断)。

中断响应时间指计算机接收到中断信号到操作系统做出响应，并完成切换转入中断服务程序的时间。对于占先式内核，要先调用一个特定的函数，该函数通知内核即将进行中断服务，使得内核可以跟踪中断的嵌套。占先式内核的中断响应时间由下式给出：

$$中断响应时间=关中断的最长时间+保护 CPU 内部寄存器的时间$$
$$+进入中断服务函数的执行时间$$
$$+开始执行中断服务程序(ISR)的第一条指令时间$$

中断响应时间是系统在最坏情况下响应中断的时间，如果某系统 100 次中有 99 次在 50 ms 之内响应中断，只有一次响应中断的时间是 250 ms，但也只能认为中断响应时间是 250 ms。

时间确定性包含：

(1)每种处理的开始时刻或者处理结果的提交时刻必须满足响应的时间要求，即在给定的时间内启动并完成相应的任务。

(2)各个不同任务之间必须按照确定的时间顺序进行。这部分涉及对任务执行的优先级处理和调度问题。通过预设一系列的规范，确定任务执行的时间顺序。例如：为所有任务分配不同优先级，或各自评定优先级；高优先级任务确定先执行；任务执行中不得被不高于其本身优先级的其他任务中断或抢占资源；建立任务队列，同等优先级任务按照队列的先进先出规则获得资源或执行。

一个可靠性指标达到预定要求的系统称为可靠系统。可靠性的定量表示称为可靠性指标。这类指标基于统计学原理，主要有可靠度、可用度、失效率、平均生命周期、平均故障间隔时间(mean time between failure，MTBF)等。

专用于实时操作系统整体性能评估的性能有 6 个关键操作的时间量。它们是任务切换时间、抢占时间、中断延迟时间、信号量混洗时间、死锁解除时间和数据包吞吐率。

(1)任务切换时间(task switching time),也称上下文切换时间,定义为系统在两个独立的、处于就绪态并具有相同优先级的任务之间切换所需要的时间。它包括三个部分,即保存当前任务上下文的时间、调度程序选中新任务的时间和恢复新任务上下文的时间。切换所需的时间主要取决于保存任务上下文所用的数据结构及操作系统采用的调度算法的效率。

(2)抢占时间(preemption time),即系统将控制从低优先级的任务转移到高优先级任务所花费的时间。为了对任务进行抢占,系统必须首先识别引起高优先级任务就绪的事件,比较两个任务的优先级,最后进行任务的切换,所以抢占时间中包括了任务切换时间。

(3)中断延迟时间(interrupt latency time),指从中断发生到系统获知中断,并开始执行中断服务程序(ISR)第一条指令所持续的时间间隔。它由四部分组成,即硬件延迟部分(通常可以忽略不计)、RTOS的关中断时间、处理器完成当前指令的时间及中断响应周期的时间。

(4)信号量混洗时间(semaphore shuffling time),指从一个任务释放信号量到另一个等待该信号量的任务被激活的时间延迟。在 RTOS 中,通常有许多任务同时竞争某一共享资源,基于信号量的互斥访问保证了任一时刻只有一个任务能够访问公共资源。信号量混洗时间反映了与互斥有关的时间开销,因此也是衡量 RTOS 实时性能的一个重要指标。

(5)死锁解除时间(deadlock breaking time),即系统解开处于死锁状态的多个任务所需花费的时间。死锁解除时间反映了 RTOS 解决死锁的算法的效率。

(6)数据包吞吐率(datagram throughput time),指一个任务通过调用 RTOS 的原语,把数据传送给另一个任务时,每秒可以传送的字节数。

从这些指标中可以看出,不同的实时系统供应商出于技术和商业目的往往选择的描述指标均不一致,这些不同指标的测试获得环境、实时系统运行的硬件目标 CPU/MPU 等因素之间也存在差异,造成两个实时系统的指标很难做出比较。同时,实时系统的指标并非仅依赖实时操作系统和运行目标的硬件性能。因为实时系统并非独立系统,需要通过 I/O 和各类通信接口与外部对象和环境进行交互。实时系统通过 I/O 构成闭环控制或仿真系统时,整体系统的实时性就不得不考虑 I/O 接口的输入输出与数据传递的性能,这部分性能又与 I/O 硬件本身和硬件执行驱动有关。

## 1.7  本章小结

实时系统是指系统能及时(或即时)响应外部事件的请求,在规定的时间内完成对该事件的处理,并控制所有实时任务协调一致地运行。其中实时任务是随环境而改变的。适用实时系统是指适用于某一类环境或应用的实时系统。本章介绍了实时系统的基本概念、实时任务分类和实时系统性能度量方法。

习  题

1.什么是实时系统?

2.实时系统有哪些特性?

3. 实时系统性能度量方法有哪些？

4. 实时系统必须实现的典型功能有哪些？

5. 在实时应用中为什么必须采用基于优先级的调度？

6. 软实时系统和硬实时系统的主要区别有哪些？

7. 可用性和可靠性之间有哪些区别？可维护性和可靠性有什么联系？

8. 给出一个实时数据库应用的例子，判断是硬实时系统还是软实时系统，并给出理由。

9. 请列举一个既有硬实时约束又有软实时约束的实时嵌入式系统的例子。

10. 请列举一个响应早于预期时间和晚于预期时间都会导致不良后果的实时嵌入式系统的例子。

# 第 2 章 实时任务分配和调度

实时计算的目的是在合适的截止时间内执行其关键的控制任务。本章将探讨如何在处理器间分配任务和调度任务，以保证满足截止时间。

## ▶ 2.1 实时任务

### 2.1.1 任务说明

分配/调度问题定义为：给定一个集合，包含任务、任务的优先约束、资源要求、任务特征和截止时间，在给定的计算机上实现一个可行的分配/调度。

一个任务消耗资源（例如处理时间、内存和输入数据），并输出一个或者多个结果。任务可能有领先约束，此约束指定了某一个或一些任务是否需要领先于别的任务。如果任务 $T_i$ 的输出要用作任务 $T_j$ 的输入，那么任务 $T_j$ 就被约束为让任务 $T_i$ 先执行。优先约束可以用优先图描述。如图 2.1 所示，箭头表明了哪一项任务优先于别的任务。用 $T_i \rightarrow T_j$ 表示任务 $T_i$ 必须先于任务 $T_j$。约束关系（→）具有传递性，即，如果 $T_k \rightarrow T_i$ 且 $T_i \rightarrow T_j$，则 $T_k \rightarrow T_j$。

在一些情况下，>和<用来表述哪一项任务有更高的优先级，也就是说 $T_i > T_j$ 可以表示任务 $T_i$ 的优先级高于任务 $T_j$。

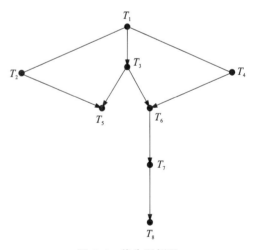

图 2.1 优先图例子

每一个任务都有资源要求，所有的任务都需要一些处理器运行时间，一个任务可能会要求一定量的内存或者总线访问时间。在某些情况下，任务使用的某种资源必须是独占性的（即任务必须单独处理）；其余情况下，资源是非独占性的。根据所实施的操作的不同，同一物理资源可能是独占性的，也可以是非独占性的。例如，内存对象（或者不是原子性写入的其他资源)在被读取的时候是非独占性的,而在被写入的时候,它必须由写入任务独占性地使用。

任务的释放时间是指所有用来开始执行任务的数据都可用的时间,截止时间是任务必须完成执行的时间。截止时间可是"软"的也可是"硬"的,这依赖于对应的任务的性质。任务的相对截止时间是指绝对截止时间减去释放时间,即,如果任务 $T_i$ 有一个相对截止时间 $d_i$ 并且在时刻 $t$ 释放,则到时刻 $t+d_i$ 它必须被执行。绝对截止时间是任务必须完成的时间,在这个例子中,$T_i$ 的绝对截止时间是 $t+d_i$。

### 2.1.2　任务调度

一个任务可能是周期的、偶发的或者非周期性的。一个任务 $T_i$,如果它的释放是周期性的,比如每 $p_i$ 秒释放一次,那么就称此任务为周期的,$p_i$ 称为任务 $T_i$ 的周期。周期性的约束要求任务每个周期正好运行一次,它并不要求任务精确地单独运行一个周期。很多情况下,任务的周期也是它的截止时间。如果任务不是周期性的,则称它为偶发性的,任务可能以不规则的时间间隔被调用。偶发性的任务特征是它们可能被调用速率的上界,通常是这样指定的:即要求一个偶发性的任务 $T_i$ 的多次成功调用能在至少 $t(i)$ 秒内及时地被分开。偶发性任务也称为非周期任务。

如果所有的任务都是在释放时间之后开始,在截止时间之前完成,则任务分配/调度被称为是可行的。如果一个分配/调度算法 A 运行在一组任务上时,产生一个可行的调度,称此组任务是算法 A 可行的。在实时调度中,大部分工作都涉及获得可行的调度。

给定与任务相关的任务特征、执行时间和截止时间,任务可以被分配到不同的处理器中,并在这些程序中相互调度。调度可以形式上定义一个函数:

$$S: 处理程序集合 \times 时间 \rightarrow 任务集合 \tag{2.1}$$

$S(i, t)$ 是调度到处理程序 $i$ 上准备在时刻 $t$ 运行。

任务的相对优先级是关于任务本身的性质和被控制过程当前状态的参数。例如,飞机控制稳定性的任务必须以很高的频率运行,相对于控制机舱压力的任务来说,应当被分配一个较高优先级。同样,一个任务可能包含多个相位或模态,同一个任务的优先级也可能随着相位的变化而变化。

例如,飞机的飞行可以分解为诸如起飞、爬升、巡航、降落、着陆等阶段,在每个阶段中,任务协调、任务优先级和任务截止时间都可能不同。

有的算法假设同一模式的任务优先级不随时间变化,这被称为静态优先级算法。与之相对,动态优先级算法假设优先级随时间变化。静态优先级算法和动态优先级算法最著名的例子分别是速率单调(rate monotonic,RM)算法和最早截止时间优先(earliest deadline first,EDF)算法。

调度可以是抢占调度的或者非抢占调度的。如果任务可以被其他任务打断,则调度称为抢占调度的。对于非抢占调度的任务,如果开始运行,则一直运行到任务完成或者被一个资源堵塞。实时系统中主要是抢占调度,只要可能,当需要满足截止时间时,必须允许关键性的任务中断次关键性的任务。

**例 2.1**　考虑一个有两个任务的系统,假设任务 $T_1$ 和 $T_2$ 的释放时间分别是 1 和 2,截止时间 6 和 9,执行时间是 3.25 和 2。在图 2.2 中,调度 $S_1$ 满足两个截止时间。然而,假设遵循非常完美的策略,当有任务等待运行的时候,不让处理器空闲,于是,我们将得到调度 $S_2$。结果是任务 $T_2$ 不满足截止时间。

在调度 $S_1$ 中,当 $T_1$ 在时刻 1 到达时,任务 $T_2$ 将继续执行,这样 $T_1$ 的截止时间太紧,使得任务 $T_1$ 不能在此截止时间之前完成。

相比之下,$S_3$ 是一个抢占调度算法,当任务 $T_1$ 被释放的时候,它就开始执行。当任务 $T_2$ 到达时,抢先于任务 $T_1$ 开始执行直到完成,这样就满足截止时间的要求。接着,任务 $T_1$ 从停止的地方继续执行,也能满足截止时间。

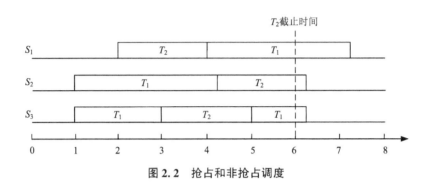

图 2.2　抢占和非抢占调度

然而,抢占调度也有一些损失。为了允许任务可以正确地恢复,一些操作必须由系统来完成。当一个任务被取代时,一些寄存器的值必须被保存下来,当任务恢复的时候,这些值也要恢复到寄存器中。抢占调度有时候不可能做到。比如磁盘系统正在写扇区的时候,它不可能简单地停止当前的操作,必须运行直到完成,否则被影响的扇区将会不连续。

在超过两个处理器的系统中,大多数分配/调度问题都是 NP 完全问题,因此必须使用启发式算法,而大多数启发式算法都是根据单处理器调度问题推导的,这是由于单处理器调度比较容易实现。开发多处理器调度的任务因此分为两个步骤:首先给多处理器分配任务,然后运行单处理器调度算法,调度分配给每个处理器的多个任务。如果一个或多个调度证明是不可行的,则要么返回分配任务的步骤,改变分配方式,要么宣布无法调度,然后停止。

### 1. 单处理器调度算法

(1)传统的速率单调(RM)算法:任务集包括周期、抢占任务,它们的截止时间等于任务周期。在 RM 算法下,如果总处理器使用不大于 $n(2^{1/n}-1)$,则一个包含 $n$ 个任务的任务集是可以调度的。任务优先级是静态的,与它们的周期反向相关。RM 算法是最优的静态优先级单处理器调度算法,而且是一个使用非常广泛的算法。

(2)速率单调延迟服务(deferred server, DS)算法:除了它可以处理周期的和非周期的任务之外,它与 RM 算法近似。

(3)最早截止时间优先(EDF)算法:任务是抢占的,截止时间靠前的任务具有高优先级。EDF 算法是最优的单处理器调度算法,如果任务集在单处理器上用 EDF 算法无法调度,那么也没有别的处理器可以成功调度这个任务集。

(4)优先和排斥条件(precedence and execusion conditions)算法:RM 算法和 EDF 算法都

假设任务在任何时刻都是独立的，可以抢占的。优先和排斥条件算法不允许某些任务打断其他任务，不考虑优先级。

（5）多任务版本（multiple task versions）算法：在一些情况下，系统有任务的基本版本和替代版本，这些版本的运行时间和输出质量不同。基本版本是完备的任务，提供顶级质量的输出；替代版本是骨架性质的任务，提供较低质量的输出（但仍然可以接受），占用相对少的运行时间。如果系统有足够的时间，它就执行基本版本。然而，在超载的情况下，可能会使用替代版本。

（6）IRIS（increased reward with increased service）任务：IRIS 表示服务增加，回报也增加。很多算法有这样的特性：它们能被早早地停止，但继续运行仍然提供有用的输出。输出的质量是运行时间的单调非减函数，迭代算法（比如计算 $\pi$ 和 e 的算法）就是这样的一个例子。

**2. 多处理器调度算法**

除了在最简单化的假设下，任务分配调度问题是 NP 完全问题，所以必须采用启发式算法。

（1）使用率平衡（utilization balancing）算法：这种算法在给处理器分配任务的时候是一个一个地进行的，并且保证每一个步骤之后，不同处理器的使用率是尽可能均衡的。本算法假设任务是可抢占的。

（2）容器封装算法（bin-packing）算法：容器封装算法给处理器分配任务的时候遵循一个约束条件，即总处理器利用率不能超过一定的阈值。本算法假设任务是可抢占的。

（3）近视离线调度（myopic offine scheduling）算法：这种算法可以处理非抢占的任务。

（4）集中寻址和竞标（focused addressing and bidding，FAB）算法：在这种算法中，假设任务都到达同一个处理器。如果某个处理器发现不能满足截止时间或其所有任务的其他约束条件，就试着把某些工作量卸载给别的处理器。通过宣布该处理器将卸载哪一些任务并等待别的处理器主动接过任务，使算法得以实现。

（5）伙伴策略（buddy strategy）：伙伴策略近似地与集中寻址和竞标算法采取同样的方法。处理器被分为三类：低于负载的、满载的和超载的。超载的处理器请求低于负载的处理器接过一些它们的负载。

（6）优先约束分配（assignment with precedence constraints）：优先约束分配将任务的优先约束条件考虑在内。通过使用试错法，尽力将通信量最大的任务分配到同一个处理器内，这样可以最小化通信量。

## 2.2 经典的单处理器调度算法

本章中使用到的符号如表 2.1 所示。

表 2.1　本章使用到的符号

| 符号 | 含义 |
|---|---|
| $n$ | 任务集中任务的数量 |
| $e_i$ | 任务 $T_i$ 的执行时间 |
| $P_i$ | 如果任务是周期的，$P_i$ 为任务的周期 |
| $I_i$ | 任务 $T_i$ 的第 $k$ 个周期开始于时刻 $I_i+(k-1)P_i$，这里 $I_i$ 被称作任务 $T_i$ 的相位调整 |
| $d_i$ | 任务 $T_i$ 的相对截止时间（相对于释放时间） |
| $D_i$ | 任务 $T_i$ 的绝对截止时间 |
| $r_i$ | 任务 $T_i$ 的释放时间 |
| $h_T(t)$ | 在绝对截止时间不迟于 $t$ 的任务集 $T$ 中，所有重复任务的执行时间 |

现在对 RM 和 EDF 算法作如下假设：

A1：没有任务有非抢占的区域，并且抢占的成本是极小的。

A2：只有处理要求是显著的，内存、I/O 和别的资源要求都可以忽略。

A3：所有的任务都是独立的，没有优先约束。

这些假设极大地简化了对 RM 和 EDF 算法的分析。假设 A1 表明可以在任何时间抢占任何任务，此后还可以恢复它，这个过程没有损失。一个任务被抢占的次数不改变处理器的总工作负载。从 A2 可以得出，为了检查可行性，只需要保证足够的处理容量，以在截止时间的要求下执行任务，没有内存或者其他约束条件导致问题变得复杂。A3 表明不存在优先约束，意味着任务的释放时间不依赖于其他任务的结束时间。

当然也有很多系统假设 A1 和 A3 都不是很好的近似。

### 2.2.1　速率单调算法

速率单调（RM）算法是在实际学习和应用中普及的算法之一。它是一个单处理器静态优先级抢占算法。下面再进一步假设，作为 A1～A3 的补充。

A4：任务集合中的所有任务都是周期的。

A5：任务的相对截止时间等于它的周期。

假设 A5 极大简化了 RM 算法的分析，因为它保证了在任何时候、任何有效的任务最多只有一次迭代。

任务的优先级与它的周期反向相关，如果任务 $T_i$ 比任务 $T_j$ 的周期小，那么它比 $T_j$ 的优先级高。高优先级的任务可以抢占低优先级的任务。

**例 2.2**　假设系统中有三个任务，$P_1=2$，$P_2=6$，$P_3=10$，执行时间是 $e_1=0.5$，$e_2=2.0$，$e_3=1.75$，并且 $I_1=0$，$I_2=1$，$I_3=3$。由于 $P_1<P_2<P_3$，任务 $T_1$ 具有最高的优先级，它每次被释放都抢占任何在处理器中运行着的任务。类似地，如果任务 $T_1$ 或 $T_2$ 没有完成，那么任务 $T_3$ 不可能运行。图 2.3 给出了 RM 算法对系统中三个任务调度的过程。

如果任务的总使用率不大于 $n(2^{1/n}-1)$，$n$ 是将被调度的任务的数量，则 RM 算法可以使得所有的任务满足它们各自的截止时间。这是充分非必要条件，也就是说通过 RM 算法，可

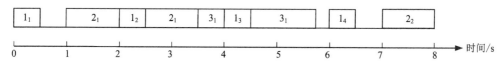

图 2.3　例 2.2RM 算法调度

以调度使用率大于 $n(2^{1/n}-1)$ 的任务集。

现在研究一下 RM 算法可调度性的充分必要条件。假设任务的相位是全零的(即每一个任务的第一次迭代在时刻 0 被释放),观察每一个任务的第一次迭代。启动任务 $T_1$,这是最高优先级的任务,所以它不会被系统中的其他任务耽搁。当任务 $T_1$ 被释放时,处理器会中断它正在运行的任务,而去执行任务 $T_1$。因此,为保证任务 $T_1$ 能被可行的调度需要满足唯一的条件 $e_1 \leqslant P_1$,这显然是一个必要条件,也是一个充分条件。

现在考虑任务 $T_2$。如果它的第一次迭代能在 $[0, P_2]$ 上找到足够的时间,它就可以成功的运行。假设任务 $T_2$ 在时刻 $t$ 结束,在 $[0, t]$ 上释放的任务 $T_1$ 的总迭代次数是 $\lceil t/P_1 \rceil$,为了使任务 $T_2$ 在时刻 $t$ 结束,在 $[0, t]$ 释放的任务 $T_1$ 的每一次迭代都必须被完成,此外还必须有可用的 $e_2$ 去执行任务 $T_2$,即满足条件

$$t = \lceil \frac{t}{P_1} \rceil e_1 + e_2 \tag{2.2}$$

如果可以找到 $t \in [0, P_2]$ 满足这个条件就可以了。

于是现在面临的问题就是如何检查这样的 $t$ 是否存在。毕竟每一个间隔都有无穷数量的点,因此不可能毫无遗漏地对每一个可能的 $t$ 进行检查。解决方案基于这样一个事实: $\lceil t/P_1 \rceil$ 只有在 $P_1$ 的倍数时才会改变,跳越值为 $e_1$。因此,如果证明存在某个整数 $k$ 使得 $kP_1 \geqslant ke_1 + e_2$,并且 $kP_1 \leqslant P_2$,就满足了 $T_2$ 在 RM 算法下能够被调度的充分必要条件。也就是说,只需检查是否对于某个为 $P_1$ 的倍数的值 $t(\, t \geqslant \lceil t/P_1 \rceil e_1 + e_2)$ 成立,使得 $t \leqslant P_2$。由于小于或者等于 $P_2$ 的 $P_1$ 的倍数个数是有限的,因此检查是有限的。

最后考虑任务 $T_3$。同样,只需要证明它的第一次重复在 $P_3$ 前完成就足够了。如果任务 $T_3$ 在时刻 $t$ 执行完毕,则对于任务 $T_2$ 的同一变量,必然有

$$t = \lceil \frac{t}{P_1} \rceil e_1 + \lceil \frac{t}{P_2} \rceil e_2 \tag{2.3}$$

任务 $T_3$ 是可调度的充分必要条件是存在某个 $t \in [0, P_3]$ 满足上面的条件。但是上面等式的右边只有在 $P_1$ 和 $P_2$ 的倍数时才发生跳变,因此只需要检查不等式

$$t \geqslant \lceil t/P_1 \rceil e_1 + \lceil t/P_2 \rceil e_2 + e_3 \tag{2.4}$$

对于满足 $t \leqslant P_3$ 且为 $P_1$ 和/或 $P_2$ 的倍数的某个 $t$ 是否成立。

一般而言的充分必要条件,需要一些新添加的符号

$$W_i(t) = \sum_{j=1}^{i} e_j \lceil \frac{t}{P_j} \rceil \tag{2.5}$$

$$L_i(t) = \frac{W_i(t)}{t} \tag{2.6}$$

$$L_i = \min_{0 < t \leqslant P_i} L_i(t) \tag{2.7}$$

$$L = \max \{ L_i \} \tag{2.8}$$

式中: 任务 $W_i(t)$ 是被任务 $T_1$, $T_2$, $\cdots$, $T_i$ 所执行的工作总量, 在区间 $[0, t]$ 被初始化。

如果所有的任务都在时刻 0 被释放, 那么任务 $T_i$ 在 RM 算法下将会在时刻 $t'$ 完成, 使得 $W_i(t') = t'$。

可调度性的充分必要条件如下: 给定一个由 $n$ 个周期任务 (满足 $P_1 \leqslant P_2 \leqslant P_3 \cdots P_n$) 构成的集合。任务 $T_i$ 能够使用 RM 算法切实可行的调度的充分必要条件是 $L_i \leqslant 1$。

偶发任务都是不规则释放的, 常常是对操作环境里发生的某个事件的反应。然而偶发性任务与这些事件没有周期性的联系, 不过偶然任务必然存在某种最大的释放比率。也就是说, 在重复发生的偶发任务成功释放的间隔中, 必然有某个最小间隔时间, 否则, 能够添加到系统中断偶发任务的工作总量没有限制, 这将无法确保满足任务完成的截止时间的要求。

一种处理偶发任务的方法: 简单地把它们看成是周期等于其最小间隔时间的周期性任务来考虑。

合并偶发任务最简单的办法就是设定一个虚拟的周期任务, 此任务是最高优先级并且有某个已调好的假定的执行周期。在这段时间内, 此任务将在预定的处理器上运行, 处理器能够被用来处理任何可能正在等候服务的偶发任务。过了这段时间以后, 处理器将专门处理周期任务。

**例 2.3** 假设系统中有最高优先级的任务, 其周期为 10, 执行时间为 2.5。在图 2.4 中阴影部分表示的时间段内, 这个任务占用了处理器, 阴影所示的时间段被单独分开, 用于执行任何未处理完的偶发任务 (每 10 个时间单元), 处理器最多能够用 2.5 个时间单元来处理偶发任务。如果在这段时间内没有正在等待服务的偶发事件, 处理器将处于空闲状态。在阴影时间段以外, 处理器不能用来处理偶发事件。

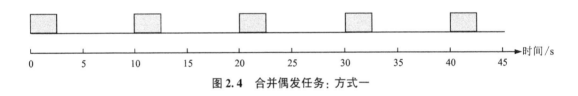

图 2.4 合并偶发任务: 方式一

用延迟服务 (DS) 的方式能够减少处理器资源的浪费。无论什么时候, 如果处理器被安排处理偶发事件时发现没有正在等待处理的偶发任务, 则处理器将按照优先级的顺序开始执行别的周期任务。然而, 如果有一个偶发任务到来, 此任务将抢占周期任务的处理时间, 最多能够占用的时间总数为分配给偶发任务的时间。

**例 2.4** 在图 2.5 中, 偶发任务占用的处理器时间如阴影部分所示。每 10 个时间单元中的 2.5 个时间单元被分配给偶发任务。一个在时刻 5 到达的偶发任务需要 5 个时间单元并且占用了处理器。在时刻 7.5, 处理器已经为此任务提供了当前周期内的长度为 2.5 个单元的全部时间份额, 因此这个偶发性任务停止执行, 处理器分别为别的任务所占有。在时刻 10, 另一个偶发任务开始, 于是在接下来的 2.5 个时间单元, 处理器提供服务给偶发任务。接下来的一个偶发任务在时刻 27.5 到达, 它需要的总执行时间为 7.5 个时间单元。此任务从当前周期 [20, 30] 中可以得到 2.5 个时间单元, 再加上下一个周期 [30, 40] 中的 2.5 个时间单元。因此, 此任务在时间段 [27.5, 32.5] 中占用了处理器。在时刻 32.5, 此任务在周期 [30, 40] 内的处理器时间份额已经用尽, 因此它放弃了处理器的使用权。在时刻 40, 一个新的偶发任务开始,于是这个偶发性任务得到它的最后 2.5 个时间单元的服务,此任务最终在时刻 42.5 完成。

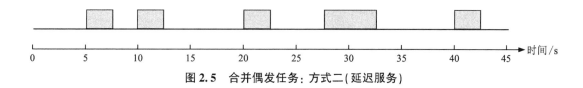

**图 2.5　合并偶发任务:方式二(延迟服务)**

与基本 RM 算法调度准则的推导类似,可以推导出 DS 算法的调度原理。当所有任务对应的截止时间等于它们的周期,并且 $U_s$ 是分配给偶发任务的处理器使用的时候,如果总的任务利用(包括偶发任务的贡献在内) $U$ 满足下面的约束条件:

$$U \leqslant \begin{cases} 1 - U_s, & U_s \leqslant 0.5 \\ U_s, & U_s > 0.5 \end{cases} \tag{2.9}$$

则调度周期任务是有可能的。当 $U_s \geqslant 0.5$ 的时候,有可能构造一个其调度不可行的周期任务集,这些任务的处理器占有率为任意小(但是为正)。

假定 $P_s = 6$ 是延迟服务的周期,而 $P_1 = 6$ 是周期任务 $T_1$ 的运行时间。设为偶发任务预留的执行时间为 $e_s = 3$,也就是说 $U_s = 3/6 = 0.5$。于是,如果偶发任务占用了紧接着的每一个长度为 3 的时间片,那么在整个 $P_1$ 的周期内没有时间提供给任务 $T_1$。

式(2.9)是时间可估计性的一个充分不必要条件:即使 $U_s \geqslant 0.5$,也很容易构造可行的周期任务集。

RM 算法的一个缺点是任务优先级是按照它们的周期定义的。有时,必须改变任务的优先级以确保所有的关键任务都能够完成。

**例 2.5**　假定给定平均执行时间 $a_i$、任务周期 $P_i$ 和最差情况下任务 $T_i$ 的执行时间 $e_i$。考虑具有下面所列特性的四个任务组成的集合(表 2.2)。

**表 2.2　例 2.5 表**

| $i$ | $e_i$ | $a_i$ | $P_i$ |
|-----|-------|-------|-------|
| 1 | 20 | 10 | 100 |
| 2 | 30 | 25 | 150 |
| 3 | 80 | 40 | 210 |
| 4 | 100 | 20 | 400 |

假设任务 $T_1$、$T_2$ 和 $T_4$ 是关键性的,而任务 $T_3$ 是非关键性的。易于验证,如果在这个任务集上运行 RM 算法,那么当这四个任务都花费了最差情况下的执行时间,不能保证全部四个任务的顺利进行。然而,在一般情况下,这些任务都是能够用 RM 算法调度的。问题是按照 RM 算法如何安排这些任务,使得即使在最糟糕的情况下全部的关键性任务也能够满足截止时间的要求;在其他情况下,使得任务 $T_3$ 能够满足截止时间的要求。

解决的办法就是通过改变任务 $T_4$ 的周期来提高任务 $T_4$ 的优先级。用任务 $T_4'$ 来代替任

务 $T_4$，新的参数如下 $P_4'=P_4/2$，$e_4'=e_4/2$，$a_4'=a_4/2$。很容易验证，即使在最差的情况下，任务 $T_1$、$T_2$、$T_4'$ 也都是 RM 算法可调度的。现在任务 $T_3$ 的优先级比任务 $T_4'$ 要低。无论何时算法安排执行任务 $T_4'$，都能够运行任务 $T_4'$ 的代码。根据取得 $e_4'$ 的方式可知，如果 $\{T_1, T_2, T_4'\}$ 是一个 RM 算法可调度的集合，就会有足够的时间完成任务 $T_4$ 的运行。

一个减小任务 $T_4$ 的周期的可取方法是设法延长任务 $T_3$ 的周期。只有当对应于任务 $T_3$ 的截止时间远大于它原来的周期时才能采用这个方法。在这种情况下，可以用两个任务 $T_3'$ 和 $T_3''$ 来代替任务 $T_3$，若每个任务的周期都是 420（即 210×2），则最差情况下的执行时间为 $e_3'=e_3''=80$，一般情况下的执行时间为 $a_3'=a_3''=40$。调度程序将必须使任务 $T_3'$ 和 $T_3''$ 同步，以便它们能够分别被释放出 $P_3=210$ 个时间单元。如果合成的任务集 $\{T_1, T_2, T_3', T_3'', T_4\}$ 是 RM 任务可调度的，目的就达到了。

一般来说，如果通过一个因数 $K$ 延长周期，将用 $K$ 个任务来替代原来的任务，每一个任务都按照合适的总量来进行同步。如果通过一个因数 $K$ 来缩短周期，将用一个任务来代替原来的任务，这个任务的执行时间也被因数 $K$ 缩短。

### 2.2.2 最早截止时间优先算法

采用最早截止时间优先（EDF）算法的处理器总是优先执行当前绝对截止时间最早的任务。最早截止时间优先是一个动态优先级调度算法，它的任务优先级并不固定，随着任务的绝对截止时间的接近程度而变化。最早截止时间优先算法又被称为单调截止时间调度算法。

**例 2.6** 分析表 2.3 所示的一系列任务（非周期的）到达一个系统的情况。

表 2.3 例 2.6 表

| 任务 | 释放时间 | 执行时间 | 绝对截止时间 |
| --- | --- | --- | --- |
| $T_1$ | 0 | 10 | 30 |
| $T_2$ | 4 | 3 | 10 |
| $T_3$ | 5 | 10 | 25 |

当任务 $T_1$ 到达时，它是唯一等待运行的任务，因此立即开始执行。任务 $T_2$ 在时刻 4 到达，因为 $d_2<d_1$，它的优先级高于 $T_1$，因而打断 $T_1$ 抢先开始运行。任务 $T_3$ 在时刻 5 达到，由于 $d_3>d_2$，因此任务 $T_3$ 的优先级低于任务 $T_2$，必须等待任务 $T_2$ 执行完毕。当任务 $T_2$ 执行完毕（时刻 7）后，任务 $T_3$ 开始执行（它的优先级高于 $T_1$）。任务 $T_3$ 一直运行到时刻 15，此时任务 $T_1$ 继续执行直到完成。

在处理 EDF 算法的时候，假定为 RM 算法所做的那些假设都成立，只有一点除外，那就是这些任务不必是周期性的。

EDF 算法是最优的单处理器调度算法。也就是说，如果 EDF 算法不能在一个处理器上合理地调度一个任务集，那么所有其他的调度算法也不能做到。

如果所有的任务都是周期的，并且对应的截止时间等于它们的周期，对任务集的调度性的测试是非常简单的：如果任务集的总利用率不大于 1，那么任务集就可以由 EDF 算法在一个单处理器上进行合理的调度。

### 2.2.3　IRIS 任务的单处理器调度

假定为了得到一个可接受的输出，一个任务不得不完成。另外，若不完成任务，将得不到回报。这就是说，就如同任务没有运行一样。然而很多任务并非如此。例如，迭代算法。算法运行越久，输出质量就越高（最高达到某一最大运行时间）。

图 2.6 是计算 π 值的一种算法。步骤 2 执行次数越多，$P$ 值作为 π 的近似值就越精确（目标是将计算值限制在有限位数的精确度以内）。计算值同 π 的精确值之间的误差在步骤 1 时误差最大，在此之后误差迅速减小。

寻找某一复杂功能的最小值的搜索算法也是迭代算法。在参数空间搜索得越久，获得最优解或接近最优解的机会越大。

---

步骤 1：设 $A=\sqrt{2}$，$B=\sqrt[4]{2}$，$P=2+\sqrt{2}$。

重复步骤 2 足够多次。

步骤 2：计算

$$A = \frac{\sqrt{A} + 1/\sqrt{A}}{2}$$

$$P = P\left(\frac{A+1}{B+1}\right)$$

$$B = \frac{B\sqrt{A} + 1/\sqrt{A}}{B+1}$$

$B$ 就是 π 的近似值。

---

**图 2.6　计算 π 值的算法**

下棋算法是通过预测次数评价步骤的优越性。次数越多，预测得越远，评价也越精确。这种任务就是回报随服务增加而增加（IRIS）的任务。同 IRIS 任务相联系的回报函数随提供服务的增加而增大。一般地，回报函数有以下形式

$$R(x) = \begin{cases} 0, & x < m \\ r(x), & m \leqslant x \leqslant (o+m) \\ r(o+m), & x > (o+m) \end{cases} \tag{2.10}$$

在这里，$r(x)$ 随 $x$ 单调递减。回报从零上升到某一值 $m$。若任务未执行到那一点，将会产生无用的输出。带有这种回报函数的任务可以看作有一个强制因子和一个可选因子。若任务为关键的，则强制部分（执行时间为 $m$）必须在截止时间内完成，而可选部分则在时间允许的条件下完成。可选部分完成需要总时间 $o$。在任何情况下，任务的执行在到达截止时间 $d$ 时必须停止。

任务调度可以被描述为在满足所有任务的强制部分必须完成的约束条件下，调度任务使得回报最大。

当没有释放时间、截止时间及回报函数的限制时，这个最优化问题是一个 NP 完全问题。然而对一些特殊情况，能找到调度算法。

对于任务 $T_i$，相同的线性回报函数可写为

$$R_i(x) = \begin{cases} 0, & x < m_i \\ x - m_i, & m_i \leq x \leq (o_i + m_i) \\ o_i, & x > (o_i + m_i) \end{cases} \tag{2.11}$$

也就是说，执行一个可选命令单元的回报是一个单位。在所有任务的强制部分必须在最终期限之前完成的约束条件下，回报函数获得最大值，则该调度算法就是最优的。

IRIS1 算法如图 2.7 所示。首先，对任何任务完成的可选部分的一个单元，可以得到一个回报单元，受到所有强制部分必须完成的限制，最高的回报在处理器尽可能长时间运转时得到。

---

步骤 1：在任务集 $T$ 上运行 EDF 算法，产生一个调度 $S_t$。
  if 可行，一个最优规划被找到：停止。
  else 转向步骤 2。
  end if
步骤 2：已在任务集 $M$ 上运行 EDF 算法，产生一个调度 $S_m$。
  if 这个集合不可行，则集合 $T$ 不能被调度：停止。
  else
   定义：当调度任务改变或处理器变成空闲时，$a_i$ 是 $S_m$ 中的第 $i$ 个时刻，$i = 1, 2, \cdots, k$，
    是这些时刻的总数。
   定义：$a_0$ 是 $S_m$ 中第一个任务被执行的时刻。
   定义：$\tau(j)$ 是 $S_m$ 中 $[a_j, a_{j+1}]$ 时间段执行的任务。
   定义：$L_t(j)$ 和 $L_m(j)$ 分别是 $a_j$ 时刻后，$S_m(j)$ 和 $S_t(j)$ 中任务 $\tau(j)$ 的总执行时间。
   转向步骤 3。
  end if
步骤 3：$j = k-1$
 do while($0 \leq j \leq k-1$)
  if ($L_m(j) > L_t(j)$) then
   修改 $S_t$
   (a) 在 $[a_j, a_{j+1}]$ 时间段中分配处理时间 $L_m(j) - L_t(j)$ 给 $\tau(j)$，并且
   (b) 减少在 $[a_j, a_{j+1}]$ 时间段中分配给其他任务的处理时间，减少了 $L_m(j) - L_t(j)$
    适当更新 $L_t(j), \cdots, L_t(j)$
  end if
  $j = j-1$
   end do
end

**图 2.7 IRIS1 算法**

对于每项任务的总运行时间，首先运行 EDF 算法，把得到的调度称为 $S_t$。$S_t$ 使得处理器总的繁忙时间最大化。如果 $S_t$ 是一个可行的调度，显然已经达到了目的。给每一项任务足够多的时间来完成强制部分及可选部分，并且能够满足每个截止时间。假设没能得到一个可行

的调度，也就是说，直到截止时间时，仍有一些任务不能得到充分的运行时间。在这种情况下，对每一项任务的强制部分运行 EDF 算法，从而得到调度 $S_m$。如果这样也不能得到一个可行的调度，则停止，因为甚至不能执行每项任务的强制部分。假设 $S_m$ 是可行的，则调整 $S_t$，以保证每个任务至少得到强制部分的服务。

**例 2.7**　考虑一个有四个任务的集合，其参数如表 2.4 所示。

表 2.4　倒 2.7 参数表

| 任务数 | $m_i$ | $o_i$ | $r_i$ | $D_i$ |
| --- | --- | --- | --- | --- |
| 1 | 1 | 4 | 0 | 10 |
| 2 | 1 | 2 | 1 | 12 |
| 3 | 3 | 3 | 1 | 15 |
| 4 | 6 | 2 | 2 | 19 |

在 IRISI 算法的步骤 1 中，对任务 1~4 分别运行 EDF 算法 5 次、3 次、6 次和 8 次，从而产生图 2.8 中的 $S_{t0}$。任务 4 不可能满足截止时间，因此转向 IRIS1 算法步骤 2。

在任务集 $M$ 上运行 EDF 算法，产生可行的调度 $S_m$，如图 2.8 所示。所有的截止时间都已经满足，因此继续执行 IRIS1 算法的步骤 3，$a_0 = 0$，$a_1 = 1$，$a_2 = 2$，$a_3 = 5$，$a_4 = 11$，且 $k = 4$。

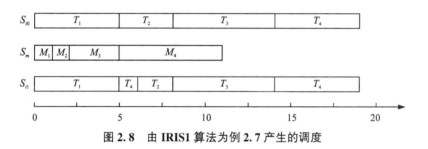

**图 2.8　由 IRIS1 算法为例 2.7 产生的调度**

现在执行 IRIS1 算法的步骤 3。从 $a_3$ 开始。在调度 $S_m$ 中，把任务 $T_4$ 安排在时间段 $[a_3, a_4]$ 中，并且分配了 6 个时间单元。在调度 $S_{t0}$ 中，任务 $T_4$ 只被分配给了 5 个时间单元。通过以下方式修改 $S_{t0}$，在调度 $S_{t0}$ 中，在时间段 $[a_3, a_4]$ 中增加 $6-5=1$ 个时间单元给任务 $T_4$，并且对最初在 $a_3$ 时刻调度的任务 $T_2$ 减去一个时间单元。这导致了紧接着 $a_3$ 的总计 6 个时间单元被分配给了任务 $T_4$，所得到的调度为 $S_{t1}$。现在考虑时间段 $[a_2, a_3]$。在调度 $S_m$ 中，任务 $T_3$ 总共被分配了 3 个时间单元，且安排在此时间段以后。在调度 $S_m$ 中，把 $a_2$ 以后的 6 个时间单元分配给任务 $T_3$。因此，不需要再做修改，任务 $T_3$ 有足够的时间来完成其强制部分。然后考虑时间段 $[a_1, a_2]$。在调度 $S_m$ 中任务 $T_2$ 安排在此区间调度。在调度 $S_{t1}$ 中，考虑分配给任务 $T_2$ 的 $a_1$ 以后的时间。此时间为 2 个时间单元，超过了其强制部分所需要的时间，因此不需再做修改。最后考虑时间段 $[a_0, a_1]$，任务 $T_1$ 在调度 $S_m$ 中被分配了 1 个时间单元。在调度 $S_{t1}$ 中任务 $T_1$ 被分配了 5 个时间单元，超过了在 $S_m$ 中被分配的时间。因此不需再做修改，$S_{t1}$ 为最优的调度。

## 2.3 任务分配

几乎所有的现实系统中，将任务最优地分配给处理器的问题都是一个 NP 完全问题，因此必须寻找启发式算法。这些启发式算法并不能保证得到一个分配方法，使得所有的任务都能被合适地调度，所能做的只能是分配这些任务，然后检验它们的可行性，并且，如果分配策略不可行，调整这些分配策略使得调度可行。

启发式算法根据某个简单的规则进行分配，并且希望能通过这个规则保证可行性。例如，若让一个系统中所有的处理器都保持低于 $n(2^{1/n}-1)$ 的利用率，这些处理器上的周期任务都是以截止时间等于各自循环周期而运行，任务分配的结果是 RM 算法可行。

当检验一个分配方案是否可行时，必须考虑通信的开销。例如，假设 $T_1 \rightarrow T_2$，任务 $T_2$ 在没有得到任务 $T_1$ 的输出之前不能开始执行。也就是说，若 $f_i$ 表示任务 $T_i$ 的完成时间，$c_{ij}$ 表示从 $T_i$ 到 $T_j$ 的通信时间，有

$$r_2 \geqslant f_1 + c_{12} \tag{2.12}$$

如果任务 $T_1$ 和 $T_2$ 被分配到相同的处理器，那么 $c_{12}=0$。若它们被分配到不同的处理器，则 $c_{12}$ 为正，并且在检验可行性时要考虑 $c_{12}$。

有时，分配算法使用通信开销作为其分配准则的一部分。

### 2.3.1 利用率平衡算法

本算法的目标是平衡各处理器的利用率，过程是每次选择最小利用率的处理器进行分配任务。利用率平衡算法的步骤如图 2.9 所示。

---

for 每一任务 $T_i$ do

    为每个利用率最小的 $r_i$ 个处理器分配一份任务的副本。

    更新处理器的任务分配以计算任务 $T_i$ 的分配。

  end do

end

（其中 $r_i$ 是冗余数量，也就是任务 $T_i$ 必须调度的复制数量）

---

**图 2.9 利用率平衡算法**

为了使算法具有容错性，有时需要同时运行同一任务的多个副本。特别地，本算法将任务 $T_i$ 的 $r_i$ 份副本分配给独立的处理器。

### 2.3.2 用于 EDF 的容器打包分配算法

假设有一个周期的、独立的、抢占式的任务集，要将任务集分配给一个由相同的处理器组成的多处理器。任务的截止时间等于其周期，除了处理器时间，任务不需要任何其他的资源。

只要分配给某一个处理器的所有任务的利用率之和小于等于 1，此任务集在该处理器上

就是 EDF 调度。因此，问题简化为根据任务特性分配任务，使得每一个处理器上的所有任务的利用率之和不超过 1。

现在希望减少所需的处理器数量，这就是著名的容器分包问题。已经存在许多能解决这个问题的算法，这里使用的算法是 first-fit decreasing 算法。假设有 $n_T$ 个任务需要分配，准备一个被分类的任务列表 $L$，使得它们的利用率（即 $u(i) = e_i / P_i$）呈现递减的次序。图 2.10 描述了该算法。

初始化 $i$ 为 1，对所有的 $j$，令 $U(j) = 0$。
while  $i \leqslant n_T$  do
　　设 $j = \min\{ k \mid U(k) + u(i) \leqslant 1\}$。
　　将 $L$ 中第 $i$ 个任务分配给 $P_j$。
　　$i = i + 1$。
end while

**图 2.10　first-fit decreasing 算法**

### 2.3.3　集中寻址和竞标算法

集中寻址和竞标（focused addressing and bidding，FAB）算法可以用于包括关键和非关键任务的任务集。必须为关键任务保留足够多的时间，使其即使在需要最差情况下的执行时间时也能够继续成功地执行。根据系统的能力，非关键任务可以被处理，也可以不被处理。

最基本的系统模型如下：非关键任务到达多处理器系统的单独的处理器，如果一个非关键任务到达处理器 $P_i$，该处理器检查在该任务规定的截止时间内完成该任务而占用资源和时间是否会导致任何关键任务不能在截止时间内完成，或先前得到保证的非关键任务不能在截止时间内完成。若没有以上情况发生，$P_i$ 保证该任务的成功执行，把该任务加入它的待执行任务列表中，并在时间表上保留时间执行该任务。因为这是一非关键任务，这个保证是基于此任务的期望运行时间，而非最坏打算运行时间。换句话说，可以接受某些非关键任务不能以准时模式执行，这是因为实际的运行时间可能比预想的执行时间长得多。

当 $P_i$ 知道某一任务没有资源或时间执行时将运用 FAB 算法。在这种情况下，处理器试图将任务分给系统中其他的处理器执行。

通过将任务从一个处理器转移到另一个处理器的负载分配算法一直是通用分布式系统中的研究对象之一。关于这个问题，已经提出了许多解决方案，最简单的算法可能是随机阈值算法。在这种算法中，一个处理器在得知负载超过阈值时就简单地将即将到来的任务随机地转移给另外一个处理器。另外一个算法是由负载轻的处理器主动宣称自己有能力处理更多任务。

FAB 算法如下：每一个处理器维护一张状态表，该表指示哪些任务已经被承诺运行，这些任务包括关键任务集（预先静态分配好）及任何其他处理器可能已经接受的非关键任务。并且，处理器还维护一张系统中其他处理器的过剩计算能力表。时间轴被分为许多窗口，这些窗口具有固定的时间间隔，每个处理器定时给伙伴们发送下一窗口当前空闲的部分（也就是不再被占用的部分）。因为系统是分布式的，所以发送的信息可能不总是完全最新的。

当过载处理器需要向其他处理器卸载一个任务时,过载处理器检查它的过剩计算能力信息并选择其中一个处理器,称为集中处理器 $P_s$,该处理器被认为是最有可能在截止时间内执行完任务的处理器,因此过载处理器将任务转移给该处理器。然而,过剩计算能力信息可能已经过时,并且所选择的处理器可能没有空闲时间执行该任务。为了解决这一难题,并且并行地发送任务到受关注的处理器 $P_s$,过载处理器决定是否发送请求(request for bid,RFB)到其他轻负载处理器。RFB 包括任务的重要统计数据(任务的期望执行时间其他资源需求、截止时间等),并且要求能够执行该任务的处理器发送请求到集中处理器 $P_s$,表述自己能够多快地执行完任务。

只有在发送处理器估计到有足够时间及时回应时才发送 RFB。换句话说,它要计算一个总时间,包括 RFB 从开始发送到到达目的地的估计时间、目的地反应该请求的估计时间,以及请求传输到集中处理器 $P_s$ 的时间。另外,它还要计算集中处理器 $P_s$ 可以卸载任务到请求者,而没有使任务执行超出截止时间的最迟时间。

在很多实例里,任务在最坏情况下的执行时间比平均情况下的执行时间大得多。此外,并非一台处理器发出的全部投标都被执行。如果投标过于保守,通过假设已经调度的任务在它们的最坏情况执行时间运行并且全部投标都将是成功的,可知原可能已经成功在一个问题里运转任务的处理器可能不出价。如果投标太积极,那么没有处理器接受投标的可能性会很高。如果一次接受的投标不能被执行,一项在一些其他处理器上投标成功执行的任务会错过它的期限。设计者必须找到一种好的方式决定如何在积极和保守的投标之间妥善地解决问题。对系统而言,一个可能的解决方案是基于经验适应其投标策略。也就是说,若处理器无法执行很多新近的投标,那么该处理器就过于积极,需要在后面的投标中变得保守。相反,若某处理器有许多空闲时间但不乐意在任务上(它本可以成功执行)投标,那么它被认为过于保守,需要变得积极些。

### 2.3.4 伙伴策略

伙伴策略与 FAB 算法处理的问题类型相同,软实时任务到达多处理器系统的不同处理器时,如果一个处理器发现自身过载,它会试图卸载某些任务到一些轻负载的处理器上。伙伴策略与 FAB 算法在目标处理器的寻找上有所不同。

简而言之,每个处理器具有三个负载门限:未满载($T_U$)、满载($T_F$)及过载($T_V$)。负载的大小由在处理器等待队列中等待服务的任务数量决定。若队列长度为 $Q$,处理器可以处于以下状态

$$状态\ U(未满载) \qquad 若\ Q \leqslant T_U$$
$$状态\ F(满载) \qquad 若\ T_F < Q \leqslant T_V$$
$$状态\ V(过载) \qquad 若\ Q > T_V$$

处理器如果在状态 $U$ 下,就执行其他处理器传来的任务。处理器如果在状态 $V$ 下,它寻找其他的处理器卸载一些任务。处理器处于状态 $F$ 时,它不接收其他处理器传来的任务,也不寻找处理器卸载任务。

当某一个处理器进入或离开状态 $U$ 时,它将向所有它的伙伴声明这个消息。消息并不是发向所有的处理器,而只是限制在处理器的某一子集,该子集为此处理器的伙伴集。每个处理器都知道伙伴集中的处理器是否处在状态 $U$ 中。若它是过载的,它选择伙伴集中的一个未

满载处理器(若存在)来卸载任务。

第一，考虑伙伴集如何选取。若它太大，状态转换的声明将使互联网络负载过重。若它太小，通信的成本低，但是过载的处理器很难在其伙伴集中找到未满载的处理器来卸载任务。显然，这只能运用于多反射网络。若互联网络是总线形式的，例如每一个广播都将被总线上的所有其他处理器收到，这没有起到节约传输费用的作用。相反，若使用了多反射网络并且某处理器的伙伴集被限制在与其相邻的处理器，由它们之间反射的次数衡量，网络的带宽将获得很大的节约。因此，伙伴集的大小也依赖于互联网络的特性。

第二，假设有一处理器处于有许多过载处理器的伙伴集当中，它发送一个状态改变消息给伙伴，告诉它们它未满载。这将导致每一个过载处理器同时并且独立地把负载倾倒到该处理器上，使得该处理器过载。为了减小这种情况发生的可能性，建立一个排序列表存放所选择的处理器。首先，列出离它只有一跳的处理器，之后是离它两跳的处理器，如此往下排列。过载处理器按照列表次序搜索未满载处理器，并且将负载发送到列表中第一个未满载处理器。如果不同处理器的列表情况差别很大，那么同时往一个处理器倾倒负载的可能性将大大减小。

**例 2.8**　假设网络是三维超立方体，如图 2.11 所示，系统中的每一处理器都与另外三个处理器相连。假设每个处理器的伙伴集都被定义为它相邻的伙伴。在标准立方体标示下，每个节点的标签与相邻节点的标签之间只差一个比特。通过比特的不同来排列每个处理器的伙伴列表。例如，以 LSB(least significant bit，最低有效位)为最高优先级，之后是中间比特位，最后是 MSB(most significant bit，最高有效位)，每个处理器的优先级列表如表 2.5 所示。例如，处理器 000 在

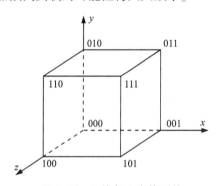

**图 2.11　三维超立方体网络**

001、010、100 的伙伴集中，它是处理器 001 的最优选择(即如果节点 001 过载，它将首先检查处理器 000 是否未满载)，是处理器 010 的第二选择，是节点 100 的第三选择。节点 001 和 010 只有在以下情况下才同时向处理器 000 卸载：(a)它们同时过载；(b)节点 011 不在状态 $U$。出现这种情况的概率比处理器 000 在它的所有三个相邻列表的自位置出现的概率还小。

表 2.5　优先级列表的例子

| 处理器 | 优先级列表 | | |
|---|---|---|---|
| 000 | 001 | 010 | 100 |
| 001 | 000 | 011 | 101 |
| 010 | 011 | 000 | 110 |
| 011 | 010 | 001 | 111 |
| 100 | 101 | 110 | 000 |
| 101 | 100 | 111 | 001 |
| 110 | 111 | 100 | 010 |

对于较大的伙伴集，如果优先级列表被正确地排列，只有一小部分处理器会出现同时向一个给定的处理器倾倒负载的情况。一些仿真试验表明，不管系统如何大，伙伴集的大小在 10~15 为最优。保持伙伴集大小不变且与系统大小相独立可以使让每个处理器状态升级的负载固定，不成为系统大小的函数。

第三，如何选择阈值 $T_U$、$T_F$ 与 $T_V$。一般来说，$T_V$ 的值越大，任务从一个处理器传送到另一个处理器的速度越小。对于给定的系统，哪些阈值最合适依赖于该系统的特性，这些特性包括伙伴集的大小、占多数的负载的大小、网络带宽及互联网络的拓扑结构。

### 2.3.5　优先条件分配

分配和调度具有优先条件和附加资源约束的任务的算法的基本思想是将经常需要进行通信的任务分配(如果可能)给同一个处理器来减少通信开销。基本的任务模型如下。每个任务可能包括一个或多个子任务，给定每个任务的释放时间及每个子任务的最坏情况执行时间。子任务通信模式通过一个任务图表示，该图隐式地定义了优先条件(即哪个子任务将输出结果给另一个子任务)，给定子任务之间的通信量。这里假设若子任务 $S_1$ 将结果给 $S_2$，那么这个过程发生在子任务 $S_1$ 执行完毕之后，子任务 $S_2$ 可以执行之前。与每个子任务相关的是最晚完成时间(last finishing time，LFT)。

**例 2.9**　考虑图 2.12 中的任务图。执行时间如表 2.6 所示。

表 2.6　执行时间

| 子任务 | 执行时间 | 子任务 | 执行时间 |
|---|---|---|---|
| $S_0$ | 4 | $S_3$ | 4 |
| $S_1$ | 10 | $S_4$ | 4 |
| $S_2$ | 15 | | |

假设此任务的总体截止时间(即子任务 $S_4$ 的截止时间)为 30，子任务 $S_1$、$S_2$、$S_3$ 被并行运行。子任务 $S_4$ 的 LFT 显然为 30，子任务 $S_1$、$S_2$、$S_3$ 的 LFT 为 $30-e_4 = 26$。子任务 $S_0$ 的 LFT 为 $30-e_4-\max\{e_1, e_2, e_3\} = 30-4-15 = 11$。如果它们是被串行运行的，且在同一处理器上运行，子任务 $S_0$ 的 LFT 将为 $30-(e_1+e_2+e_3+e_4)$。若某个子任务在它的 LFT 内没有完成，那么肯定超过了截止时间，特别是如果子任务耗费了它们的最坏情况执行时间时。

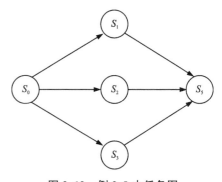

图 2.12　例 2.9 中任务图

算法首先按照子任务的 LFT 将它们逐个分配到处理器中。若两个子任务具有相同的 LFT，通过赋予具有较大后继子任务数的子任务较高的优先级来打破平衡。检验每一分配的可行性，若某分配不可行，就尝试另外一个，如此下去，若没有适合这一特殊子任务的分配，就进行回溯，并试图改变前一子任务的分配，并且从该处开始。

## 2.4　模式转换

实时计算机的工作负载会随着任务段的改变或者处理器的故障而在时间上呈现变化的特性。任务可能会在时间表上被增加或删除，任务的周期或执行时间也可能变化。目标是允许系统加入新的任务（或删除当前任务）而使得系统仍满足硬截止时间要求。

当不涉及临界区时，模式转换比较容易实现。删除一个任务（假设它的输出与任何其他的任务无关）显然不会影响其他任务的调度。也就是说，如果任务集 $S=\{T_1, T_2, \cdots, T_n\}$ 是 RM 算法可调度的，那么 $S-\{T_i\}$ 也是 RM 算法可调度的。这就引出了何时把分配给被删除任务的时间重新分配给其他任务的问题。为了使调度算法继续满足要求，只能在被删除任务的上一迭代周期结束之后再重新分配此时间。也就是说，假设在图 2.13 中删除任务 $T$，任务 $T$ 最后一次执行结束的时间为 $t_0$。然而，它的当前周期一直执行直到 $t_1$，并且它的删除在该时刻之前对其他任务没有影响。这确保了从 RM 算法中推导的调度规则继续满足模式转换的整个过程。

加入一个任务也同样简单，只需检查它是否满足 RM 算法可调度的条件。

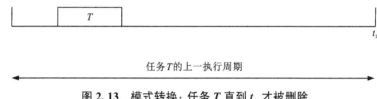

任务 $T$ 的上一执行周期

**图 2.13　模式转换：任务 $T$ 直到 $t_1$ 才被删除**

**例 2.10**　考虑一个系统，它当前正在执行任务集 $\{T_1, T_2, T_3\}$，其中 $P_1=5$, $P_2=8$, $P_3=13$；$e_1=1$, $e_2=3$, $e_3=4$。这个任务集是 RM 算法可调度的，因为它满足

$$e_1 \leqslant P_1$$
$$2e_1+e_2 \leqslant P_2$$
$$3e_1+2e_2+e_3 \leqslant P_3$$

假设这些任务的相位都为零，并且假设在时刻 30 想用任务 $T_4$ 代替任务 $T_3$，参数为 $P_4=14$, $e_4=5$。首先，检查集合 $\{T_1, T_2, T_3\}$ 是否是 RM 算法可调度的。它是 RM 算法可调度的，因为以下不等式成立：

$$e_1 \leqslant P_1$$
$$e_1+e_2 \leqslant P_2$$
$$3e_1+2e_2+e_4 \leqslant P_4$$

在 RM 算法下，任务 $T_3$ 在时刻 30 已经运行了它的第三个迭代周期的一部分。因此，不能在任务 $T_3$ 的当前周期执行结束前将任务 $T_3$ 换为任务 $T_4$，也就是说，直到时刻 39 才能进行替换。那时，任务 $T_4$ 才能被调入任务集。

若用优先级上限协议来处理对独占性资源的访问，当引起这些优先级上升的潜在的任务被删除或者添加时，对应信号的优先级的上限也被相应地降低或上升。前文曾提到，临界区的优先级上限是所有能进入这个临界区的任务的优先级的最大值。

删除任务的规则在不涉及临界区的情况下也是一样的。在满足下列两个条件的情况下，可以加入一个任务。

（1）结果任务集是 RM 算法可调度的。

（2）当加入此任务会引起任何信号的优先级上限升高时，这些上限会在任务加入前被提升。

若信号的优先级上限需要被改变时，这些规则为：

（1）若信号被解锁，上限会以不可分的行为立即被改变。

（2）若上限将被提升并且信号被锁定，等待它被解锁后才提升它。

（3）若当某些任务被删除导致优先级上限降低时，在删除的时刻进行。

**例 2.11** 假设系统有三个信号：$S_1$、$S_2$、$S_3$，以及在总体任务集中的四个任务 $T_1$、$T_2$、$T_3$、$T_4$，并且 $T_1 \rightarrow T_2 \rightarrow T_3 \rightarrow T_4$。表 2.7 显示了哪个任务要锁定这些信号。

表 2.7　例 2.11 表

| 信号 | 任务 |
| --- | --- |
| $S_1$ | $T_1$，$T_3$ |
| $S_2$ | $T_1$，$T_2$，$T_4$ |
| $S_3$ | $T_1$，$T_3$，$T_4$ |

现在假设希望从任务集中删除任务 $T_2$。在任务 $T_2$ 被删除的时刻，$S_2$ 的优先级上限将从任务 $T_2$ 的优先级降低为任务 $T_3$ 的优先级。

假定 $S_1$ 当前被锁定，并且希望添加任务 $T_0$（满足 $T_0 \rightarrow T_1$）到任务集中，那么 $S_1$ 和 $S_3$ 的优先级上限将需要被提升到任务 $T_0$ 的优先级。然而，直到对 $S_1$ 的锁定解除时才能实现这次提升。在那个时刻，$S_1$ 的优先级上限被提升。注意，只有 $S_1$ 的优先级上限被提升后，才能把任务 $T_0$ 加到任务集中。

模式转换协议具有与优先级上限协议相同的属性。特别地，在模式转换协议下，不会有死锁现象的发生，一个任务被阻塞的时间也不会超过一个最远临界区的持续时间。

## 2.5　容错调度

静态调度的优点是有更充足的时间可以用于开发一个较优的调度。然而，静态调度必须有响应硬件故障的能力。尽管发生了一定数量的故障，通过保留足够的能力和足够快的失效反应机制，能继续满足关键任务的截止时间的要求。

容错调度算法使用的是附加的任务虚拟复制，这些虚拟复制的任务是被嵌入调度中的，并且当处理器执行它们相应的主任务复制之一或前一被激活的任务复制失效时，这些虚拟复制被激活。这些虚拟复制不必和主复制相同，它们可能只是主任务的另外的版本，它们的运行时间可能比主任务少，为系统提供的成果相对于主任务来说较小，但这些成果还是具备可以接受的质量。

假设任务集是周期性的关键任务集，一个任务的每个版本的多个复制是并行执行的。当一个处理器故障时，有两种任务被该故障所影响，第一种是故障时正在运行的任务，第二种是在将来应该已经被处理器运行的任务。使用前向差错恢复应该足够为第一种任务补偿损失，容错调度算法是通过寻找替代处理器运行那些复制来补偿第二种任务的损失。

假设系统准备用来运行任务 $T_i$ 的每一个版本（或迭代）的 $n_c(i)$ 份复制，并且最多能够容忍 $n_{sust}$ 个处理器发生故障。尽管最多 $n_{sust}$ 个处理器发生了故障，容错调度算法必须确保在对故障进行反应之后，系统可以继续执行任务 $T_i$ 的每一个版本的 $n_c(i)$ 份复制。处理器故障可以以任何次序发生。

容错调度算法的输出将是一个虚拟复制调度，为每个处理器加上一个或多个主调度。若要运行一个或多个虚拟复制，处理器在由虚拟复制调度指定的时间运行虚拟复制，并将主复制移走，为虚拟复制腾出空间。

**例 2. 12**　图 2.14 显示了对虚拟复制调度和主调度及如果虚拟复制被激活处理器执行调度时的情况。当然，尽管虚拟复制被激活，这对虚拟复制调度和主调度只有在所有任务的截止时间都被满足的情况下才是可行的。

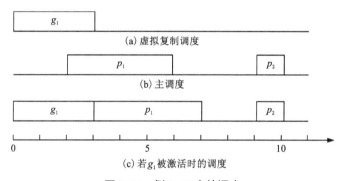

**图 2. 14　例 2. 12 中的调度**

由于虚拟复制被激活，主任务在时间轴上被向右移动，这时，如果主调度和虚拟复制调度一起仍然能持续满足所有截止时间的需求，那么这两个调度一起被称为可行的调度对。在一个处理器的虚拟复制调度中，虚拟复制可能互相重叠，如果有两个虚拟复制重叠在一起，只能有一个被激活。例如图 2.15 中的情况，不能同时激活 $g_1$ 及 $g_2$，或者同时激活 $g_2$ 或 $g_3$。但是，可以同时激活 $g_1$ 和 $g_3$。

虚拟复制必须满足两个条件。

（1）每一个版本都必须有在 $n_{sust}$ 个不同的处理器上被调度的虚拟复制。同一版本的两个或多个复制（主的或虚拟的）不能同时在一个处理器上被调度。

（2）虚拟复制是条件透明的，也就是说，它们必须满足以下两个特性。

①如果没有其他的处理器执行两个任务的一个复制，两个虚拟复制可以在一个处理器调度中重叠。

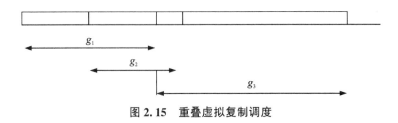

图 2.15　重叠虚拟复制调度

②仅当调度中存在足够的松弛时间，能继续满足某处理器上的所有主复制和被激活的虚拟复制的截止时间要求的情况下，在调度中主复制才可以重叠虚拟复制。

**例 2.13**　考虑处理器 $p$ 被分配了虚拟复制 $g_4$、$g_5$、$g_6$ 以及主复制 $\pi_1$、$\pi_2$、$\pi_3$ 的情况。释放时间、执行时间及截止时间如表 2.8 所示。

表 2.8　例 2.13 表

|  | $\pi_1$ | $\pi_2$ | $\pi_3$ | $g_4$ | $g_5$ | $g_6$ |
|---|---|---|---|---|---|---|
| 释放时间 | 2 | 5 | 3 | 0 | 0 | 9 |
| 执行时间 | 4 | 2 | 2 | 2 | 2 | 3 |
| 截止时间 | 6 | 8 | 15 | 5 | 6 | 12 |

假设存在某个处理器 $q$，它被分配了 $g_4$ 和 $g_5$ 的主复制，那么，不能在处理器 $p$ 的虚拟调度中重叠 $g_4$ 和 $g_5$，因而，虚拟调度如图 2.16 所示。很容易发现，在这些约束下将 $\pi_1$、$\pi_2$、$\pi_3$、$g_4$、$g_5$ 和 $g_6$ 分配给 $p$ 是不可行的，因为若所有的虚拟复制者 $p$ 被激活，$\pi_2$ 将不能满足其截止时间要求。

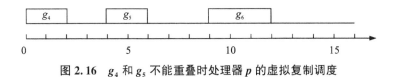

图 2.16　$g_4$ 和 $g_5$ 不能重叠时处理器 $p$ 的虚拟复制调度

然而，假设实行另一种分配方案，将 $\pi_1$、$\pi_2$、$\pi_3$、$g_4$、$g_5$ 和 $g_6$ 再次分配给处理器 $p$。在这种新的分配下，$g_4$ 和 $g_5$ 的主复制或虚拟复制不会同时分配给另一个处理器。因此，可以在虚拟复制调度中重叠 $g_4$ 和 $g_5$ 来产生虚拟复制调度，如图 2.17 所示。在这些限制条件下，可以构建可行主调度，如图 2.18 所示。

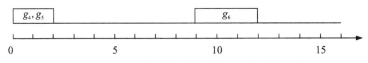

图 2.17　$g_4$ 和 $g_5$ 能重叠时处理器 $p$ 的虚拟复制调度

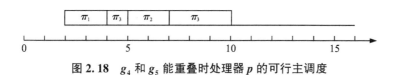

图 2.18 $g_4$ 和 $g_5$ 能重叠时处理器 $p$ 的可行主调度

## 2.6 本章小结

本章论述各种实时调度算法，这些实时调度算法各具优势，但同时也存在不足。比如，RM 算法是许多实时系统常用的一种静态调度方法。该算法被广泛地应用于任务周期性执行并且各个任务之间不需要同步的场合，能够在较低的开销条件下保证任务运行时的优先级。但它的 CPU 利用率比较低，且对于突发事件不能作出及时的响应。EDF 算法克服了 RM 算法的利用率限制，也可以处理周期与非周期任务，而且在资源需求中它们可以方便地反映调用的变化，但它也不可避免会产生任务夭折现象，当系统过载时，性能急剧下降。因此，在实际应用中，可以针对系统的要求和侧重点的不同，选取不同的调度算法，也可以根据情况，组合其中的两种或多种算法，达到取其优势，去其弊端的效果。

 习 题

1. 假设所有任务都是独立且可抢占的，请构建三个可以被 EDF 算法调度但不能被 RM 算法调度的周期任务。

2. 假设所有的任务是独立的，请构建三个周期任务，满足：①若所有的任务都是可抢占的，它们可以被 RM 算法调度；②但若优先级最低的任务不可抢占，具有最高优先级的任务不能在截止时间前完成。

3. 假设所有的任务是独立且可抢占的，请利用 EDF 算法单处理器调度表 2.9 中具有严格截止时间的单次任务。

表 2.9 习题 3 表

| 任务 | 释放时间 | 执行时间 | 截止时间 |
|------|---------|---------|---------|
| $T_1$ | 0 | 2 | 6 |
| $T_2$ | 1 | 3 | 9 |
| $T_3$ | 3 | 2 | 15 |
| $T_4$ | 4 | 1 | 8 |
| $T_5$ | 5 | 4 | 12 |
| $T_6$ | 8 | 2 | 11 |

4.考虑系统中有三个独立的周期任务:

$$T_1 = (4, 1), \ T_2 = (5, 2), \ T_3 = (10, 2)$$

$T_1$ 和 $T_3$ 是可抢占的,$T_2$ 不可抢占。

(1)请构建前20个单位时间单元的 RM 算法调度时间表。

(2)请构建前30个时间单元的 EDF 算法调度时间表。

# 第 3 章　资源共享与访问控制

在许多实时应用中，任务之间存在显式或隐式依赖关系。显式依赖可以用任务优先级图指出。数据或资源共享在共享资源的任务之间施加了隐式依赖关系。许多共享资源不允许同时访问。当任务共享资源时，可能由于潜在的优先级倒置，甚至死锁而发生调度异常。本章讨论资源共享和资源争用如何影响任务的执行和可调度性，以及各种资源访问控制协议如何降低资源共享的不良影响。

## 3.1　资源共享

常用资源包括数据结构、变量、主内存区域、文件、寄存器及 I/O 单元。任务可能需要除了处理器外的部分资源以继续执行。例如，一个计算任务可能与其他计算任务共享数据，且共享的数据可能由信号量进行监管。一个信号量就是一个资源。当一个任务试图访问由信号量 $R$ 监管的共享数据时，它必须先锁定信号量，然后进入代码的临界区，以访问共享数据。

### 3.1.1　资源操作

假设系统中存在 $m$ 个不同类型的资源，记为 $R_1$，$R_2$，$\cdots$，$R_m$，每个资源 $R_i$ 有 $v_i$ 个单元，$i=1$，$2$，$\cdots$，$m$。当一个任务请求资源 $R_i$ 的 $\lambda_i$ 个单元时，它执行锁定动作以请求它们，这个动作标记为 $L(R_i, \lambda_i)$。当一个任务不再需要一个资源时，它执行解锁动作以释放该资源，标记为 $U(R_i, \lambda_i)$。如果资源仅含有一个单元，上述锁定和解锁动作可分别简化为 $L(R_i)$ 和 $U(R_i)$。

如果两个任务所需要的部分资源类型相同，则这两个任务会相互冲突。当一个任务请求另一个任务已有的资源时，它们会争用资源。如果调度器不同意将资源 $R_i$ 的 $\lambda_i$ 个单元给某个任务，就称锁定请求 $L(R_i, \lambda_i)$ 失败。当其锁定请求被拒绝时，该任务被阻塞并失去处理器。被阻塞的任务将从就绪队列中移除，并保持被阻塞态，直到调度器同意将资源 $R_i$ 的 $\lambda_i$ 个单元分配给它。此时，任务变成未阻塞态，并进入就绪任务队列。

### 3.1.2　资源请求描述

临界区的执行时间确定了锁定相应信号量（资源）的任务需要占有资源多长时间。

$[R:\lambda, c]$ 表示任务需要资源 $R$ 的 $\lambda$ 个单元及临界区的执行时间为 $c$。如果只请求一个单元的资源，可以省略参数 $\lambda$，并使用更简单的符号 $[R, c]$。

图 3.1 给出处理两个任务 $T_1$ 和 $T_2$ 的临界区，任务 $T_1$ 的执行时间为 12 个时间单元，有 7 个临界区。任务 $T_2$ 的执行时间为 10 个时间单元，有 5 个临界区。

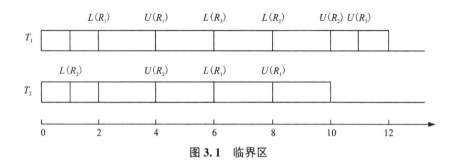

图 3.1 临界区

### 3.1.3 优先级反转和死锁

假设优先级较高的任务 $T_H$ 和优先级较低的任务 $T_L$ 共享资源 $R$。任务 $T_H$ 希望就绪后立即运行。然而，当任务 $T_H$ 准备好运行时，如果任务 $T_L$ 正在使用共享资源 $R$，任务 $T_H$ 必须等待任务 $T_L$ 使用完该资源。这种情况称为任务 $T_H$ 正在等待资源。这就是优先级反转（priority inversion），即低优先级任务正在运行，而高优先级任务正在等待，这违反了优先级模式，即一个任务只能被另一个高优先级任务抢占。这是一个有界优先级反转。当任务 $T_L$ 使用完资源 $R$ 并解锁时，任务 $T_H$ 抢占任务 $T_L$ 并运行。因此，只要任务 $T_L$ 关于资源 $R$ 的临界区不是非常长，任务 $T_H$ 还是可以满足其截止时间的。

然而，有时候会出现更坏的情况。在任务 $T_H$ 因为资源 $R$ 被任务 $T_L$ 阻塞及任务 $T_L$ 使用完资源 $R$ 之前，一个优先级在任务 $T_H$ 和任务 $T_L$ 之间的任务 $T_{M1}$ 抢占了任务 $T_L$，这样任务 $T_L$ 必须等到任务 $T_{M1}$ 完成才能恢复执行。而在等待的过程中，另一个优先级在任务 $T_H$ 和任务 $T_{M1}$ 之间的任务 $T_{M2}$ 释放并抢占 $T_{M1}$，这样，任务 $T_{M1}$ 又必须等到任务 $T_{M2}$ 完成才能恢复执行。这样的等待队列可以一直进行下去，这种情况称为无界优先级反转。如图 3.2 所示，一个无界优先级反转可能会导致任务在资源上被阻塞访问而错过其截止时间。

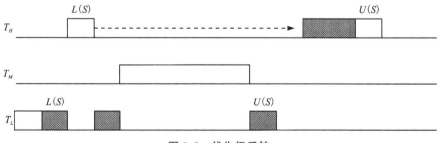

图 3.2 优先级反转

共享资源的多个任务也可能进入一个所有任务都无法继续运行的状态，这种状态称为死锁。发生死锁的四个必要条件：

（1）相互排斥。一个或多个资源必须由任务以独占方式持有。

（2）占有并等待。一个任务在等待另一个资源时仍占有一个资源。

（3）不可抢占。资源是不可抢占的。

（4）循环等待。有一组正在等待的任务 $T = \{T_1, T_2, \cdots, T_n\}$，任务 $T_1$ 正在等待任务 $T_2$ 持有的资源，任务 $T_2$ 正在等待任务 $T_3$ 持有的资源，以此类推，直到任务 $T_n$ 等待任务 $T_1$ 持有的资源。

图 3.3 显示了两个任务死锁的情形。优先级较低的任务 $T_L$ 释放并首先执行。开始运行后不久，它锁定了资源 A。然后，高优先级的任务 $T_H$ 释放并抢占 $T_L$。

此后，任务 $T_H$ 锁定了资源 B 并继续运行，直到它尝试锁定资源 A 时被阻塞，因为资源 A 由任务 $T_L$ 持有。首先，任务 $T_L$ 执行；然后，任务 $T_L$ 试图锁定由任务 $T_H$ 持有的资源 B，因此任务 $T_L$ 被阻塞；最后，两个任务都被阻塞，没有一个任务可以继续执行。

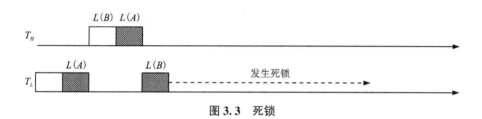

**图 3.3　死锁**

### 3.1.4　资源访问控制

实时系统中资源共享可能会造成严重的问题，因此需要规则来规范对共享资源的访问。为应对由资源共享导致的优先级反转和死锁，研究人员已经提出了一些资源访问控制协议。资源访问控制协议由一系列规则组成，用于规范何时、在哪些条件下允许请求资源。设计优良的访问控制协议可以避免死锁。然而，没有一种协议可以消除优先级反转。访问控制的现实目标是使得高优先级任务的阻塞时间可控。

## ▶ 3.2　非抢占的临界区协议

有界优先级反转一般不会影响应用系统中低优先级任务临界区的实时性。真正的问题来自于无界优先级反转，即当低优先级任务运行在临界区时，一个中等优先级任务抢占了它。为防止出现无界优先级反转，一种简单的处理方法是使所有的临界区是非抢占的。即当一个任务锁定了一个资源，它的优先级调整为高于其他所有任务，直到它释放该资源（或完成了临界区的执行）。这种协议称为非抢占临界区（nonpreemptive critical section，NPCS）协议。由于该协议中任务保护资源时是不可抢占的，循环等待不会出现，因此，也不可能死锁。

NPCS 协议保证任何一个高优先级任务最多被阻塞一次。这是因为当高优先级任务因某个资源被低优先级任务阻塞后，它在低优先级任务使用完资源后立即执行。在开始运行后，它不可能被任何一个低优先级任务阻塞。因此，在一个具有周期任务 $T_1$，$T_2$，$\cdots$，$T_n$ 的系统中，若这些任务按照优先级的非增顺序排列，则任务 $T_i$ 的最大阻塞时间 $b_i(r_c)$ 为

$$b_i(r_c) = \max\{c_k, k = i+1, i+2, \cdots, n\} \tag{3.1}$$

式中：$c_k$ 是任务 $T_k$ 最长临界区的执行时间。最坏的情况（最大阻塞）发生在具有最长临界区的低优先级任务进入临界区后，高优先级任务变成就绪态并被阻塞。

**例 3.1** 假设系统有四个周期任务 $T_1$、$T_2$、$T_3$ 和 $T_4$，它们的优先级按降序排列。它们最长的临界区执行时间分别为 4、3、6 和 2。根据式（3.1），有

$b_1(r_c) = \max\{c_2, c_3, c_4\} = \max\{3, 6, 2\} = 6$；

$b_2(r_c) = \max\{c_3, c_4\} = \max\{6, 2\} = 6$；

$b_3(r_c) = \max\{c_4\} = \max\{2\} = 2$。

由于任务 $T_4$ 的优先级最低，因此不会被阻塞，所以，$b_4(r_c) = 0$。

NPCS 协议简单，易于实现，不需要事先了解任务的资源需求，它可以消除无界优先级反转和死锁。然而，在这种协议下，任何一个高优先级任务都可以被任何访问某些资源的低优先级任务阻塞，即使高优先级任务在运行期间并不需要任何资源。

## 3.3 优先级继承协议

另一个消除无界优先级反转的简单协议是优先级继承（priority inheritance）协议。在此协议中，当一个低优先级任务阻塞了高优先级任务时，它就继承了被阻塞的高优先级任务的优先级。这样，低优先级任务就能尽可能快地完成它临界区的执行。由于优先级继承，中等优先级任务不能再抢占这个低优先级任务，这样就避免了无界优先级反转。持有资源的任务可能会阻塞多个正在等待该资源的任务。在这种情况下，最后一个被阻塞的任务必须具有最高优先级，这样阻塞它的任务就继承了最高优先级。在执行完临界区并释放资源后，该任务恢复至原来的优先级。

因为在优先级继承协议中任务的优先级是可变的，调度算法分配给一个任务的优先级称为分配优先级。在固定优先级调度系统中，任务的分配优先级是一个常数。因为任务可以继承其他任务的优先级，任务可能按照一个不同于分配优先级的优先级参与调度，成为任务的当前优先级。

### 3.3.1 优先级继承协议的规则

优先级继承协议能够避免无界优先级反转的问题。在这种方案中，如果一个高优先级任务 $T_H$ 被一个低优先级任务 $T_L$ 所阻塞，由于任务 $T_L$ 当前正在执行一个任务 $T_H$ 所需要的临界区，低优先级任务 $T_L$ 暂时继承了任务 $T_H$ 的优先级。当阻塞终止的时候，任务 $T_L$ 重新获得它原来的优先级。优先级继承协议如图 3.4 所示。

1. 标有最高优先级的任务 $T$ 被分配给处理器。当任务 $T$ 试图锁定正在保护某个临界区的信号量，而此信号量已经被别的任务锁定时，此任务放弃对处理器的使用。
2. 如果任务 $T_1$ 被 $T_2$ 阻塞(抢占临界区的原因)并且 $T_1 \rightarrow T_2$，只要任务 $T_2$ 阻塞了 $T_1$，它就继承了任务 $T_1$ 的优先级。当任务 $T_2$ 退出锁定的临界区时，任务 $T_2$ 又恢复到它进入临界区时的优先级。优先级继承和恢复先前的优先级的操作是密不可分的。
3. 优先级的继承是可以传递的。如果任务 $T_3$ 阻塞 $T_2$，$T_2$ 阻塞 $T_1$，并且有 $T_1 \rightarrow T_2 \rightarrow T_3$，那么任务 $T_3$ 通过 $T_2$ 继承 $T_1$ 的优先级。
4. 如果任务 $T_1$ 不被阻塞，并且当前优先级任务 $T_1$ 高于 $T_2$，那么任务 $T_1$ 将抢占任务 $T_2$ 的时间而执行。

**图 3.4　优先级继承协议**

**例 3.2**　假设系统中有 5 个任务，如表 3.1 所示。更大的优先级值意味着低优先级。因此，$T_1$ 的优先级最高，$T_5$ 的优先级最低。

**表 3.1　例 3.2 中的任务**

| 任务 | 优先级 | 释放时间 | 执行时间 | 资源利用 |
|------|--------|----------|----------|----------|
| $T_1$ | 1 | 6 | 3 | $[1, 2)$ 使用 $X$ |
| $T_2$ | 2 | 4 | 5 | $[1, 3)$ 使用 $X$；$[2, 3)$ 使用 $Y$ |
| $T_3$ | 3 | 3 | 2 | 无 |
| $T_4$ | 4 | 2 | 1 | 无 |
| $T_5$ | 5 | 0 | 5 | $[1, 4)$ 使用 $X$ |

图 3.5 所示为任务调度时间表。

在时刻 0，$T_5$ 被释放。它是唯一准备执行的任务，开始执行。

在时刻 1，$T_5$ 锁定 $X$。根据资源分配规则，$T_5$ 允许锁定 $X$。$T_5$ 进入由 $X$ 监管的临界区。

在时刻 2，$T_4$ 被释放。因为 $T_4$ 的优先级高于 $T_5$，$T_4$ 抢占 $T_5$。

在时刻 3，$T_4$ 完成执行。$T_3$ 被释放。因为 $T_3$ 的优先级高于 $T_5$，$T_3$ 计划运行。

在时刻 4，$T_2$ 被释放。因为 $T_2$ 的优先级高于 $T_3$，$T_2$ 计划运行。$T_3$ 被抢占。$T_5$ 和 $T_3$ 等待运行。

在时刻 5，$T_2$ 试图锁定 $X$，而 $X$ 正由 $T_5$ 持有。根据资源分配规则，锁定被拒绝。因此，$T_2$ 被 $T_5$ 阻塞。根据优先级继承规则，$T_5$ 继承 $T_2$ 的优先级，作为其当前优先级，该优先级高于另一个正在等待的 $T_3$ 的优先级。所以，$T_5$ 被调度执行。$T_2$ 和 $T_3$ 等待。

在时刻 6，$T_1$ 被释放。由于 $T_1$ 具有最高优先级，所以抢占 $T_5$ 并执行。$T_2$、$T_3$ 和 $T_5$ 等待。

在时刻 7，$T_1$ 试图锁定 $X$，而 $X$ 正由 $T_5$ 持有。根据资源分配规则，锁定被拒绝。因此，$T_1$ 被 $T_5$ 阻塞。根据优先级继承规则，$T_5$ 继承 $T_1$ 的优先级，作为其当前优先级。其优先级高于正在等待的 $T_2$ 和 $T_3$ 的优先级。所以，$T_5$ 被调度执行。$T_1$、$T_2$ 和 $T_3$ 等待。

在时刻 8，$T_5$ 完成临界区的执行并解锁 $X$，其当前优先级下降到分配优先级，即系统中最低优先级。尽管它仍有一个时间单元未执行，$T_5$ 被 $T_1$ 抢占，$T_1$ 锁定 $X$ 并开始执行。$T_2$、$T_3$ 和 $T_5$ 等待。

在时刻 9，$T_1$ 完成临界区的执行并解锁 $X$。它还有一个时间单元要执行。由于它的优先级最高，故继续运行。$T_2$、$T_3$ 和 $T_5$ 等待。

在时刻 10，$T_1$ 完成其执行。在三个等待任务 $T_2$、$T_3$ 和 $T_5$ 中，$T_2$ 的优先级最高。由于 $X$ 是空闲的，$T_2$ 锁定 $X$ 被允许。这样，$T_2$ 执行，$T_3$ 和 $T_5$ 等待。

在时刻 11，$T_2$ 锁定 $Y$。由于 $Y$ 是空闲的，锁定成功。$T_2$ 同时执行 $X$ 和 $Y$。$T_3$ 和 $T_5$ 等待。

在时刻 12，$T_2$ 解锁 $X$ 和 $Y$。由于 $T_2$ 仍然有一个时间单元没有执行，它继续运行。$T_3$ 和 $T_5$ 等待。

在时刻 13，$T_2$ 完成其执行。$T_3$ 执行，$T_5$ 等待。

在时刻 14，$T_3$ 完成其执行。$T_5$ 执行。

在时刻 15，$T_5$ 完成其执行。所有任务都已执行。

执行过程中，除 $T_5$ 外，所有任务的当前优先级均是分配优先级，因为它们没有阻塞过其他任务。$T_5$ 的优先级变化情况如下：

$[0, 5)$：$\rho_5$；$[5, 7)$：$\rho_2$；$[7, 8)$：$\rho_1$；$[8, 15)$：$\rho_5$。

这里符号 $\rho_i$ 表示任务 $T_i$ 的优先级。$\rho_i = i$，$i = 1, 2, \cdots, 5$。

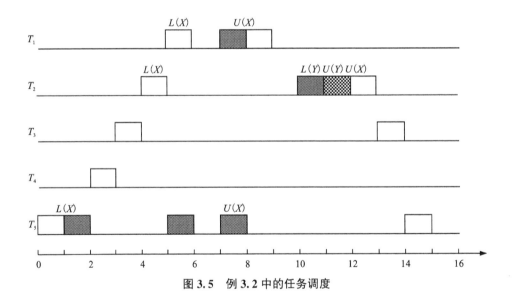

图 3.5　例 3.2 中的任务调度

由于优先级继承规则，$T_3$ 的优先级在 $T_2$ 和 $T_5$ 之间，所以，当 $T_2$ 被 $T_5$ 阻塞时，它没有机会阻塞 $T_5$。因此，无限优先级反转被控制了。

由于资源竞争，$T_2$ 和 $T_1$ 分别在时刻 5 和 8 被 $T_5$ 依次直接阻塞。而 $T_3$ 因优先级继承在时刻 5 和 7 被 $T_5$ 阻塞。因此，在优先级继承协议中存在两种阻塞情况。

### 3.3.2 优先级继承协议的特性

NPCS 协议可以同时避免无界优先级反转和死锁, 优先级继承协议可以消除无界优先级反转。但是, 优先级继承协议不能防止死锁, 因为优先级继承协议不能避免循环等待资源。图 3.3 所示的任务调度不违反优先级继承协议的任何规则, 但其发生了死锁。换句话说, 优先级继承协议不能防止死锁。

**例 3.3** 假设系统中有 3 个任务, 如表 3.2 所示。

表 3.2 例 3.3 中的任务

| 任务 | 优先级 | 释放时间 | 执行时间 | 资源利用 |
|------|--------|----------|----------|----------|
| $T_H$ | 1 | 4 | 4 | $[1, 4)$ 使用 $Y$; $[2, 3)$ 使用 $X$ |
| $T_M$ | 2 | 2 | 3 | 无 |
| $T_L$ | 3 | 0 | 7 | $[1, 5)$ 使用 $X$; $[3, 4)$ 使用 $Y$ |

图 3.6 所示为任务调度时间表。

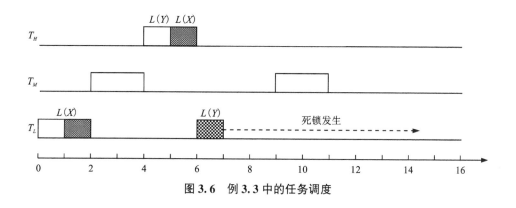

图 3.6 例 3.3 中的任务调度

在时刻 6, $T_H$ 试图锁定正在被 $T_L$ 使用的 $X$, $T_L$ 在时刻 2 时在 $X$ 的临界区被 $T_M$ 抢占。根据资源分配规则, 锁定失败, $T_H$ 被阻塞。$T_L$ 的优先级更新为 1 并执行。在时刻 7, $T_L$ 试图锁定正在被 $T_H$ 使用的 $Y$, 锁定也失败。这样 $T_H$ 和 $T_L$ 进入等待被对方持有的资源的循环, 没有一个任务可以继续执行。

另一个任务 $T_M$ 也不能运行, 因为它的优先级不是最高的, 这样就出现了死锁。

较低优先级的任务只有在执行临界区的时候可以阻塞一个高优先级任务, 否则, 它自己会被高优先级任务抢占。

在优先级继承协议中, 高优先级任务最多只能被低优先级任务阻塞一次。因为低优先级任务完成临界区的执行并解锁资源后, 高优先级任务被解除阻塞并开始执行。低优先级任务直到高优先级任务完成执行后才能执行, 即使低优先级任务有多个临界区。如图 3.5 所给出的调度时间表, $T_1$ 仅被 $T_5$ 阻塞一次, $T_2$ 也一样。图 3.7 给出了两个任务在两个资源上发生冲突, 但高优先级任务仅被阻塞了一次的情形。$T_L$ 在时刻 5 解锁 $X$ 后, 它的当前优先级降低为分配优先级，且在 $T_H$ 和 $T_M$ 完成前不会再得到运行的机会。

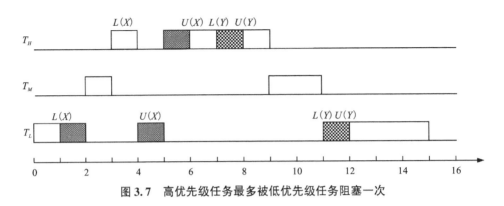

图 3.7　高优先级任务最多被低优先级任务阻塞一次

任务可以被多个低优先级任务阻塞。考虑图 3.8 所示的情形，$T_L$ 和 $T_M$ 分别在时刻 1 和时刻 3 锁定 $X$ 和 $Y$。$T_L$ 在时刻 2 被 $T_M$ 抢占，而 $T_M$ 在时刻 4 被 $T_H$ 抢占。$T_H$ 在时刻 5 被 $T_L$ 阻塞于 $X$。这样，$T_L$ 继承了 $T_H$ 的优先级并执行，直至它在时刻 6 解锁 $X$ 为止，同时也解除 $T_H$ 的阻塞状态。$T_H$ 执行至时刻 8 时被 $T_M$ 再次阻塞于 $Y$。当 $T_M$ 在时刻 9 解锁 $Y$ 时，它才解除阻塞状态。

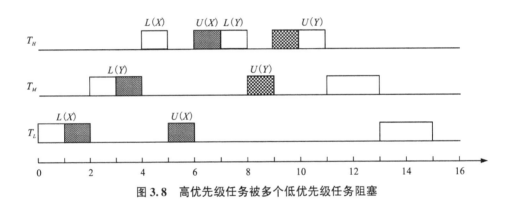

图 3.8　高优先级任务被多个低优先级任务阻塞

优先级继承协议中，阻塞最坏的情况发生在该任务被所有低优先级任务在它们最长的临界区阻塞一次。

综上所述，优先级继承协议可以消除无限优先级反转，一个任务最多被所有低优先级的任务阻塞一次。然而，该协议有几个明显的缺点。首先，它不能防止死锁的发生。其次，一个任务可能被几乎所有低优先级任务阻塞，所有阻塞时间可能长到使它错过截止时间。最后，因阻塞现象的存在，一个任务可被任何一个与其没有资源冲突的低优先级任务阻塞，NPCS 协议也有这个缺点。

尽管如此，绝大多数商业实时操作系统都支持优先级继承协议。优先级继承协议也称为基础优先级继承协议，一些在此基础上发展而来的协议具有更好的性能，优先级上限协议是其中之一。

## 3.4　优先级上限协议

优先级上限(priority ceiling)协议是对优先级继承协议的改进,目的是防止死锁的形成并减少阻塞时间。该协议假设在任务开始执行前,每个任务的资源需求都是已知的。它将每个资源与一个优先级上限相关联,优先级上限指可能使用该资源的所有任务中的最高优先级。在优先级继承协议中,每当请求一个资源时,只要该资源是空闲的,它就会被分配给发出请求的任务。然而,在优先级上限协议中,这样的请求也可能会被准许,即便这个资源是不可用的。更特别的是,当一个任务抢占另一个任务的临界区,并锁定一个新资源时,该协议保证锁定的有效前提是新资源的优先级上限高于被抢占的资源的优先级。使用 $\zeta_R$ 表示资源 $R$ 的优先级上限,$\zeta(t)$ 表示系统在时刻 $t$ 的优先级上限,它是所有正在使用的资源中的最高优先级上限。如果在时刻 $t$,没有资源在使用,那么优先级上限 $\zeta(t)$ 是最低的,用 $\varphi$ 表示。

### 3.4.1　优先级上限协议的规则

优先级上限协议如图 3.9 所示。

1. 标有最高优先级的任务 $T$ 分配给处理器。当任务 $T$ 试图锁定正在保护某个临界区的信号量,而此信号量已经被别的任务 $Q$ 锁定时,此时任务 $T$ 放弃对处理器的使用,任务 $T$ 被 $Q$ 阻塞。或者当存在一个信号量 $S'$ 被其他任务锁定,且它的优先级上限大于或等于任务 $T$ 的优先级时,任务 $T$ 被阻塞。在后一种情况下,令 $S^*$ 为被其他任务锁定的具有最高优先级的信号量,任务 $T$ 被 $S^*$ 所阻塞,也就是说被当前锁定了 $S^*$ 的任务所阻塞。
2. 假设任务 $T$ 阻塞一个或多个任务,那么,它继承当前阻塞的任务的最高优先级。优先级和恢复先前的优先级的操作是密不可分的。
3. 优先级的继承是可传递的。
4. 如果任务 $T_2$ 不占用当前任务 $T_1$ 正需要的临界区,并且当前优先级中任务 $T_1$ 中任务高于任务 $T_2$,那么任务 $T_1$ 将抢先于任务 $T$ 开始执行。

**图 3.9　优先级上限协议**

当低优先级任务阻塞高优先级任务时,它将继承被阻塞的高优先级任务的当前优先级,直至它执行完它的临界区并解锁资源,然后其优先级恢复至分配优先级。

优先级上限协议的调度规则和优先级继承规则与优先级继承协议完全相同,唯一的区别在于分配规则。

**例 3.4**　假设系统中有 5 个任务,如表 3.3 所示。资源 $X$ 和 $Y$ 的优先级上限分别是 $\zeta_X = 1$ 和 $\zeta_Y = 2$。根据优先级上限协议,这些任务的调度时间表如图 3.10 所示。

表 3.3　例 3.4 中的任务

| 任务 | 优先级 | 释放时间 | 执行时间 | 资源利用 |
|------|--------|----------|----------|----------|
| $T_1$ | 1 | 6 | 3 | [1, 2) 使用 $X$ |
| $T_2$ | 2 | 4 | 5 | [1, 3) 使用 $Y$；[2, 3) 使用 $X$ |
| $T_3$ | 3 | 3 | 2 | 无 |
| $T_4$ | 4 | 2 | 1 | 无 |
| $T_5$ | 5 | 0 | 5 | [1, 4) 使用 $X$ |

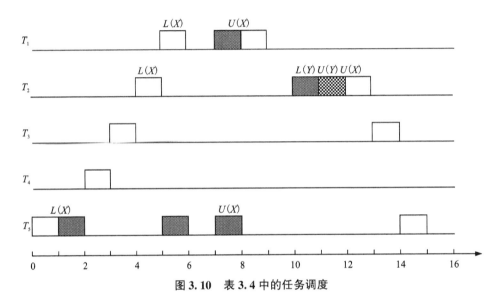

图 3.10　表 3.4 中的任务调度

在时刻 1，当 $T_5$ 请求 $X$ 时，没有其他在使用的资源，因此优先级上限 $\zeta(1)$ 为 $\varphi$，这是最低的优先级。根据分配规则，$T_5$ 被准许使用 $X$。在时刻 2，$T_5$ 被 $T_4$ 抢占。在时刻 3，$T_4$ 被 $T_3$ 抢占。在时刻 4，$T_3$ 被 $T_2$ 抢占。

在时刻 5，$T_2$ 请求 $Y$。此时，$\zeta(5) = \zeta_X = 1$。因为 $T_2$ 的优先级低于 $\zeta(5)$，根据资源分配规则，请求被拒绝。因此，$T_2$ 被 $T_5$ 阻塞。$T_5$ 的当前优先级更新为 2，并执行。

在时刻 6，$T_1$ 释放，由于它的分配优先级高于 $T_5$ 的当前优先级，于是抢占了 $T_5$。在时刻 7，$T_1$ 试图锁定 $X$，但被 $T_5$ 阻塞。这样，$T_5$ 的当前优先级更新为 1，并执行。

在时刻 8，$T_5$ 解锁 $X$。$T_1$ 被解除阻塞并执行其 $X$ 的临界部分。在时刻 9，$T_1$ 解锁 $X$，并在时刻 10 完成执行。在时刻 8，$T_2$ 也解除了阻塞。但是，由于其当前优先级低于 $T_1$，调度器没有选择运行它。

在时刻 10，$T_1$ 完成执行，$T_2$ 开始执行。在时刻 11，$T_2$ 请求 $X$。此时，$\zeta(11) = \zeta_Y = 2$，等于 $T_2$ 的当前优先级。由于 $T_2$ 是占用 $Y$ 的任务，因此，根据资源分配规则，$T_2$ 被允许使用 $X$。

在时刻 13，$T_2$ 完成。然后，$T_2$ 和 $T_5$ 在时刻 14 和 15 完成剩余部分的执行。

在这些任务的执行过程中，除了 $T_5$ 外，其他任务的当前优先级都是它们的分配优先级，原因在于它们没有阻塞过其他任务。$T_5$ 的优先级变化情况如下：

$[0, 5)：\rho_5；[5, 7)：\rho_2；[7, 8)：\rho_1；[8, 15)：\rho_5$。

系统的优先级上限变化情况如下：

$[0, 1)：\varphi；[1, 9)：\rho_1；[10, 11)：\rho_2；[11, 12)：\rho_1；[12, 15)：\varphi$。

在时刻 5，当 $T_2$ 请求 $Y$ 时，$Y$ 是空闲的。根据优先级继承协议，这样的请求将得到批准。因此，优先级继承协议是一个贪婪协议，所以不能防止死锁。除了直接阻塞和优先级继承阻塞之外，优先级上限协议还有第三种阻塞类型，即优先级上限阻塞。例 3.4 中，优先级上限阻塞发生在时刻 5，$T_2$ 请求 $Y$ 时。

### 3.4.2　优先级上限协议的特性

优先级继承规则允许优先级上限协议避免无界优先级反转，这是优先级继承协议共有的特性。优先级上限协议中严格的资源分配规则导致额外的优先级上限阻塞。然而，这种阻塞有助于避免死锁。因此，优先级上限阻塞也称为阻塞避免死锁。

**例 3.5**　当采用优先级继承协议对表 3.2 中的 3 个任务进行调度会进入死锁。现采用优先级上限协议对 3 个任务进行调度。资源的优先级上限为

$$\zeta_X = 1；\zeta_Y = 1$$

如图 3.11 所示，$T_L$ 在时刻 1 发出第一个资源请求，此时，系统的优先级上限为 $\varphi$，该请求被准许。在时刻 2，$T_L$ 被 $T_M$ 抢占。在时刻 4，$T_M$ 被 $T_H$ 抢占。在时刻 5，$T_H$ 请求 $Y$。由于 $X$ 正在被使用，系统的优先级上限 $\zeta(5) = 1$，与 $T_H$ 的当前的优先级相等。根据资源分配规则，在当前这种情况下，若正被发出请求的任务占用的资源的优先级上限等于发出请求的任务的当前优先级，请求是准许的；否则，请求被否决。在本例中，$X$ 正被 $T_L$ 持有，而不是 $T_H$，因此，请求被拒绝，$T_H$ 被优先级上限阻塞。$T_L$ 继承 $T_H$ 的优先级并运行。在时刻 8，$T_L$ 解锁了 $X$。然后，$T_H$ 恢复执行，并在时刻 11 完成。$T_M$ 和 $T_L$ 分别在时刻 12 和时刻 14 完成剩余部分，避免了死锁。

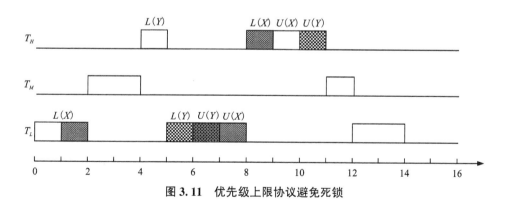

**图 3.11　优先级上限协议避免死锁**

优先级上限协议通过拒绝可能形成死锁的资源请求，阻止了死锁的形成。如果发出请求的任务的当前优先级高于系统的优先级上限，根据系统优先级上限的定义，发出请求的任务肯定不会请求任何一个正被占用的资源。所以，分配资源给该任务是安全的。否则，发出请求的任务可能需要使用被其他任务占用的资源，这可能导致死锁，因此请求应该被拒绝。一个例外的情况是发出请求的任务自己占用的资源优先级上限等于系统的优先级上限。在这种

情况下，发出请求的任务不会请求被其他任务占用的资源。因此，分配资源给该任务是安全的。

除了可以避免死锁，优先级上限协议还可以避免链式阻塞。使用优先级上限协议重新调度图 3.8 中的任务，新的调度时间表如图 3.12 所示。在时刻 3，$T_M$ 在试图锁定 $Y$ 时，被优先级上限阻塞。因此，由于资源 $Y$ 争用发生的 $T_M$ 对 $T_H$ 的阻塞避免了。

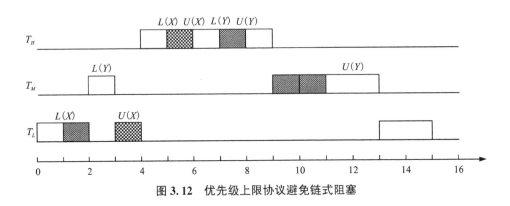

**图 3.12　优先级上限协议避免链式阻塞**

实际上，只要高优先级任务将访问一个正在被低优先级任务使用的资源，没有一个中等优先级任务可以成功锁定任何一个高优先级任务将要访问的资源。换句话说，在优先级上限协议中，任务最多可以被阻塞一个临界区的时间。

总之，优先级上限协议消除了无限优先级反转，阻止了死锁的形成，避免了链式阻塞，使任务最多可以被阻塞一个临界区的时间。这些优点表明它比优先级继承协议有很大的改善。当然，改善是有代价的，如资源优先级上限和系统优先级上限的计算开销，由优先级上限阻塞导致的额外的上下文切换的开销。通常，一个不需要访问资源的任务因抢占最多可能遭受两次上下文切换，一个访问资源的任务因阻塞可能遭受两次额外的上下文切换。

### 3.4.3　最坏情况的阻塞时间

如前所述，当资源访问受控于优先级继承协议时，有三种阻塞：直接阻塞、优先级继承阻塞和优先级上限阻塞。

直接阻塞发生在高优先级任务请求一个正被低优先级任务使用的资源。最大阻塞时间是低优先级任务的临界区执行时间。

当一个低优先级任务阻塞高优先级任务时，它继承了高优先级任务的优先级。因此，它进一步阻塞了优先级及在它们的分配之间的所有任务。最大阻塞时间是优先级较临界区执行时间。

在一个低优先级任务成功锁定资源 $R$ 后，如果一个高优先级任务的优先级不高于 $R$ 的优先级上限，则每个高优先级任务在锁定其他资源时会被优先级上限阻塞。最大阻塞时间为低优先级任务的临界区执行时间。

直接阻塞和优先级上限阻塞不会发生于不需要资源的任务，因为这两种类型的阻塞只发生在任务需要资源时。此外，即使任务在多个资源上与其他任务发生冲突，该任务也只会被阻塞一个临界区执行时间。

## 3.5　堆栈共享优先级上限协议

堆栈共享优先级上限协议提供了堆栈共享功能，并简化了优先级上限协议。此协议中，任务的最坏情况阻塞时间和优先级上限协议相同，但与优先级上限协议相比，此协议产生的上下文切换开销较小。

在任务间共享堆栈消除了堆栈空间碎，节省了内存。通常，每个任务都有自己的运行堆栈，用于存储任务的局部变量和返回地址，如图 3.13（a）所示。任务堆栈使用的内存在任务创建时自动分配。当系统中的任务数目过于庞大，几个任务共享运行堆栈可以减少总体内存需求，如图 3.13（b）所示。

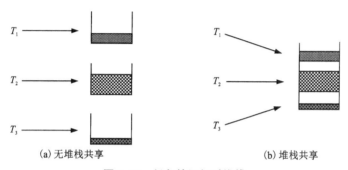

(a) 无堆栈共享　　　　　　　　　(b) 堆栈共享

**图 3.13　任务的运行时堆栈**

### 3.5.1　堆栈共享优先级上限协议的规则

当多个任务共享运行堆栈时，执行的任务就是堆栈顶部的任务。任务完成后，该任务的空间会被释放。当任务 $T_i$ 被另一个任务 $T_j$ 抢占，任务 $T_j$ 被分配到任务 $T_i$ 之上的空间，占据了栈顶位置。被抢占的任务只有回到栈顶时才能恢复运行，即系统总是执行占据堆栈顶部位置的任务。显然，这样的空间共享原则不允许出现任何形式的阻塞。

假设当任务 $T_j$ 抢占任务 $T_i$ 之后，如果任务 $T_j$ 请求任务 $T_i$ 持有的资源，堆栈顶部的任务 $T_j$ 被阻塞，而阻塞任务 $T_i$ 在回到堆栈顶部之前无法执行，这样就产生了死锁。因此，当一个任务被调度执行时，需要确保该任务在完成之前不会因为访问资源而被阻塞。

堆栈共享优先级上限协议的规则如下：

（1）优先级上限更新：当所有资源都可用时，优先级上限 $\zeta(t)$ 为 $\varphi$。每次分配或释放资源时，都会更新 $\zeta(t)$。

（2）调度规则：在任务被释放后，它将被阻止执行直到其分配优先级高于 $\zeta(t)$。在任何时候，没有被阻塞的任务按照它们的分配优先级在优先级抢占的处理器上调度。

（3）分配规则：当任务请求资源时，它可以得到请求的资源。

**例 3.6**　利用堆栈共享优先级上限协议对表 3.3 中的 5 个任务进行调度，调度时间表如图 3.14 所示，比图 3.10 所示的基于优先级上限协议的任务调度时间表简单多了。

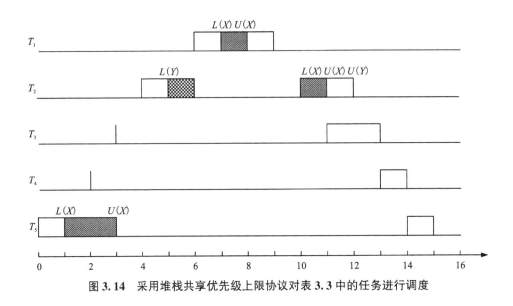

**图 3.14 采用堆栈共享优先级上限协议对表 3.3 中的任务进行调度**

在时刻 0，$T_5$ 被释放，堆栈为空，因此 $T_5$ 执行。

在时刻 1，$T_5$ 请求 $X$。根据分配规则，$T_5$ 获得 $X$。系统优先级上限 $\zeta(t)$ 从 $\varphi$ 更新为 $\zeta_X$，$\zeta_X = 1$。

在时刻 2，$T_4$ 被释放。因为 $T_4$ 的分配优先级低于 $\zeta(t)$，它被阻塞。$T_5$ 继续运行。

在时刻 3，$T_3$ 被释放。因为 $T_3$ 的分配优先级低于 $\zeta(t)$，它被阻塞。$T_5$ 继续运行。

在时刻 4，$T_5$ 解锁 $X$。$\zeta(t)$ 变为 $\varphi$。同时，$T_2$ 被释放。因为 $T_2$ 的分配优先级高于 $\zeta(t)$，它被调度运行。$T_5$ 被抢占。$T_2$ 所占堆栈空间在 $T_5$ 的上方。

在时刻 5，$T_2$ 请求 $Y$，此时 $Y$ 是可用的。根据分配规则，$T_2$ 获得 $Y$。而 $\zeta(t)$ 从 $\varphi$ 更新为 $\zeta_Y$，$\zeta_Y = 2$。

在时刻 6，$T_1$ 被释放。因为 $T_1$ 的分配优先级高于 $\zeta(t)$，它被调度运行。$T_2$ 被抢占。$T_1$ 所占堆栈空间在 $T_2$ 的上方。现在 $T_5$ 位于共享堆栈的底部，$T_2$ 位于中间，$T_1$ 在顶部，正在运行。

在时刻 7，$T_1$ 请求 $X$，此时 $X$ 是可用的。$T_1$ 获得 $X$。$\zeta(t)$ 从 $\zeta_Y$ 更新为 $\zeta_X$，$\zeta_X = 1$。$T_1$ 继续运行。

在时刻 8，$T_1$ 解锁 $X$。$\zeta(t)$ 下降到 $\zeta_Y$。$T_1$ 继续运行。

在时刻 9，$T_1$ 完成。$T_2$ 回到堆栈顶部。此时，$T_5$ 在 $T_2$ 下面。还有两个任务被阻塞：$T_3$ 和 $T_4$。由于 $T_2$ 具有最高优先级，因此 $T_2$ 执行。$T_2$ 请求并分配 $X$。$\zeta(t)$ 从 $\zeta_Y$ 升级为 $\zeta_X$。

在时刻 10，$T_2$ 同时解锁 $X$ 和 $Y$。$\zeta(t)$ 降至 $\Omega$。$T_2$ 继续运行。

在时刻 11，$T_2$ 完成。$T_5$ 返回堆栈顶部。两个被阻止的任务 $T_3$ 和 $T_4$ 也在等待运行。因为 $T_3$ 是的优先级最高，$T_3$ 在 $T_5$ 上分配一个堆栈空间并执行。

在时刻 13，$T_3$ 完成。$T_5$ 返回堆栈顶部。然而因为 $T_4$ 的优先级高于 $T_5$，所以 $T_4$ 在 $T_5$ 上分配了一个堆栈空间并执行。

在时刻 14，$T_4$ 完成。唯一的任务 $T_5$ 执行并在时刻 15 完成。

### 3.5.2  堆栈共享优先级上限协议的特性

堆栈共享优先级上限协议是对优先级上限协议的改进。它具有优先级上限协议的所有优点，包括没有无界优先级反转、无死锁、无链式阻塞。在堆栈共享优先级上限协议中，阻塞只发生在任务被释放时。一旦任务开始执行，它只可能被抢占，但在完成前不会阻塞。因此，任何任务都不会遭受两个以上的上下文切换。相比之下，在优先级上限协议中，需要访问资源的任务可能会遭受到四次以上的上下文切换：两次由抢占导致，两次由阻塞导致。

尽管堆栈共享优先级上限协议是在考虑到堆栈共享的情况下开发的，但可以针对非堆栈共享系统进行重新制定。重新制定协议的规则如下：

调度规则：

(1)当任务在没有占用资源的情况下，按其分配优先级执行。

(2)相同优先级的任务按 FIFO 调度。

(3)每个持有资源的任务的优先级是该任务所占用的所有资源中的最高优先级上限。当任务请求资源时，它可以得到请求的资源。

## 3.6  火星探路者优先级反转案例研究

优先级反转的一个著名的例子发生于 1997 年 7 月火星探路者的任务执行过程中。火星探路者最著名的任务是用小型火星车拍摄火星表面的高分辨率彩色照片，并将其传回地球。问题出在在火星表面运行时，火星车的任务软件中。航天器中不同的设备通过 MIL-STD-1553 数据总线进行通信，总线的动作由一对高优先级任务进行管理。其中一个总线管理器任务通过管道与一个低优先级的气象科学任务(任务 ASI/MET)进行通信。

在地球上运行时绝大多数情况下几乎没有事故。然而在火星上，在任务进行过程中出现了一个严重错误，并引发一系列软件复位。当一个低优先级科学任务占有一个与管道相关的互斥锁时，两个中等优先级任务抢占了它，并引发了引起复位的一系列事件。当低优先级任务被抢占时，高优先级的总线分配管理器(任务 bc_dist)试图通过相同的管道给该任务发送更多数据。由于管道仍然被中等优先级的科学任务保护，总线分配管理器任务被迫等待。此后不久，另一个总线调度任务被激活，并通知总线分配管理器还没有完成总线周期的工作，且强迫系统复位。

图 3.15 给出了火星探路者的任务调度表，其中由于无界优先级反转高优先级任务 bc_dist 而错过了截止时间。然而，若使用 NPCS 协议重新调度这些任务，任务 bc_dist 可以在其截止日期之前完成，如图 3.16 所示。在新的任务调度表中，任务 ASI/MET 可以不被干扰地完成对互斥锁的执行。当任务 bc_dist 准备好需要互斥锁时，互斥锁是可用的。因此，任务 bc_dist 的执行不会延迟。

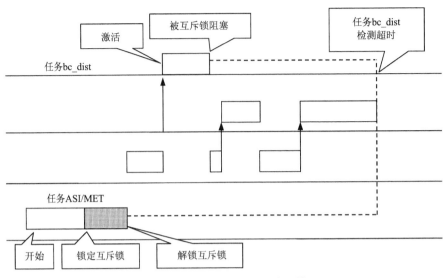

图 3.15　火星探路者的优先反转

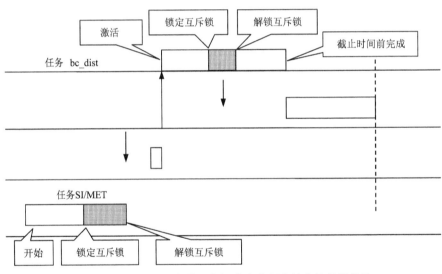

图 3.16　对图 3.15 中的任务调度表应用非抢占的临界协议

## 3.7　本章小结

本章论述实时任务在数据或资源共享时的相互依赖关系，以及共享资源访问控制协议。实时任务访问共享资源时可能潜在优先级反转甚至死锁。优先级反转是当一个高优先级任务通过信号量机制访问共享资源时，该信号量已被低优先级任务占有，因此造成高优先级任务被许多具有较低优先级的任务阻塞，实时性难以得到保证。解决优先级反转的方法有优先级继承协议和优先级上限协议。本章最后给出了火星探路者优先级反转案例的分析与研究。

 **习 题**

1.什么是优先级反转？在基于优先级的系统中，所有任务可抢占，且执行只需要处理器，优先级反转会发生吗？哪些协议可以防止优先级反转？

2.什么是死锁？发生死锁的必要条件是什么？NPCS 协议可以防止死锁吗？优先级继承协议可以防止死锁吗？

3.解释以下术语：

(1)分配优先级

(2)当前优先级

(3)资源优先级上限

(4)系统优先级上限

(5)直接阻塞

(6)优先级继承阻塞

(7)优先级上限阻塞

4.如何评估资源访问控制协议的性能？

5.确定以下表述是否正确，请简要阐述理由。

(1)在 NPCS 协议中，当两个任务共享资源时，高优先级任务可以阻塞低优先级任务。

(2)在优先级继承协议中，拥有资源的任务在系统的所有任务中的优先级最高。

(3)优先级上限阻塞也称为避免阻塞，因为阻塞可以防止任务间的死锁。

(4)优先级继承协议和优先级上限协议的根本区别在于它们的优先级继承规则不同。

(5)在堆栈共享优先级上限协议中，如果任务不需要任何资源，它会遭遇优先级反转。

(6)在优先级上限协议中，任务的最大阻塞时间是其直接阻塞时间、优先级继承阻塞时间和优先级上限阻塞时间之和。

6.以下任务(表 3.4)在单个处理器上调度，且可抢占。

表 3.4 习题 6 表

| 任务 | 优先级 | 释放时间 | 执行时间 | 资源利用 |
|------|--------|----------|----------|----------|
| $T_1$ | 1 | 7 | 3 | $[1, 2)$使用 $X$ |
| $T_2$ | 2 | 5 | 3 | $[1, 3)$使用 $X$；$[2, 3)$使用 $Y$ |
| $T_3$ | 3 | 4 | 2 | 无 |
| $T_4$ | 4 | 2 | 2 | $[1, 2)$使用 $X$ |
| $T_5$ | 5 | 0 | 5 | $[1, 4)$使用 $X$ |

(1)构建没有资源访问控制时的任务调度时间表。

(2)利用 NPCS 协议构建任务调度时间表，并详细解释该任务调度时间表。

（3）利用优先级继承协议构建任务调度时间表，并详细解释该任务调度时间表。

7. 以下 5 个任务（表 3.5）在单个处理器上调度，且可抢占。

表 3.5　习题 7 表

| 任务 | 优先级 | 释放时间 | 执行时间 | 资源利用 |
|------|--------|----------|----------|----------|
| $T_1$ | 1 | 8 | 2 | [1, 2)使用 $X$ |
| $T_2$ | 2 | 5 | 4 | [2, 3)使用 $Y$ |
| $T_3$ | 3 | 3 | 2 | [1, 2)使用 $X$ |
| $T_4$ | 4 | 2 | 1 | 无 |
| $T_5$ | 5 | 0 | 5 | [1, 4)使用 $X$ |

（1）利用优先级继承协议构建任务调度时间表，并详细解释该任务调度时间表。

（2）利用优先权上限协议构建任务调度时间表，并详细解释该任务调度时间表。

8. 以下 5 个任务（表 3.6）在单个处理器上调度，且可抢占。

表 3.6　习题 8 表

| 任务 | 优先级 | 释放时间 | 执行时间 | 资源利用 |
|------|--------|----------|----------|----------|
| $T_1$ | 1 | 8 | 2 | [1, 2)使用 $X$ |
| $T_2$ | 2 | 5 | 4 | [2, 3)使用 $Y$ |
| $T_3$ | 3 | 3 | 2 | [1, 2)使用 $X$ |
| $T_4$ | 4 | 2 | 1 | 无 |
| $T_5$ | 5 | 0 | 5 | [1, 4)使用 $X$ |

（1）利用优先权上限协议构建任务调度时间表，并详细解释该任务调度时间表。

（2）利用堆栈共享优先级上限协议构建任务调度时间表，并详细解释该任务调度时间表。

# 第4章　实时通信

在实时系统中，通信协议的目的有些不同于传统的非实时数据通信系统。在传统的系统中，最关键的性能评测指标是系统的吞吐量，即在一个单位时间内可以把多少数据通过网络从源端传到目的端。在实时系统中，最关键的性能评测指标是在一个特定的截止时间内成功传送报文的概率。因为丢失报文的传送时间是无限的，所以这种评测指标结合了报文传输速度和丢失概率。报文延迟是由下列开销造成的：

(1) 报文格式化/分包。

(2) 报文排队，例如等待进入通信介质。

(3) 从源端到目的端发送报文。

(4) 重新组合报文。

实时通信一般可以分为多种类型，其中每种类型的特征由其截止时间、到达模式和优先级所刻画。在硬实时系统中，例如嵌入式应用，通信的截止时间同其所属任务的截止时间相关。在多媒体类应用中，截止时间同其应用直接相关。

优先级基于在应用中该报文的重要程度。如果有通信超负荷的情况发生，报文的优先级可以用来决定哪些报文可以被丢弃，以便更重要的报文能够及时传送。

大多数实时源由以下两种方式发起通信：

(1) 恒定速率：周期性地生成固定大小的数据包。许多传感器采用这种方式发起数据通信。恒定速率通信是最容易处理的方式，因为数据最平稳而且没有突发现象。通信越平稳，每个节点需要的数据缓冲区越小。

(2) 可变速率：在这种方式中，可以是无规则时间间隙发送固定大小的数据包，也可以是有规则时间间隙发送可变大小的数据包。其突发通信情况会导致缓冲空间需求的增大。声音和视频通信是典型的可变速率传输。例如声音源突发通话，视频包是一个周期性生成可变大小的数据包。

## ▶ 4.1　通信介质

每种物理通信介质都有其独特的特性，电介质、光纤和无线介质是三种最重要的通信介质。

电介质：电介质主要包括同轴电缆和双绞线两种。同轴电缆的内层有一个铜导体，外面包裹一层绝缘体，其上再包裹一层外导体，最外层是塑料外套。双绞线有几千赫兹的带宽，宽带同轴电缆的带宽可高达 1 GHz。

光纤：在光介质系统中，节点中的电信号通过激光二极管转换成光脉冲，同时转换成的光脉冲在光纤中传输。接收器通过光电二极管将光信号转换为电信号。

在光脉冲沿着光纤传输的过程中，会发生两件事情。第一，脉冲振幅下降，即信号会衰减。第二，脉冲宽度随着传输距离的增加而逐渐增加，该现象称为色散。色散同光纤自然特性及被传送光的频率范围有关(实际信号发生器不能产生标准正弦波)。因此，网络传输数据的大小与发送端的需求及支持的最大光频率有关。

光纤较电介质有两个主要优点。首先，光纤的原始带宽可高达几百吉赫兹。其次，光信号可不受电磁干扰的影响。

光纤的缺点是很难在没有重大信号损失的情况下用分接头连接光纤，用光放大器恢复信号电平很昂贵。

无线介质：无线介质的优点是通信节点之间不需要线缆连接。因此，自组织网络可以快速地建立和重新配置。然而，潜在的干扰比电介质或光纤都要大得多。无线介质通信线路的通信距离与传输者的能力、接收端的敏感性、噪声级别、所使用的差错控制编码的类型和发射端和接收端之间的所有的使信号衰减的障碍有关。

## 4.2 互联网络

互联网络根据网络拓扑可以为4大类：共享介质网络、直接网络、间接网络和混合网络。

(1)共享介质网络。在共享介质互联网络结构中，传输介质由所有的通信设备共享，在同一时刻只允许一个设备使用网络。每个连接到网络的设备都包括请求电路、驱动电路和接收电路，它们用来处理传输的地址和数据。共享介质互联网络的一个重要问题是仲裁策略问题。共享介质的一个特点是它具有支持原子广播的能力，网络上所有的设备都可以监听网络活动，接受共享介质上传输的信息。由于网络带宽的限制，单个共享介质只能支持有限数量的设备，否则介质会成为瓶颈。

(2)直接网络。基于总线的系统是不具有可伸缩性的，因为当处理器数目增加时总线会成为系统瓶颈。直接网络伸缩性好，并支持大数量的处理器。直接网络包括一组节点，每一个节点直接连接到网络中其他节点的子集上。节点的公用部件是路由器，负责节点间的消息通信。因此，直接网络也称作基于路由器的网络。每一个路由器都与相邻的路由器直接连接。通常两个相邻节点由一对方向相反的单向通道连接，也可以使用一条双向通道连接。直接网络是构造大规模并行计算机最流行的互联结构。网格、环形网和超立方体是典型的直接网络的拓扑结构。

(3)间接网络。间接网络是另一类主要的互联网络。它没有提供节点间的直接连接，任何两个节点间的通信必须通过某些交换机进行。每个节点都有一个网络适配器连接在网络开关上。每个开关都有一组端口，每个端口包括一条输入和一条输出链路。每个开关的端口或者连接到处理器，或者悬空，或者连接到其他开关的端口上，以实现处理器间的连接。这些开关的互联方式决定了不同的网络拓扑。

（4）混合网络。一般而言，混合网络综合了共享介质网络、直接网络、间接网络的机制，因此，它与共享介质网络相比增加了带宽，与直接网络和间接网络相比减小了节点间距离。在混合网络中混合了多种以上的网络，例如以超立方体作为主干网，同时每个节点是一个网格网络。

互联网络一般用有限节点和连接边的有向或无向图表示，边对应链路或通道，图中节点数量对应于网络规模。在讨论拓扑结构之前，定义一些互联网络拓扑特性，这些特性常用来估计网络复杂性、通信效率和成本。

- 网络节点度（network degree of node）：网络中与节点直接相连接的边数。包括入度和出度。
- 网络直径（network diameter）：网络中任何两个节点之间的最长距离，即最大路径数。
- 对分带宽（bisection width）：对分网络各半所必须移去的最少边数。
- 对称性（symmetry）：从任一节点观看网络都一样。
- 容错（fault t olerance）：此特征度量网络承受由个别链路和节点产生的错误并仍然维持原功能的能力。

## 4.2.1　网络拓扑结构

网络拓扑结构可以分为点对点和共享（或者广播）两类。在点对点拓扑结构中，节点之间通过一条专用通道相连。如果一个节点希望发一条消息到一个不是其邻居的目的节点，这条消息必须被中间节点转发。在一个共享（或者广播）拓扑结构中，所有的节点都可连接至通信通道并且在任何时候只有一个节点可以在通道上发送信息。

总线型和环型是使用较多的拓扑结构。在一个总线型网络中，总线末端都要用匹配阻抗来迅速衰减反射信号，如图 4.1 所示。接口可以是分接头或者转发点。

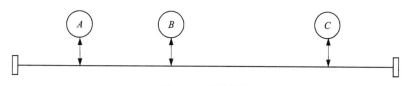

图 4.1　总线结构

环型网络是一系列网络接口，通过点对点链路连接成一个封闭环路，如图 4.2 所示。到达一个接口的输入端的比特被复制到一个缓冲区，经过处理后并被传输到接口的输出端。

图 4.3 是二维阵列。二维阵列需要连接 $N \times N$ 个节点，以使得位于 $(i, j)$ 的节点与位于 $(i\pm1, j\pm1)$ 的邻接节点相连接。

脉动阵列（systolic array）如图 4.4 所示，它可沿多个方向同步传送数据流，实现多维流水线操作。

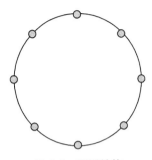

图 4.2　环形结构

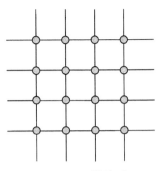

图 4.3　二维阵列

一个 $n$ 维网格(mesh)可以定义为具有 $K_0 \times K_1 \times \cdots \times K_{n-1}$ 个节点的互联网络，其中 $n$ 为网络的维数，$K_i$ 为 $i$ 维的基。图 4.5 中给出了一个 $3 \times 3 \times 2$ 的网格的例子。位于 $(i, j, k)$ 的一个节点将与位于 $(i\pm1, j\pm1, k\pm1)$ 的邻接节点相连。

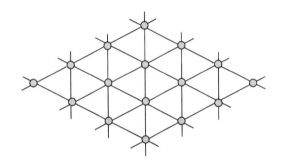

图 4.4　脉动阵列

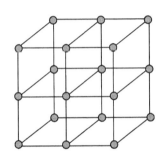

图 4.5　$3 \times 3 \times 2$ 的网格示例

超立方体如下所定义。在一个 $n$ 维的超立方体中一共有 $2^n$ 个节点。用二进制从 $0 \sim 2^n$ 给这些节点标号，并且用一条线连接那些标签只有一位不同的节点。一个 $n$ 维的超立方体通过两个 $(n-1)$ 维的超立方体和连接相近节点的方法被建立起来。

立方体连接网络模仿立方体结构。一个 $n$-立方体($n$ 阶超立方体)定义为一个有向无环图，它具有标号从 $0 \sim (2^n - 1)$ 的 $2^n$ 个顶点，且在一对给定的顶点间有一条边，当且仅当它们的二进制位地址表示仅有一位不相同时。图 4.6(a) 是由 8 个节点构成的 3-立方体，沿着每一个方向有 2 个节点，总的节点数 $N = 2^3 = 8$，因此称为 3-立方体。图 4.6(b) 是由 2 个 3-立方体构成的 4-立方体结构，沿每一方向节点数为 2，总的节点数 $N = 2^4 = 16$。

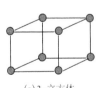

(a)3-立方体

(b)4-立方体

图 4.6　超立方体示例

假设 4-立方体中从节点 0101 发送一条消息至节点 0011，地址在两个二进制位上存在差异，即在这两个节点之间最短路径的长度为 2，存在一条如下的最短路径：

$$0101 \rightarrow 0001 \rightarrow 0011$$

$k$ 元 $n$ 立方体($k$-Ary $n$-Cube)是一个基为 $k$ 的 $n$ 维立方体，在每一维上有 $k$ 个节点。这样，网络中的节点数 $N=k^n$($n = \log_k N$)。例如，一个 8 元 1 立方体是由 8 个节点组成的环，而一个 8 元 2 立方体是由 8×8 个节点组成的环，如图 4.7 所示，每个节点都与所有与它的地址只有一位不相同的节点相互连接起来。低维 $k$ 元 $n$ 立方体称为环网络，高维二元 $n$ 立方体称为超立方体。$k$ 元 $n$ 立方体有许多良好的性质，如低延迟和高带宽等。

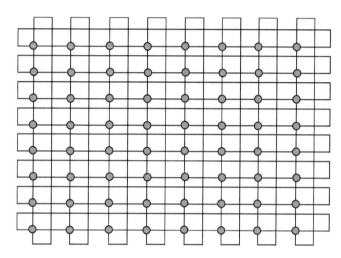

**图 4.7 8 元 2 立方体示例**

在单级网络中，网络的输入和输出间只有一级开关元件可以使用。最简单的开关元件是 2×2 开关元件(SE)。图 4.8 给出了 SE 的 4 种可能的开关连接。这些设置称为直通、交换、上广播和下广播。

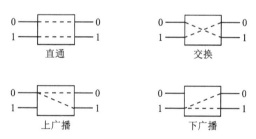

**图 4.8 4 种可能的开关连接**

一个交换开关模块有 $N$ 个输入和输出，每个输入可连接到任意输出端口，但只允许一对一或一对多的映射，不允许多对一的映射，因为这将发生输出冲突。

单级交叉开关级联起来形成多级互联网络(multistage interconnection network，MIN)。引入多级互联网络是为了改善单总线系统在处理器和存储器模块之间只有一条通路可用限制。

为此，多级互联网络要在处理器和存储器模块之间提供许多同时可用的通路。

MIN 通过一定级数的开关连接输入设备和输出设备，每一个开关都是一个交叉开关网络。各级之间的连接使用级间连接(inter stage connection, ISC)模式。开关级数和级之间的连接模式决定了网络的路由能力。实现过程中，所有的开关都是相同的，这样可以减少设计的成本。Banyan 网络是一类 MIN，任意一对源和目的之间只有唯一的路径。$N$ 个节点($N = k^n$)的 Delta 网络是 Banyan 网络的一种，用 $n$ 级相同的 $k \times k$ 交叉开关构成，每一级含有 $N/k$ 个开关。许多已知的 MIN，如 Omega、立方体、蝶形互联网络和基准互联网络都属于 Delta 网络类，在拓扑及功能上的表现都是等价的。

当开关的输入端口和输出端口相等时，MIN 也有相同数量的输入端口和输出端口。因为在输入和输出之间存在一一对应的关系，这种关系也称为排列或置换。这种排列可以用互联函数表示。

一个通用的多级网络如图 4.9 所示，其中每一级都用了多个 $a \times b$ 开关，相邻各级开关之间都有固定的级间连接。不同种类多级网络的区别在于所用开关模块、控制方式和级间连接(ISC)模式的不同。其中开关可以根据需要选用 $2 \times 2$，$4 \times 4$，$4 \times 6$，$8 \times 8$，$16 \times 16$，$\cdots$，$64 \times 64$ 等。

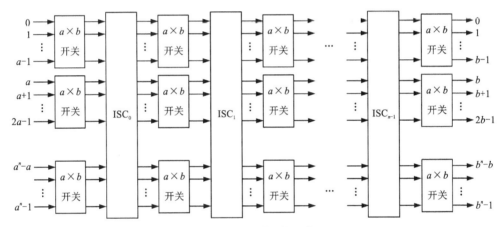

图 4.9　多级互联网络示意图

互联函数用以反映互联网络的连接特性，在输入节点与输出节点之间建立对应关系。输入变量 $x$ 表示输入，用函数 $f(x)$ 表示输出，建立输入与输出的一一对应关系。下面定义了6 种基本排列，虽然这些排列最初是用 $2 \times 2$ 的开关定义的，对大多数定义可以假定网络使用了 $k \times k$ 的开关，并且有 $N = k^n$ 个输入和输出，其中 $n$ 为整数。但是，有的排列仅仅适用于 $N$ 为 2 的整数幂的情况。如果有 $N = 2^n (k = 2)$ 个端口，令 $x = b_{n-1} b_{n-2} \cdots b_1 b_0$ 用于表示任意一个端口号，$0 \leqslant x \leqslant N - 1$，其中 $0 \leqslant b_i \leqslant 1$，$0 \leqslant i \leqslant n - 1$。

### 1. 恒等互联函数

恒等(identity)互联函数也称为直通互联函数，是指输出端与相同序号的输入端对应连接，其函数定义为：

$$I(x) = I(b_{n-1} b_{n-2} \cdots b_1 b_0) = b_{n-1} b_{n-2} \cdots b_1 b_0$$

$N=8$ 时恒等排列如图 4.10 所示。

### 2. 交换互联函数

交换(exchange)互联函数实现输入端第 $i(0 \leqslant i \leqslant n-1)$ 位取反的输出端连接, 其函数定义为:

$$E_i(b_{n-1}b_{n-2}\cdots b_{i+1}b_i b_{i-1}\cdots b_1 b_0) = b_{n-1}b_{n-2}\cdots b_{i+1}\overline{b_i}b_{i-1}\cdots b_1 b_0$$

如果设 $N=8$, 则 $n=\log_2 N=3$, 其互联关系在空间表示一个立方体, 因此也称为立方体(cube)互联函数。

$$E_0(b_2 b_1 b_0) = b_2 b_1 \overline{b_0}$$
$$E_1(b_2 b_1 b_0) = b_2 \overline{b_1} b_0$$
$$E_2(b_2 b_1 b_0) = \overline{b_2} b_1 b_0$$

$E=8$ 时立方体互联函数的连接示意如图 4.11 所示。

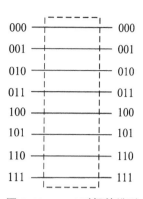

**图 4.10　$N=8$ 时恒等排列**

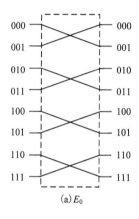 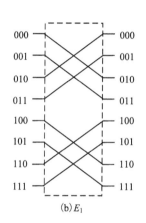 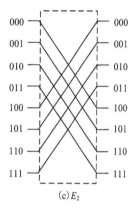

(a) $E_0$　　　　　　(b) $E_1$　　　　　　(c) $E_2$

**图 4.11　$N=8$ 时立方体排列**

### 3. 全混洗互联函数

全混洗(perfect shuffle)互联函数也称为均匀混洗互联函数, 实现输入端中最高位循环移位到最低位的输出端连接, 其函数定义为:

$$S(b_{n-1}b_{n-2}\cdots b_1 b_0) = b_{n-2}\cdots b_1 b_0 b_{n-1}$$

犹如把一沓扑克牌对分后均匀洗牌的结果, 因此称为全混洗互联函数。$N=8$ 时全混洗排列如图 4.12 所示。

逆全混洗互联函数是把地址中的最低位循环移位到最高位, 其函数定义为:

$$S^{-1}(b_{n-1}b_{n-2}\cdots b_1 b_0) = b_0 b_{n-1}b_{n-2}\cdots b_2 b_1$$

$N=8$ 时逆全混排列如图 4.13 所示。

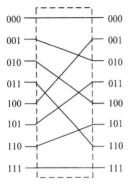

图 4.12　N=8 时全混洗排列

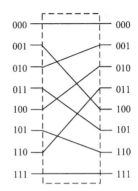

图 4.13　N=8 时逆全混洗排列

#### 4. 蝶形互联函数

蝶形(butterfly)互联函数实现输入端中第 0 位与输出端第 $i(0 \leqslant i \leqslant n-1)$ 位连接，其函数定义为：

$$B_i(b_{n-1}b_{n-2}\cdots b_{i+1}b_i b_{i-1}\cdots b_1 b_0) = b_{n-1}b_{n-2}\cdots b_{i+1}b_0 b_{i-1}\cdots b_1 b_i$$

$B_0$ 定义了直接的一对一连接，也就是恒等排列 $I$。图 4.14 给出了 $i=0，1，2，N=8$ 时的蝶形排列。蝶形互联函数的连接犹如一只蝴蝶，中线对称，因此称为蝶形互联函数。

#### 5. 位序反转互联函数

位序反转(bit reversal)互联函数就是将输入端二进制编号的位序颠倒过来求得相应输出端的编号，其函数定义为：

$$R_i(b_{n-1}b_{n-2}\cdots b_1 b_0) = b_0 b_1 \cdots b_{n-2}b_{n-1}$$

$N=8$ 时位序反转排列如图 4.15 所示。

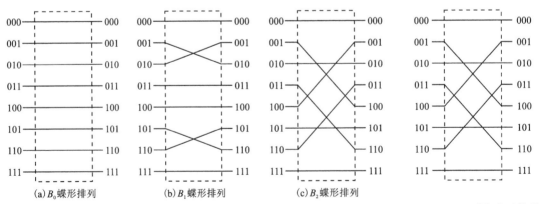

(a)$B_0$蝶形排列　　(b)$B_1$蝶形排列　　(c)$B_2$蝶形排列

图 4.14　N=8 时蝶形排列　　　　　图 4.15　N=8 时位序反转排列

### 6. 基准互联函数

基准(baseline)互联函数将输入端中最低 $i+1(0 \leq i \leq n-1)$ 个有效数循环右移一位,其函数定义为:

$$L_i(b_{n-1}b_{n-2}\cdots b_{i+1}b_i b_{i-1}\cdots b_1 b_0) = b_{n-1}b_{n-2}\cdots b_{i+1}b_0\ b_i\ b_{i-1}\cdots b_1$$

$L_0$ 也定义了直接的一对一连接,也就是恒等排列 $I$。图 4.16 给出了 $i=0,1,2$,$N=8$ 时的基准排列。

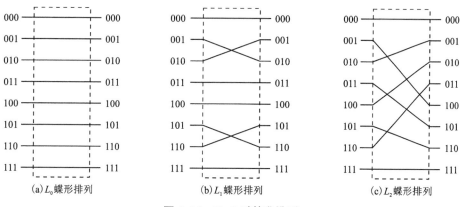

图 4.16　$N=8$ 时基准排列

在立方体 MIN(或多级立方体)中,连接模式 $\mathrm{ISC}_i$ 用第 $(n-i)$ 个蝶形排列 $B_{n-i}(1 \leq i \leq n)$,连接模式 $\mathrm{ISC}_0$ 选择全混洗互联排列 $S$。图 4.17 是 $N=16$ 的立方体 MIN 的拓扑结构。

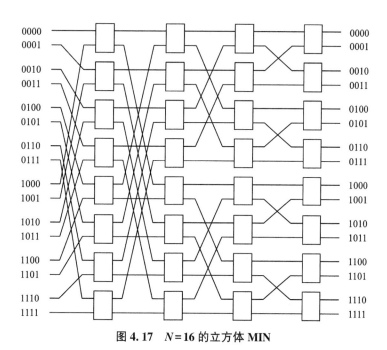

图 4.17　$N=16$ 的立方体 MIN

在 Omega 网络中，连接模式 $ISC_i(0 \leq i \leq n-1)$ 使用全混洗排列 $S$，连接模式 $ISC_0$ 选择蝶形排列 $B_0$。这样，所有的连接模式，除了最后一个外都是相同的。最后一个连接模式不产生排列。图 4.18 是一种 $N=16$ 的 Omega 网络。

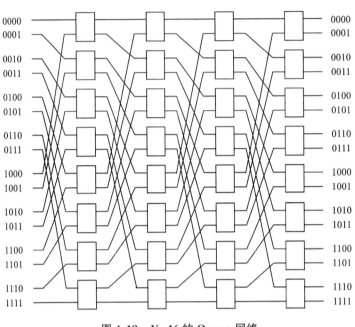

**图 4.18　$N=16$ 的 Omega 网络**

## 4.2.2　发送消息

发送消息的三种常用方法是分组交换、电路交换和虫孔路由。

（1）分组交换（packet switching）：消息被分解为标准长度或者可变长度的消息包。消息包有用以区分源、目的地和其他任何需要的信息的头部，它们通过路由和流控制算法被发送到目的地。

（2）电路交换（circuit switching）：当需要发送消息时在源和目的地之间建立一条电路，这条电路一般认为专门为这条消息服务，其他任何需要这条或部分电路的消息必须等这个传输过程结束。换句话说，电路交换需要在源和目的地之间建立一条专用的用于消息传输的路径。

（3）虫孔路由（wormhole routing）：虫孔路由是一种在多跳网路中流水线操作包传输的方法。包被分解成片，每一片大约 1 字节长。发送者每单位时间内传递一片，并且从一个节点到另一个节点转发至目的地。随着时间的推移，头部分片在连续的节点间并且自然而然的到达目的地。

如图 4.19 所示的一个三维超立方体的网络。一条消息将从节点 000 发送至节点 111。节点

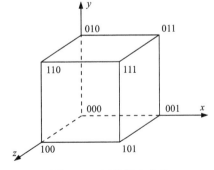

**图 4.19　三维超立方体**

000 将它的包分解成微片，并且将它们以每个周期一个微片的速率发送至节点 001。然后节点 001 将它接收到的微片转发给节点 011，最终节点 011 将它们转发给节点 111。如果这个包包含 6 个微片，那么发送的过程如下：只有头部微片包含地址信息；每一个节点简单地转发后续的微片给与转发该头部中前面的节点相同的节点。因此在一个头部中插入另一个头部微片是不可能的。同一头部中相连的微片必须或者在同一个或相邻的节点中。虫孔路由在转发的节点中只需要比较少的缓冲空间，因为节点处理的是微片而不是包。

在多级互联网络中，一个消息从给定的源地址到目的地址的路由是基于目的地址的。在一个 $N \times N$ 多级互联网络中存在 $\log_2 N$ 级，网络中任何目的地址的位数是 $\log_2 N$。目的地址中的每一位可用来路由消息通过一级。从左扫描地址位，且从左向右遍历各级。目的地址的最高位用来控制第一级的路由，下一位用来控制下一级的路由。路由协定如下：若控制指定级上的目的地址位是 0，则消息被路由到开关元件的上输出。相反，若该地址位是 1，则消息被路由到开关元件的下输出。例如在图 4.18 所示的 8×8 的 Omega 网络中，考虑将一个消息从源输入 101 路由到 011。因为目的地址的最高位是 0，所以消息首先在第一级中路由到开关元件的上输出。然后，目的地址中的下一位是 1，因此，消息在中间级被路由到开关元件的下输出。最后，目的地址的末位是 1，它将使消息在最后一级路由到开关元件的下输出。目的地址序列将消息被路由到正确地输出。多级互联网络中方便的消息路由是这种网络的最大优势之一。

### 4.2.3　网络体系结构问题

一个分布式系统，在最高层由一系列可在互联网上通信的节点构成，每个节点可能是一个包括应用、系统和网络处理的多处理器，也可能是一个共享内存段，还可能是 I/O 接口。应用处理器通常是通用产品，但是系统和网络处理器经常使用定制的产品，以针对实时应用提供必要的特殊支持。内存子系统可能也需要特别设计，以在单个节点内的各处理器间保证快速而可靠地通信。

系统节点间必须通过合适的网络互连。对于小规模系统而言，网络往往采用定制的且带冗余的广播式总线结构，以满足容错要求。许多设计更倾向使用高速令牌环网络，或者仔细选择拓扑结构的点对点网络。

网络拓扑结构应该具备可扩展性、实现简单与可靠性要求，同时一对一通信的效率也应和一对多通信一样。

路由算法可以完全采用高级交换技术，比如虫孔路由，数据包在被转发到下一个节点前，无须经常缓存在中间节点中。广播也可以做到公平高效，并能使用多条不相交的路径以容错方式在系统节点间传送数据。这些能力非常重要，因为及时可靠地交换信息对任何实时应用的分布式实现都起着决定性作用。

在一个分布式的实时系统中，有一些附加问题同满足截止时间、时间管理和内务处理有关。由于对低层问题的支持阻碍了应用任务的执行，分布式实时系统中的节点往往使用专门定制的处理器来处理这些工作。这种特殊的处理器称为网络处理器(ntework processor)。

网络处理器的主要功能是为从源任务到预期接收方之间的消息传递执行一些必要的操作。特别是当应用任务试图传送一条消息时，它会为网络处理器提供关于预期接收方和消息数据的位置的信息，然后依靠网络处理器来确保信息及时可靠地将信息传送到接收方。

网络处理器必须在源和目的节点之间建立连接，也必须处理端到端错误检测和消息重传。对于路由选择来说，网络处理器可以选择主路径和替换路径，分配必要的带宽保证数据及时传送、将信息打包成数据块和数据段，以及在目的节点重组包。对点到点网络，网络处理器必须支持和选择合适的交换方法，如虫孔路由、存储转发或电路交换。在令牌环网中，网络处理器必须选择合适的协议参数保证所有报文按时到达。此外，网络处理器还必须实现成帧、同步和包排序。

网络处理器必须实现缓冲管理机制，最大限度地利用缓冲空间，但是要保证对最高优先级的报文的缓冲区可用性。类似地，如果非关键报文占用了关键报文的资源，网络处理器必须能够提供给关键报文先占用该资源的方法。

网络处理器也可能不得不监测网络的状态。网络拥塞会影响网络处理器发送实时消息给其他处理器的能力，然而连接失败则会影响系统的可靠性。

在实时系统中，多个 I/O 设备需要被分散开，并由相对简单可靠的控制器分布管理。而且，为了提升可访问性(可靠性)和性能，必须有多条访问路径到达这些 I/O 设备(称为多路访问或多路所有)。

连接 I/O 控制器和系统节点的一个方法是一个 I/O 控制器只连接一个节点，但是，I/O 控制器的排列必须使节点到所连接的 I/O 控制器最多　跳距离。为实现容错，I/O 控制器的排列为一个节点与 $j$ 个 I/O 控制器相邻，其中 $j$ 为设计参数。

## 4.3 实时通信协议

本节将阐述适合实时系统的协议，其中一些协议提供截止时间保证，即它们可以保证报文在所分配的截止时间前传送这些数据，其他的协议则不能提供这样的保证。

### 4.3.1 基于竞争的协议

基于竞争的协议(contention based protocol)都是假定为广播介质的分布式协议。节点监听信道，只在信道空闲时传送数据。如果多个节点同时开始传送数据，就会产生包冲突，此时必须终止传输并随后再重试。

考虑图 4.20 所示的总线型网络。设 $\tau_{ij}$ 表示节点 $i$ 和 $j$ 之间的传播延迟。节点 $m$ 在从 $t_1$ 到 $t_2$ 时间间隔内传送数据，节点 $n$ 和 $q$ 分别在时刻 $t_2+\tau_{mn}$ 和时刻 $t_2+\tau_{mq}$ 检测到网络传输结束。假设节点 $n$ 有数据正在等待发送，且在时刻 $t_2+\tau_{mn}+\varepsilon$ 开始发送，其中 $\varepsilon$ 是某个正整数。该数据在时刻 $t_q=t_2+\tau_{mn}+\varepsilon+\tau_{nq}$ 前不会到达节点 $q$。假设数据在时刻 $t_y$ 到达节点 $q$，其中 $t_y\in[t_2+\tau_{mn}, t_2+\tau_{mn}+\varepsilon+\tau_{nq}]$。因为节点 $q$ 没有监听到节点 $n$ 正在总线上传送数据，它会在时刻 $t_y+\varepsilon$ 发送数据。于是发生了数据传送冲突。检测到这个冲突后，节点 $n$ 和 $q$ 停止传送，并且都等待一个随机时间后重新尝试传送数据。

在载波监听多路访问(carrier sense multiple access, CSMA)协议中，所有的节点都可以监听通信通道。假设一个节点要发送数据，节点首先监听通信信道是否被占用。如果节点发现信道正忙，那它将等待一段时间后再重试发送。如果发现介质是空闲的，节点将发送数据。节点之间没有协调，就会导致多个节点试图同时发送数据而发生冲突。当冲突发生时，正在

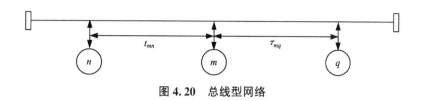

图 4.20　总线型网络

传送数据的节点一旦在信道上监听到冲突发生,就会终止数据传送,并等待一段时间后重新传送数据。不同类型的 CSMA 协议,采用不同计算重传开始时间的公式。当点到点传输延迟远小于传输一个数据包的平均时间,并且网络负载也不是很大时,CSMA 协议是一种非常有效的通信方案。

CSMA 协议是一种完全的分布式的算法,什么时候传送数据由各个节点自行决定。在CSMA 协议中,节点间不存在显式的协调,而是待它们的时钟同步后,所有节点使用一致的时间监听相同的信道。由于传输延迟会导致微小的时间差别,因此共有信息可以用来得到很有效率的优先通信算法,包括基于截止时间优先。

假设一个节点需要传送数据,为了确定何时将其发送到信道上,它必须拥有如下相关信息:

(1)信道的状态。

(2)正在发送缓冲区内等待需要在网络上发送的包的优先级。

(3)同步时钟的时间。

虚拟时间载波监听多路访问(virtual time carrier sensed multiple access, VTCSMA)算法在每个节点上使用两个时钟。一个是真实时钟(real clock, RC),用来显示真实的时间,并且这个时钟与其他节点的时钟同步。另外一个是虚拟时钟(virtual clock, VC)。虚拟时钟按照以下方法来计时。当信道忙的时候,虚拟时钟停止。当信道闲的时候,虚拟时钟复位,然后以斜率 $\eta>1$ 来运行。也就是说,信道空闲时虚拟时钟比真实时钟运行快,信道忙时虚拟时钟不运行。

因为实际时钟被假设为同步的,虚拟时钟也按实际时间被有规律地重置,所以不同节点上的虚拟时间只存在很小的或正或负的偏差。这一共有信息被用来将一个全局优先级加在将要被传送的数据包中。每个节点计算在该节点上等待传输的数据包 $M$ 开始传输的虚拟时间 $\text{VSX}(M)$。如果当前虚拟时间大于或等于 $\text{VSX}(M)$,数据包 $M$ 将获得传送资格。如果冲突发生,该数据包的 VSX 就被适当地修改。

### 4.3.2　基于令牌的协议

令牌(token)是一种许可节点在网络上传送数据包的授权。当持有令牌的节点完成数据传送后,它将令牌转给另外一个节点。在网络上,只有持有令牌的节点才被允许传送数据。

令牌协议通常运行在总线型或环型网络中。一个典型环结构如图 4.21 所示,它由两个环构成,一个顺时针方向,而另一个为逆时针方向。当一切正常运行时,两个环分别独立运行。如果环上的一个链路失效,可以重新配置网络,构成单个环,如图 4.22 所示。该结构可以绕过失效或者关机的节点。

每一个环都有一个令牌沿着合适的方向绕环运动。当一个节点得到令牌,即被允许开始

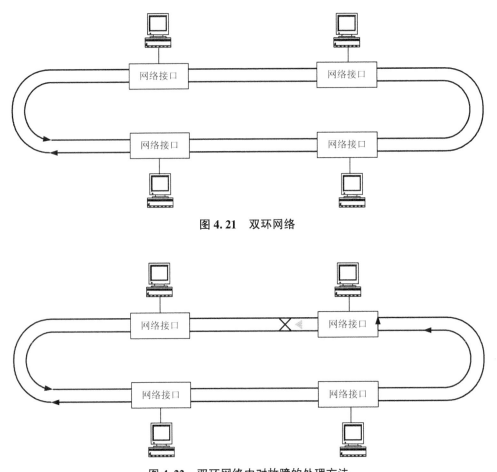

图 4.21 双环网络

图 4.22 双环网络中对故障的处理方法

传送数据。数据包被发送到环上，其他各个节点的网络接口接收并转发这个数据包。如果数据包返回到原发送节点，该节点将尽可能地从环上移除此数据包，任何剩余的数据包片段可由目前持有令牌的节点负责移除。

节点不能总是完全删除环上自己传送的数据包的原因是，在源地址字段之前节点并不知道数据包的发送者。到知道自己就是该数据包的发送者时，它可能已经转发了这个包最前面一部分比特数据，剩余部分则被当前令牌持有节点删除。持有令牌的节点删除自己收到的所有数据包。因此，如果数据包的发送者仍持有令牌，则当该数据包返回该节点后，会全部被删除。

令牌算法导致了以下几种开销：

(1)介质传输延迟：数据包从一个节点传输到下一个节点的时间。

(2)令牌传输时间：将令牌送出去的时间。由于令牌往往比一帧所包含的信息小很多，所以这种负载通常非常小。

(3)令牌捕获延迟：在节点捕获令牌和开始传送数据包之间通常会有一些延迟。

(4)网络接口延时：在每个网络接口，输入端的内容被转发至输出端(除了要从环上删除的数据包)。网络接口延时是从网络接口收到一个比特数据到转发该比特数据间的延迟时间。

基于令牌的协议比基于冲突检测的协议更适用于光网络，因为在这样的环状网络中，端到端传输延迟时间和将数据包发到环上的时间之比是很大的。

定时令牌协议是一种简单地确保每个节点都能及时地访问网络的机制。它分为同步通信与异步通信两种基本的通信方式。同步通信是实时通信，定时令牌协议保证每个节点每 $T$ 个时间单元发送一定的同步通信量。异步通信是一种非实时通信，可以使用同步通信未使用的任何带宽资源，并可以包含多个优先级类。

同步通信关键的控制参数是目标令牌循环时间 $T_{TTRT}$。定时令牌协议试图确保令牌循环一次的时间(即令牌完成一次对网络所有节点的遍历所需要的时间)不会超过 $T_{TTRT}$。这经常不容易实现，但下述方法仍可能确保令牌循环一次的时间不会超过目标时间的两倍($2\times T_{TTRT}$)。每次得到令牌的节点，其同步传输可以达到预先分配的定额。因此，如果每个节点每 $T$ 个时间单元都能在网络上完成一次同步通信，可以设置 $T_{TTRT}=T/2$。也可以根据节点间的相互作用来设置 $T_{TTRT}$。每个节点指出令牌对该节点连续的访问间的最大可接受的时间间隔。这些值的最小值的一半被设为 $T_{TTRT}$，以符合所有节点的要求。

假设网络带宽为 $B$，单位是 bps，一次循环的控制开销为 $\Theta$，则每个周期内可以用来传输数据包的时间为

$$t_p = T_{TTRT} - \Theta$$

每次可传输的数据比特总量为 $Bt_p$。分配节点 $i$ 这个数量的一部分，即 $f_i$，也就是说，在每个令牌周期节点 $i$ 可以传输的数据量为 $f_i t_p B$ 比特。

当系统开始运行时，令牌第一次循环网络上不传输数据包。节点通过这次循环决定 $T_{TTRT}$ 的值。可以通过广播得到想要的值，如果节点希望每 $T$ 个时间单元内至少广播一次，则设 $T_{TTRT}=T/2$，并选取中期的最小值。在令牌的第二次循环中，网络上只有同步信息可以发送。

令牌到达后，节点检查循环时间(即上次令牌到达时间和当前时间间隔)是否比 $T_{TTRT}$ 大。如果是，则说明令牌迟到了，节点只传输同步信息，并将令牌传给下一个节点。如果不是(即令牌早到了)，节点不仅传输同步信息，还可以传输一定量正在等待传送的异步信息。

定时令牌协议也可以在分层网络中使用。在分层网络中，所有的节点与令牌环相连，并且令牌环又与其他环相连构成附加的层。图 4.23 显示了一个两层环的令牌环结构。图 4.23 中的黑点是内部互联的节点，它们负责在令牌环间转

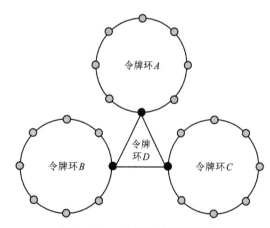

图 4.23 一个两层令牌环结构

发数据包。一个令牌在 4 个环中循环，如果一个源自令牌环 A 的报文要传送到令牌环 C 的一个节点，则会先被传给 A 的互联节点，然后在令牌环 D 内传到令牌环 C 的互联节点，最终到达令牌环 C 上的目的节点。

经常需要使用多路复用技术将光纤信道分隔成虚拟子信道，以更好地利用较大的原始光

纤带宽。在这种多信道系统中可能会使用定时令牌协议，其中每个信道使用一个令牌环。

IEEE 802.5 令牌环协议的令牌帧和数据帧格式如图 4.24 所示。开始和结束分隔符表明令牌或数据帧的开始和结束。帧的控制域表明它是一个数据帧，并且帧的数据表明目的地址是否存在、通电和消息是否被成功接收。

**图 4.24　令牌帧和数据帧格式**

SD 是起始定界符，FC 是帧控制，ED 是结束定界符。DA 是目的地址，SA 是源地址，LLC 是要传送的数据。FCS 是帧校验序列，采用 CRC 校验。FS 是帧状态，FS = 00 表示目的地址不存在或未工作，FS = 01 表示目的地址存在但数据帧未被接收，FS = 11 表示目的地址存在且数据帧被接收。发送节点回收已发送的数据帧时，会检查 FS 字段，并从令牌环上删除该数据帧。

帧控制字段为当前预留的优先级提供三个比特位。假设在节点 $n_i$ 有为优先级 $P_i$ 的报文，当有数据帧或令牌经过时，$n_i$ 检查预留优先级位。如果其优先级大于或等于 $P_i$，则不做其他处理，即其他节点希望使用网络发送更高或相同优先级的报文。如果预留优先级位显示的优先级低于 $P_i$，$n_i$ 将优先级 $P_i$ 写到该预留位上。当前数据传输完成后，令牌将转给待发送报文优先级同预留位优先级一致的节点。

### 4.3.3　停-走多跳协议

停-走多跳协议（stop and go multihop ptocolol）满足严格的包传递截止时间的技术。它是一个多跳的包传递输算法，即在源和目标节点之间不必有一个直接的链路。

该协议将每个信道的可用带宽分配给几个通信类，以硬截止时间为要求，这样，所有数据包传输时间的上限可以简单地用传输时间上限的总和来替代。同样，该协议也限制了缓存空间的需求。

帧的概念是此协议的核心。一帧被定义为一段时间间隔。帧同网络链路相关，但不与链路同步。网络上可以同时存在多种类型的帧，每种帧被定义成不同的时间间隔。在合适的时间，在每一个连接的输入端，可以想象产生了一个虚拟的帧开始信号。该信号通过链路传输，在到达的各节点处定义帧的开始，也就是说，链路上的帧开始时间从一个节点到另一个节点是变化的，一个 $f_i$ 类型的帧在下一个 $f_i$ 类型的帧开始时结束。

每个帧类型同一个通信类密切相关。一个同帧类型 $f_i$ 相关包称为 $i$ 类包。当一个 $i$ 类包到达行进路径上的中间节点 $n$ 时，至少在下一个 $f_i$ 帧实例到达前，节点 $n$ 留下该包，并在下一帧中传送此包。只要根据每个帧类型恰当地限定此数据包数量，就可以保证同帧类型相关的所有包都有足够的时间在帧内传送完数据。

### 4.3.4　总线登记通信协议

总线登记通信协议( polled bus protocol)假设总线网络是忙总线( bus busy)线路。当一个处理器在总线上广播时,线路将保持高电平,当其结束广播后,线路被重置。用线的"或"操作就可以简单完成重置,如果两个信号 $a$ 和 $b$ 被同时放到线路上,得到的信号是 $a$ 或者 $b$。

假设所有的处理器紧密同步,时间轴被分成时间片,每个时间片的时间长度等于总线端到端的传播时间。

当处理器要在总线上传送数据时,它先检查忙总线线路是否被占用。如果是,则等到总线上的数据传送结束;如果不是,则监听总线的一个时间片。如果在该时间片内没有其他处理器提出请求,该处理器就开始在总线上传送一个登记数。这个登记数同报文的优先级成比例关系。

登记数以每时间片 1 比特的速度缓慢传送。传送结束后,处理器监听总线并确定总线上的信号是否仍是原始信号。如果不是,意味着有更高优先级的处理器在请求访问,处理器就退出总线竞争,并停止发送登记数。如果总线信号与在此时时间片的开始所发送的信号相同的话,那么在下一个时间片处理器广播登记数的下一个比特。此过程持续到处理器成功地发送完整个登记数(此时,该处理器得到总线控制权,可以开始发送数据),或者由于检测到拥有报文的处理器而提出总线竞争。

如果一个处理器已经开始发送其登记数,那么,不论其他处理器的报文的优先级如何,都不能再干扰传输了。如果多个处理器同时发送它们的登记数,则在登记阶段结束前只会留下其中一个不退出总线竞争。例如,假设有两个处理器在竞争总线,其登记数分别为 $A = a_1a_2\cdots a_n$ 和 $B=b_1\cdots b_n$。因为没有两个登记数会一样,所以,要么 $A>B$,要么 $A<B$。不失一般性,假设,$B>A$,这样,必然存在 $i$,其中 $1\leq i\leq n$,使得

- 对所有 $1\leq j\leq i$,都有 $a_i=b_i$,并且
- $a_i<b_i$( 即 $a_i=0$,$b_i=1$)。

设 $B_k$ 表示总线在第 $k$ 个时间片内的输出。由于总线执行线或逻辑操作,所以有

- 对所有 $1\leq j\leq i$,都有 $b_j=(a_j \text{ OR } b_j)=a_j=b_j$,并且
- $B_i=(a_i \text{ OR } b_i)=b_i\neq a_i$。

因此,在第 $i$ 个时间片结束后,登记数为 $A$ 的处理器将退出总线竞争。

假设 $A=01110011$,$B=01110100$,两个处理器竞争总线的过程如图 4.25 所示。

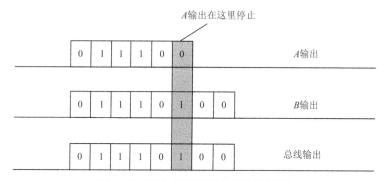

**图 4.25　两个处理器竞争总线的过程**

如果时间片的长度(即端到端总线传输时间)是 $s$，并且登记数有 $p$ 比特，则登记过程将花费 $sp$ 个时间单元。$p$ 的取值依赖于优先级方案。假设报文分 $K$ 种优先级方案，为了确保每个处理器发送的登记数是唯一的，就必须把处理器标识符 id 加入优先级中。如果有 $n_{\text{proc}}$ 个处理器，则 $p=\log_2 K+\log_2 n_{\text{proc}}$。

再假设实现的是以截止时间为主的方案，则登记数由两个字段组成，分别包含截止时间的负数(二进制补码)和处理器标识符 id，其中前一字段的大小由可能允许的最大截止时间决定。

这种方法可以非常灵活的变化。例如，假设实现一个结合截止时间和优先级的方案。如果两个报文的截止时间相同，则基于优先级来决定传送顺序。而如果它们既有相同的截止时间，又有相同的优先级，则基于处理器标识符 id 来决定传送顺序。

由于登记开销，该算法只在端到端的传播时间较少的系统中才显得有效率。

### 4.3.5 分层轮询协议

分层轮询协议(hierarchical round robin protocol)保证对于事先给定的 $m_i$ 和 $T_i$，每个 $i$ 类通信每个 $T_i$ 时间单元可以传送最多 $m_i$ 个数据包。该协议可以限定数据包在每个中间节点遇到的延迟。将此延迟上限乘以传输路径上的跳数可得到总网络延迟的上限。

所有通信被分为 $n$ 类，每个通信类 $i$ 用三元组 $(n_i, b_i, \varphi_i)$ 表示，其中 $\varphi_i$ 表示类 $i$ 相关的帧。不失一般性，假设 $\varphi_1<\varphi_2<\cdots<\varphi_n$。时间单元是传输单个数据包花费的时间。$i$ 类数据包在任意给定帧内最大可能的传送数量是 $n_i$，每个源 $j$ 可能被分配一个确定的最大值 $\alpha_i(j)$。由于该 $i$ 类帧内最多可发送 $b_i$ 个数据包，如果 $i$ 类数据包在配额内传送完毕，或者节点上没有 $i$ 类数据包要传送，则服务程序开始处理 $(i+1)$ 类数据包。只要每类通信接收到自己每帧内分配的服务，就没有预先确定的数据包处理顺序。此协议是非工作量守恒的，即使数据包要发送，发送方仍然有可能处于空闲状态。这种情况发生在某数据包用尽了当前帧下的配额，此时剩下的此类数据包必须等到下一帧再发送。

考虑参数如表4-1、表4-2所示的3个通信类的系统。

**表4-1　3个通信类的相关参数1**

| $i$ | $n_i$ | $b_i$ | $\varphi_i$ |
|---|---|---|---|
| 1 | 3 | 3 | 6 |
| 2 | 3 | 1 | 10 |
| 3 | 1 | 0 | 20 |

**表4-2　3个通信类的相关参数2**

| 源 | 类别 | 配额 |
|---|---|---|
| $s_1$ | 1 | 3 |
| $s_2$ | 1 | 1 |
| $s_3$ | 2 | 2 |
| $s_4$ | 3 | 1 |

图 4.26 显示了调度结果。在跨度为 6 的每 $\varphi_1$ 帧内，1 类通信占据了 3 个时间片，其余的留给 2 和 3 类通信。类似地，在跨度为 10 的每 $\varphi_2$ 帧内，2 类通信占据了 3 个时间片，剩下 1 个时间片留给 3 类通信。

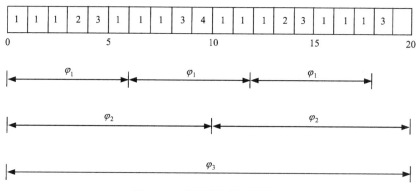

**图 4.26  分层轮询调度的结果**

可以简单明了地计算出每跳的最大延迟和节点的缓冲需求。如果每帧分配给源 $\alpha_i$ 个数据包的发送限额，该源的缓冲需求的上限是 $2\alpha_i$。最坏的情况发生在当 $\alpha_i$ 个数据包在一帧结束时到达，而另外 $\alpha_i$ 个数据包在下一帧的开始处到达。$i$ 类通信在节点处的延迟的上限是 $2\varphi_i$。最坏情况下的延迟发生在数据包在该类数据包的配额用完时到达，此数据包必须等到下一帧再发送。因此那些必须快速传输的报文的帧必须特别短。

### 4.3.6  基于截止时间的协议

点对点网络中基于截止时间的协议(deadline based protocol)是每个节点发送离截止时间最近的数据包。此协议分为抢占式和非抢占式两类。在抢占式协议中，如果节点接收到比正在发送的数据包截止时间更迫近的数据包，该节点中断发送当前数据包，随后立即开始发送新到达的数据包。而在非抢占式协议中，不允许中断数据包的传输。

这个协议最简单的版本可以在单向令牌环网络中运行，任一源节点到和目标节点只存在唯一一条路径。尽管最先到期截止时间(earliest due data-deadline, EDD-D)协议是为局域网设计的，而非为多处理器/分布式系统互联设计，但其在两种配置下都能工作。

当发送方 $s$ 想要同接收方 $d$ 实时通信时，EDD-D 协议将建立一条有足够容量、满足实时要求的从 $s$ 到 $d$ 的信道。EDD-D 协议可识别下面三种通信。

(1)受保障的通信：系统必须确保在这类通信中所有数据包都能在截止时间之前到达。

(2)统计的实时通信：任意数据流上的错过截止时间数据包率不超过一个特定的百分比。

(3)非实时通信：该类数据包对截止时间不敏感，不像前面两类，该类数据包只需传输到即可，无须达到前两类的实时要求。

截止时间、统计特性和非实时信道分别关联这三种通信。

任意源-目的地对 $i$ 的通信特征可以由下面的参数来刻画。

- $X_{\min,j}$ 表示连续数据包到达间隔时间的最小值。
- $X_{\text{av}}$ 表示给定的时间间隔 $I$ 内，平均数据包到达间隔时间的最小值。

- $S_{max}$ 表示数据包大小的最大值。
- $t_{max,i}$ 表示在每个节点上数据包处理时间的最大值。

对于受保障的通信，指定数据包传送的截止时间。对统计的实时通信，除了数据包的传递截止时间外，还要指定可接受的错过截止时间的数据包率。

该协议将保留源–目的地对的带宽。如果源 $s$ 希望建立到目的地 $d$ 有截止时间限制的信道 $i$，则系统将建立一条从 $s$ 到 $d$ 的路径。如果路径的长度为 $n$，则每个数据包存储转发的过程最多消耗 $nt_{max,i}$ 的时间。如果数据包的截止时间是 $D_i$，那么可用的松弛时间是 $\sigma_i = D_i - nt_{max,i}$。这段松弛时间会平均分配到路径的每个节点上，即，数据包在该路径的每个节点上都有其自己的本地截止时间，节点必须在接收到该数据包后的 $\delta_i = (t_{max,i} + \sigma_i)/n$ 时间内将其转发出去。

如果节点 $s$ 希望建立一条到节点 $d$ 的统计实时信道 $i$，则可接受的错过截止时间率 $\pi_{miss,i}$ 被分配到从 $s$ 到 $d$ 路径上的 $n$ 个节点。松弛时间同受保障的通信一样也被分配到各个节点上。从 $s$ 到 $d$ 路径上的各节点的错过截止时间率不能超过 $\sum_m \pi_{miss,i,m} \leqslant \pi_{miss,i}$。

### 4.3.7 容错路由

如果从源到目的地存在多条路径，可以选择洪泛的方法。源沿着不同路径发送数据包的多个拷贝，这样可以防止其他数据包使用部分相同的路径而造成单个数据包延迟，从而超过其截止时间，也防止了路径故障而引起的失败。

现在的问题是发送多少个拷贝。发送的拷贝越多，数据包在截止时间以前到达目的地的概率越大。因此，可能会把截止时间要求严格的报文发送很多个拷贝。但是，如果对此类报文发送过多拷贝以保证其准时到达目的地，其他截止时间相对较晚的关键报文也许就不能按时到达目的地。在点到点网络中，每个节点只有有关通信的本地信息，不可能计算出发送报文的最佳拷贝数。截止时间严格的数据包不太可能在路径上遇到更高优先级的数据包，截止时间宽松的数据包不需要发送多个拷贝以满足其截止时间。这类报文的拷贝数量一般控制在较小的数量上。

## ▶ 4.4 本章小结

本章主要论述了实时通信网络和实时通信协议。实时通信网络是分布式实时系统的重要组成部分，在分布式实时系统中，为了整个系统的实时性，要求系统中网络传输具有实时特点。实时网络是指网络中各节点间数据传输的时间是确定的及可预测的，以太网是现在最流行的局域网技术之一。在实时通信协议中，硬实时系统必须使用提供截止时间保证的实时通信协议，即它们可以保证报文在所分配的截止时间前传送完数据。而不能提供截止时间保证的实时通信协议只是尽力发送数据，只对软实时系统适用。

**习 题**

1. 比较实时通信系统与非实时通信系统的需求，最重要的差异有哪些？

2. 考虑用 8×8 交叉开关构造 512 输入的多级 Omega 网络，在该网络中需要多少级？需要多少个交叉开关？

3. 证明如果在一个超立方体中节点 $u$ 与节点 $v$ 的距离为 $i$，则存在 $i$ 条从 $u$ 到 $v$、长度为 $i$ 且无共享边的路径。

4. 证明超立方体没有奇数长度的环。

5. 设带宽 500 Mbps、通信信道的物理为 100 m，消息长度为 80 bit，在总线系统的介质访问层能够到达的协议效率极限是什么？

# 第 5 章　容错技术

实时计算机系统的错误率必须非常低。实际上，实时计算机系统的出错率要比其组件的出错率要低。因此，这样的计算机系统必须具有容错性，当它的软件、硬件出现一定的问题时仍能继续工作。并且实时计算机系统必须是比较容易被分解的，当出错的部分增加的时候，整个系统才不会一下子突然崩溃，而是仍能实现它的部分功能。

对于一个设计得好的容错系统，开始的时候在一定范围内随着错误的增加，系统的性能不会很明显地下降，这是因为使用了在备件之间切换及耗尽松闲的计算机能力的策略。当系统错误进一步增加的时候，系统的性能就开始下降。系统的备用能力已经被用光，这时操作系统必须开始减轻运算的负荷，关闭一些不重要的任务，使那些对系统生存有重要作用的核心任务得以继续运行。最后，错误数量太多，以至计算机达不到这些核心任务所需要的条件时，系统就崩溃了，并可能造成灾难性后果。因此，设计者的目标就是使系统崩溃的概率尽可能小。

## 5.1　导致故障发生的原因

导致故障发生的原因有三个：规格说明或设计中的错误、部件的缺陷及环境的影响。规格说明或设计中的错误是很难防范的，许多硬件故障和所有软件故障都是因为数据错误而产生的。规格说明可以看作是现实世界到一个规范的虚拟空间的映射，把现实世界中的需求表示成可以让计算机设计人员理解的术语，这些术语可以是正规的或非正规的。书写规格说明的人必须十分了解这个应用和它所要运行的环境。严格地讲，规格说明就是在设计过程中把应用的现实需求和实现联系起来的纽带。如果规格说明错了，那么根据它所进行的设计和实现等一切工作都不会令人满意。一份规格范说明不能模棱两可，也就是说，它不能包含两个或两个以上的解释。它必须是完备的，不需要为了定义整个系统而附加一些说明。但它也不能过于严格，以至于设计者无法发挥主观能动性。从本质上讲，规格说明是一门艺术，因为它为无法确切定义的现实世界提供了一个接口，但其本身却无法完全被机械化。

要确保一份规格说明完全正确是非常难的。可以利用常识进行判断，让一些没有参与制定规格说明的人来检查它，以求能多找出一些错误。

相比之下，从理论上讲，根据一份正规的规格说明所做出的设计都可以进行正规检查。

实际上，无论什么样的设计都是规格说明的一个实现，所以，从理论上来说，都应该可以进行正规的检查。

导致故障的第二个原因是部件的缺陷。硬件上经常出现故障，这可能是生产的时候造成的，也可能是在使用中不断地磨损造成的。例如，一个晶体管可能因为金属原子不断迁移而产生故障。

导致故障的第三个原因是环境的影响。根据应用的不同，设备也许会受到环境的影响。不良的通风或过高的温度可使元件融化或组件损坏。如果计算机被安装在导弹上，那它就要经受住很高的重力加速度和剧烈的振动。

提高系统稳定性的第一步是减少将会遇到的错误。这就要求在设计和生产的过程中减少错误，并且避免一些可能干扰系统运行的缺陷。

为了减少设计时的错误，设计者必须有丰富的经验，并且严格按照规范来设计和进行大量的设计审查。为了减少生产所造成的缺陷，应使用一些高档元件。例如，为了减少使用坏元件的概率，所使用的每一个 VLSI 芯片都必须经过严格的测试。在系统投入使用之前，也要进行整体测试。实际上，系统必须是设计可测的，也就是它应该设计成能够便于完成测试。

为了提高系统对操作环境的抗干扰性，必须使用一些适当的材料来屏蔽干扰。在这类应用中，可以使用成熟的技术以提高系统的稳定性。

但无论系统设计得多么完美，总会存在缺陷，也许刚出厂时能被发现，还有可能在应用的时候才能被发现。因此系统必须能够容忍一定数量的错误，并能继续工作。

由于实时系统中的任务都有一个截止时间，所以对于所发生的错误，必须有短期的和长期的应对措施。短期的应对措施，就是快速地更正错误，使系统满足紧急的截止时间。长期的应对措施包括错误定位，定制最优解决方案，并且启动恢复和重新配置程序。

硬件故障是指导致组件不能工作的物理上的缺陷。如一处线路的损坏或者一个逻辑门的输出永久地锁定在一个常数值(0 或 1)，这些都是硬件故障。

软件故障又叫作"bug"，能引起程序在一组给定输入下的执行错误。

错误是故障的表现，例如，如果系统试图从一根损坏的线上传输信息，那它就会导致一个错误。如果程序的输入不包含 $I$，那么当输入为 $I$ 时，就会产生错误。

从故障发生到由该故障产生错误的时间间隔称为故障潜伏期，这段时间可能很长。由于故障本身是看不到的，只有在它们产生错误的时候才会被发现。图 5.1 解释了故障潜伏期的概念。

**图 5.1　故障潜伏期**

错误潜伏期是指由错误产生到这个错误被找到或者导致系统故障的时间间隔。同故障潜伏期一样，错误潜伏期对整个系统的可靠性有影响。

纠错是指系统从错误中恢复的过程。纠错有两种形式：向前纠错和向后纠错。在向前纠错中，不再进行重复的计算，而是直接把错误掩盖过去。在向后纠错中，系统返回错误发生之前的时刻，然后重新计算一次。向后纠错使用时间冗余，因为它要花费多余的时间来掩盖故障所造成的影响。

## 5.2 故障类型

故障可以根据时间特性和输出特性来分类。当一个故障在物理上产生错误的时候，称它是活动的，否则称它是良好的。

### 5.2.1 按时间特性分类

按时间特性可以分为三种故障类型：永久性的、间歇性的和暂时性的。一个永久性的故障不会随着时间的推移而消除，直到出故障的部件被修复或替换，故障才可能消除掉。一个间歇性的故障不断地在故障活动的和故障良好的状态间来回转换。一个暂时性的故障会在一段时间之后消失。

间歇性的故障有可能是由线路的不牢固引起的。暂时性的故障有可能是环境因素造成的。例如，由于电磁辐射爆发，并且内存没有做好屏蔽的话，那么内存中的内容就会在内存芯片没有受到任何结构性损害的情况下自己发生改变。在内存被再一次写入的时候，故障将会消除。实验表明，绝大多数的硬件故障都是暂时性的，很少有永久性的故障。暂时性的故障很难被查到，因为大多数情况下，等人们意识到有故障发生的时候，这个故障已经消失了，而且并没有留下任何可定位的永久性的错误。

随着硬件速度的不断提高，它们受环境影响的程度也会随之增加，环境影响可能导致暂时性的故障。这是因为提高硬件速度的主要方法就是减小它的体积，这样信号传输的时间变少了，很容易发生的情况是一个带电粒子穿过器件，或者发生电磁感应的时候，会造成器件状态的不良改变。这个问题对处于充满辐射的恶劣环境中的实时系统来说很严重，比如在太空中。

### 5.2.2 按输出特性分类

故障也可以按其产生的错误特性进行分类。有两类输出特性：恶意的和非恶意的。考虑一个元件 $A$，它的输出接到元件 $B_1$，$B_2$，$\cdots$，$B_n$。如果元件 $A$ 产生了一个非恶意的故障，那么所有的元件 $B_i$ 都会把它的错误解释成相同的信号。例如，元件 $A$ 的一个输出线路被锁定在逻辑 0，那么所有输入端接到元件 $A$ 的元件 $B_i$，在线路上读出来的信号都是逻辑 0，所以这是一个非恶意的故障。

元件 $A$ 也有可能发生这样的故障：对于同一个物理信号，不同的元件 $B_i$ 得到的元件 $A$ 的输出是不一样的。比如，元件 $A$ 的一个输出线路不是被锁定在逻辑 0，而是不停地变化。逻辑电路被设计成把一定范围的电压(称作 $[0_l$，$0_h]$)解释成逻辑 0，而把另一个范围的电压(称作 $[1_l$，$1_h]$)解释成逻辑 1。所以当发生故障的输出线路的输出电压保持在其中一个范围内的时候，所有的元件 $B_i$ 得到的输出都是一样的。但当电压在范围之外，一致性就没有了。对于同一电压信号，不同的接收端就有可能解释成不同的逻辑值，如图 5.2 所示。

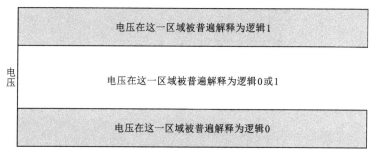

图 5.2 电压作为逻辑值的解释

产生不一致输出的故障比非恶意的故障更难解决，此类故障被称为恶意的或拜占庭故障，能对系统功能造成最大的破坏。

### 5.2.3 独立性和相关性

一个元件的故障可能与其他元件是相互独立的，也可能是相关的。如果一个故障不会直接或间接导致其他故障的发生，那么就称其是独立的。如果它们在某些方面是相关联的，则称它们是相关的。例如，它们可能是由同一个原因引起的，或者其中一个故障引发了其他的故障。故障相关联，可能是由于一些设备在物理或电气方面相互关联，也有可能是因为一些外部事件（比如闪电）同时影响到一些设备。比起独立的故障，相关联的故障要难处理得多。如果可能的话，必须想方法避免这些故障。

设计人员必须考虑电磁屏蔽，以减少环境的影响引发的暂时性的故障的概率，也要使各处理器的供电分开。有时，如果硬件是物理上分开的，那么多个处理器受到同一个外界事件影响的概率就降低了。例如，航天器上的计算机中的处理器就要分放在多个设备舱中。

## 5.3 故障检测

有两种方法可以检测处理器是否出现了故障：在线检测和离线检测。在线检测与系统的正常运行是同时进行的。其方法之一是检查各部分的状态是否与正确的状态相符。以下几种情况表明处理器出现了故障。

- 出现了错误的分支。
- 从包含数据的位置读取一个操作码。
- 向处理器没有写入权限的内存分区写入内容。
- 获取一个非法的操作码。
- 超过了指定时间而没有动作。

把一个监视器（看门狗处理器）连接到各个处理器上，用来监视处理器是否出错。使用看门狗处理器进行在线检测，如图 5.3 所示。

另外一种方法是使用多个处理器，比较它们的输出结果，如果不相同，则说明存在故障。

离线检测由诊断测试的运行程序组成。诊断测试也可以制定测试计划，故障发生的频率越

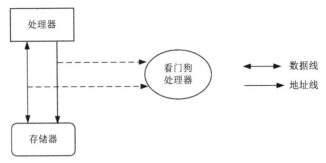

图 5.3　使用看门狗处理器进行在线检测

高，测试的频率也应当越高。

## 5.4　故障和差错的容忍

当系统的一部分出现故障或差错的时候，如果没有查出来的话，它就会像传染病一样扩展开来。例如，系统中某个设备的一个故障可能会使另外一个设备的电压出现大幅振荡，一个对错误不进行任何处理的处理器会因一个故障单元的错误输入产生错误输出。因此，消除出现的故障和错误，以免出现扩散，被称为掩蔽技术。

系统可以被分为故障容忍部分（fault containment zones，FCZ）和差错容忍部分（erro containment zones，ECZ）。FCZ 是系统其个区域外不论发生逻辑还是电路上的故障，这个区域都可以正常地工作。也就是说这个区域外的故障并不会对区域内产生影响。区域里的硬件与外部必须是隔离的，并且隔离的程度必须足以承受短路，或者与外界连接线上的电压过高的影响。每个 FCZ 必须有自己的电源和时钟。当然，时钟必须和其他 FCZ 的时钟同步，这样外部时钟的故障就不会引起内部时钟的故障。

ECZ 能为了控制错误向区域边界的传播，主要通过输出冗余来实现。

## 5.5　冗余技术

容错技术都会包含使用和适当地管理冗余。换句话说，如果系统希望在某些部件出现故障的时候继续运行，那么它在开始运行的时候必须具有冗余的能力。冗余有四种类型：

● 硬件冗余。系统使用远超出在所有元件都极度可靠时需要的硬件用量，典型的硬件冗余的硬件用量是正常时的 2~3 倍。

● 软件冗余。对于同一个任务使用不同的软件，如果由不同的团队编写就更好了，这样一个软件出错的话，其他的还可以继续工作。

● 时间冗余。任务调度在时间上留有余地，这样如果必要的话就可以运行一些任务，而不会超过任务截止时间。

● 信息冗余。采用一种编码方式，即使一些数据位出错，也可以被检测出来，或更正。

检测计算过程错误的最有效的办法是将这个计算过程用不同的而且相互独立的计算机实现。如果计算过程采用的是不同的计算方法，这个方法就变得更有效了。

### 5.5.1　硬件冗余

硬件冗余是采用附加的硬件来弥补所发生的故障。它有两种用法，第一用法是检测、修正和掩盖故障。多个处理单元并行地处理同一任务，然后把它们的结果相比较，如果有一个或多个处理单元出现了故障，那么从结果中可以看出来，这叫故障检测。如果少部分单元出现问题，而大部分都正常的话，就可以使用这一部分的结果，从而把故障的影响掩盖掉。如果多数都出现问题的话，起码可以检测到这些故障，并且可以利用在其他处理器上重新计算等方法来修正这些故障。修正和掩盖都是临时的措施，它们只是抑制已发现的故障所产生的影响。

第二种用法，也是长期的措施，就是用冗余的硬件替换发生故障的硬件，可以把系统设计成用多余的硬件替换任何发生故障的硬件。

这两种用法是相辅相成的。根据实际应用的不同，这两种用法可以有不同的侧重。比如应用于外空间探测器的计算机必须要在至少十年内无人操作、无人修复，所以必须有足够的冗余模块，并且有可以自动切换的装置。另外，如果应用于化工厂，计算机很容易就可以修理，就主要考虑一些应对故障的临时措施，因为当检测到故障的时候可以把有故障的部分直接换掉。

冗余是昂贵的，因此，只有在要求很严格的应用中才会被用到。传统上这种冗余只能应用于航天领域。不过，计算机越来越多地应用于对价格敏感的产品中，比如汽车，只有要求最严格的功能才会用到这么高级的冗余技术。在航空和其他应用领域中，冗余经常会被能量消耗、散热和载重所限制。

硬件冗余的结构可以有很多种，最简单的硬件冗余的结构就是把处理器进行配对，只要一个处理器出现故障，就丢弃这一对。图 5.4 为使用这种方法的一个系统，这对处理器有相同的输入，运行相同的软件，并且比较输出。如果输出相同，则这对处理器工作正常。如果在其中的任何一个处理器检测到不同的输出，这就表示系统至少有一个处理器出现了故障，检测到这一差异的处理器就会把它们和系统之间的接口关掉，这样它们就被隔离掉。只要接口不出现故障，并且这两个处理器不在相同的时间出现相同的故障，这个方案就是可行的。

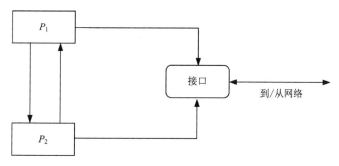

**图 5.4　处理器配对**

为了使接口不出错，可以引入一个接口监视器，如图 5.5 所示。接口监视器可以保证接口不出错，并且在接口发生故障的时候关掉它。同样地，接口也可以检查监视器的输出，如果检测出监视器出现故障，则将自动关闭。这样，除非监视器和接口同时出现故障，否则系统都可以正工作。

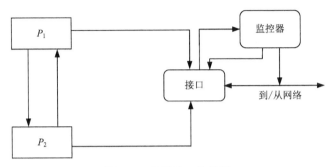

图5.5　使用接口监控器

这一对处理器发生故障，但它们仍然在系统中工作的概率就等于它们在相同的时刻发生相同的故障的概率，或者等于接口和监视器同时发生故障的概率。但是，这个概率已经足够低了，可以认为是0。从另一方面说，如果上述的并发故障被视为二级效应，则这对处理器能够正常工作的概率等于两个处理器、监视器和接口这4个部件都不发生故障的概率。

由于发生故障，处理器对被隔离掉了，并不代表以后就不再用它们了。大多数的故障都是暂时性的。如果处理器度过了故障期，则它们经过再次的初始化之后还可以应用到系统中，可以通过运行检测程序的方法来确定这对处理器的故障是否恢复了。

在电路层次上，这种类型的冗余是自检电路。自检电路的最简单的例子就是双路检测。这里，逻辑被设计成两种相同的模块，然后比较它们的输出结果。当一个模块因故障而产生错误的时候，就可以根据输出中的不一致检测出来。

$N$模冗余($N$-modular redundancy，NMR)是向前错误恢复的方案，用$N$个处理器来代替原来的一个处理器，并且对输出进行表决。$N$通常是奇数，图5.6显示$N=3$时的方案。两种方法都是可行的。在图5.6(a)中用了3个表决器，总共产生3个结果。在图5.6(b)中只用了一个表决器。

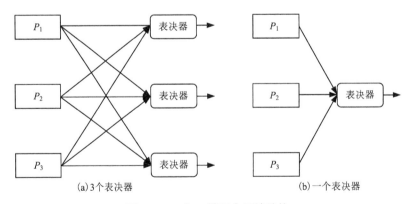

(a)3个表决器　　　　　　　　　　(b)一个表决器

图5.6　一个$N$模冗余系统结构

为了能容忍最多 $m$ 个发生故障的单元，$N$ 模冗余系统共需要 $(2m+1)$ 个单元。最流行的是 3 模的，即由 3 个单元组成，当其中一个发生故障的时候可以正常工作。

通常，$N$ 模冗余系统都被设计成可以清除发生故障的单元。也就是当检测到一个故障发生的时候，会判断这个故障是否是暂时性的。如果不是，就必须把发生故障的单元与系统的其他部分隔离。故障单元更换得越快，整个系统的可靠性就越高。

例如，一个 3 模冗余系统，如果一个处理器发生故障，则下一个表决之后就可以检测出故障。假设系统判定故障不是暂时性的（可以通过等待一段时间然后检测故障有没有消失，如果还没有消失的话，就把它标记为永久性的故障。等待的时间可按照所希望的暂时性质故障时间而制定），就把这个处理器隔离。在这段时间内系统就变为 2 模冗余系统。如果另一个处理器发生故障，就只能把故障检测出来，但无法掩盖它。这时系统中就需要一个多余的正常处理器加入进来。在它运行之前，内存必须调整到和系统中其他单元一致。当这些都完成的时候，整个系统就可以恢复正常工作了。

清除故障的工作可以由硬件来完成，也可以交给操作系统处理。自净化系统在每个单元都有一个监控器，把这个单元的输出与表决器的输出作比较。如果有所不同的话，监控器就把该单元与系统断开。

去除故障单元的另一方法就是使用模块冗余。图 5.7 显示了 $N$ 个处理器的筛选模块冗余的结构。

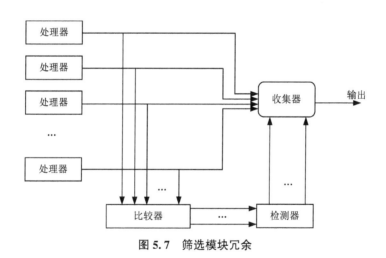

**图 5.7　筛选模块冗余**

比较器共产生 $\binom{n}{2}$ 个结果，每一个结果都对应一对处理器。如果一对处理器的输出不相同，对应的输出线路取值为 1，否则取值为 0。检测器就是把其结果和大多数输出不相同的模块的电路断开，它通过分析收集器的输出来确定。通过自净化冗余，断开的模块可以通过系统命令重新连接到系统。收集器把被检测器断开的那些处理器的结果清除掉，产生最后的输出。

如果处理器发生的故障不是恶意的，一个由 $N=2m+1$ 个处理器组成的系统最多可以防止 $m$ 个处理器发生故障，如果发生的故障是恶意的，必须使用更加复杂的系统。考虑图

5.8 所示的 3 个相互连接的传感器。假设传感器 1 发生恶意的故障，传感器 2 和 3 是好的（对 3 个表决器的输入是相同的）。由于传感器 1 故障，对 3 个表决器的输入是不一致的，从而导致 3 个表决器的输出不一致。

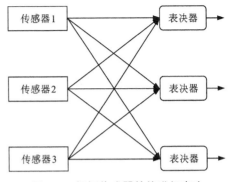

图 5.8　根据传感器的值进行表决

使用一个表决器还是使用 $N$ 个表决器取决于具体的应用。大多数应用只需要一个输出，例如，有些应用只是把一个值设置成为某一特定的值，只需要得到对应于这个值的一个输出信号。另外，一些应用需要从计算机得到多个输出。例如，航天器中的控制平台是由 $N$ 个信号同时控制的，每个信号都是由不同的发生器分别接收到不同表决器的输出，然后产生的。系统应该设计成即使一部分发生器的输出是错误的（或者是因为发生器的输入是错误的，或者是因为发生器自身发生了故障），其他的信号仍有足够的能力使控制平台能够正常地工作。

只有一个表决器的系统，很容易因为表决器本身的故障而受到影响。与处理器相比，表决器的电路要简单得多，发生故障的概率也就比处理器低得多。在有 $N$ 个表决器的系统中，只要大多数处理器没有故障，就可以产生 $N$ 个正确结果。

表决器不必等到收到所有的输入以后再输出，只要收到足够多的一致结果就可以了。这个方法在存在硬件异构性的系统中非常有用。为了避免硬件设计上的错误所造成的影响，$N$ 个处理器不一定非要一致，可以用不同的模块，这样由于设计上的错误可能会在特定的处理器上发生故障，而不会在其他的处理器上有所表现。由于不同的处理器的速度甚至指令集都有可能不同，所以当它们处理同一个任务的时候完成的时间可能会不同，这样只要等待大多数一致的输出就可以了，而不必等待那些缓慢输出。在得到了大多数一致结果以后，对那些还没有完成计算的处理器有两个处理方法，一是结束这次任务，因为已经得到正确的输出了；二是让它们运行完毕，然后与正确的结果相比较，以检测这些运行缓慢的处理器有没有发生故障。

如果表决器要得到所有的处理器的输出结果，必须要有一个看门狗计时器，用来提醒表决器已经等待了足够长的时间。当计时器提醒到时的时候，那些还没有输出的处理器都被标记为故障，看门狗计时器的具体设置要看实际工作需要的运行时间。

一个 $N$ 模冗余系统就是一个容错区域，在其中产生的故障可以被掩盖（只要大多数的单元都能正常工作），并且不会扩散到系统其他地方。直观地说，容错区域越小，可靠性越高。但是，过多地运用 $N$ 模冗余的概念会产生一些问题。最明显的问题是非常昂贵，其次是表决要花费时间，处于输入和输出之间众多的表决器会造成整个系统很大的延迟。

$N$ 模冗余一般应用于电路板的级别或者模块级的级别。系统的结构、速度和可靠性都由 $N$ 模冗余所应用的级别所决定。

最简单的，也是最常见的方案是为每一个处理器分配它自己的内存，把处理器和它的内存当作一个完整的单元，即模块。当处理器完成一个任务后，就把它的结果输出给表决器，系统中的其他处理器也是一样。

另一个方案就是把处理器和内存当作不同的模块来处理。假设系统包含 3 个处理器和 3 个内存模块。图 5.9 描述了排列它们的 3 种方式，这些方式依赖于什么时候进行表决。在图 5.9(a)中，3 个内存模块的读操作都是相同的。对内存模块的输出进行表决，然后处理器得到读取的结果。但当一个处理器要进行写操作的时候，它只是简单地对一个内存模块进行操作，不会影响到其他内存模块。在图 5.9(b)与上一种方法正好相反，处理器进行写操作的时候要进行表决，读操作只针对一种处理器。图 5.9(c)中读操作和写操作都要进行表决。

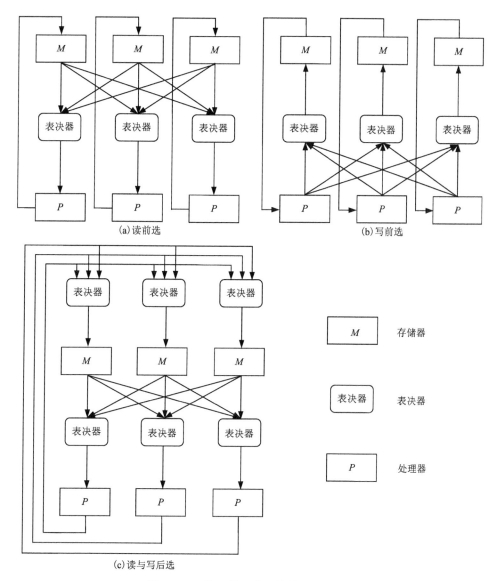

图 5.9　一些 N 模冗余系统的设计方案

每个方案都有优点和缺点，每次表决都有可能掩盖一个错误。例如，当一些粒子穿过内存储器的时候，可能会发生短暂的故障，其中的逻辑 0 变为逻辑 1，或者相反。在读之前的表决可以掩盖这个故障。类似地，写之前的表决也可以掩盖处理器的一些故障。然而，表决代价是很高的，这不仅在于表决器本身所造成的延迟，而且还在于表决器只有等到大多数输入都有效的时候才能开始计算。这样，除非所有处理器都是相同的，并且读和写的要求基本上都在相同的时间，否则这个方案会很复杂。即使这样，在读之前表决的情况对内存的宽带要求也很高。在这种情况下，每个内存模块看到的是所有处理器请求的总和。解决这个问题的一个方法是内存储器并不是在每个处理器都接收读请求，而是对所有读请求进行表决，把相同位置的同样地读请求合并成一个。

还有一种方案就是把一个任务分成很多部分，对每一部分的输出都进行表决。这就相当于是叠加 $N$ 模冗余系统。如图 5.10 所示，系统中每一个部分都是一个容错单元。如何对任务进行划分是一个非常重要的问题。如果把一个任务分成很多部分，那么表决的次数会非常多，这样有利于防止故障的发生，但表决所需要的开销也会很高。

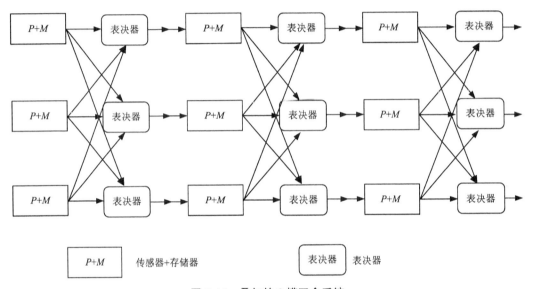

图 5.10　叠加的 3 模冗余系统

## 5.5.2　软件冗余

编写一个大型软件是不可能不出现错误的。但软件故障却和硬件故障有所不同，软件永远都不会磨损，所以软件故障不会在系统运行的时候自发地产生。软件故障可以被当作是设计上的错误。由于系统变得越来越复杂，软件故障与硬件故障的比率也在上升，越来越多的事实表明，现在的系统发生软件故障的频率是硬件故障的很多倍。

为了提高软件的可靠性，必须使用冗余。但是，只是简单地把软件复制 $N$ 份是不能起作用的，因为对于相同的输入，这 $N$ 个版本的软件都会产生错误。所以这 $N$ 个版本的软件必须是不同的，这样对于相同的输入它们都发生故障的概率就很小。这些应用于同一任务的不同版本的软件可由相互独立的编程小组来编写。但是，即使这样，也有可能存在普通模式的错误。例如，所有的编程小组都遵循相同的规范进行编写，那么他们可能以相同（错误）的方式解释规范中模糊的地方。如果他们使用相同的算法，那么当这个算法不可靠的时候系统就很容易出现问题。软件冗余还存在费用的问题，通常在大型的系统中单一版本的软件就比硬件贵很多，何况需要 $N$ 个版本的软件，即使在 $N$ 很小的情况下，也会非常昂贵。

软件的版本数取决于相同模式故障的多少。对于同一个输入，由于不同版本的软件应该产生相似的结果，在输出中的每一个与输入不匹配的地方都说明有错误发生。当然，在所有版本中共有的错误不会被检测出来。

运行多版本软件有两种方法。一种称为 $N$-版本程序，即同时运行 $N$ 个版本的程序，并且对输出进行表决。另一种称为块恢复方法，即每次只运行一个版本，然后对输出进行可接受程度的测试，检测这个结果是不是可接受的。如果它是可接受的，那么这个输出就是正确的。如果它是不可接受的，就执行另一个版本的软件，对它的结果同样进行可接受程度的测试，这样一直进行下去。图 5.11 描述了这些方法。

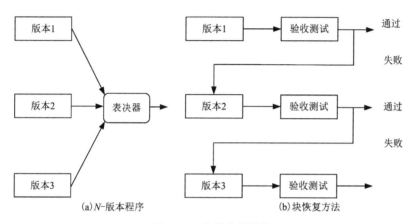

图 5.11　软件容错结构

$N$-版本程序要看对于不同软件它可以提供什么样的可靠性。如果对于同一个输入，大多数版本的程序都会出错的话，这个系统就容易出现故障，所以必须把发生共有的错误的概率降到最低。为了达到这一目的，选择相互之间不联系的编程小组编写相互独立的软件的不同版本。

影响各版本差异的因素主要有以下几个。第一个因素是所需要的规范，规范中的错误和模糊不清的地方是限制差异的主要因素。规范中的错误导致对于一组输入产生错误的输出会影响到软件所有的版本，这些版本都会发生错误。如果规范中有模糊不清的地方，那么程序员就会按照他们自己的思路来解释。不同编程小组的程序员可能会有相似思路，这是由于他们受到的专业训练相似或者其他影响。这种思路上的相似性就会增加发生相同模式错误的概率。

解决这个问题的办法就是把规范写成形式化的，并且进行严格的测试。如果规范形式化变得很难理解，或者把规范翻译成可以理解的语言，或者通过规范中的一些例子进行理解。这两种方法都有可能发生错误，前者破坏了规范的形式，并且在翻译的过程中可能会产生错误；后者可能不会包括所有可能发生的情况。仅仅把规范彻底地进行测试并且形式化是不够的，它还要清晰明确。但同时做到清晰和形式化是很难的。

第二个因素是编程语言。语言的属性在很大程度上影响程序的风格。用 Fortran 语言编写的程序就和用 C 语言编写的结构非常不一样。两个程序员根据相同的规范用相同的语言独立地编写出类似的软件并不是不可能的事。用同一种语言编写程序会增加相同模式的错误的概率，如果使用相同的编译器，也会增加这个概率。

第三个因素是使用的数值算法。对于一组输入，运算时其精度是有限的，这与数学理论上的运算有很大的不同，理论上数学精度是无限的。如果各组织都按相同的算法来编写，那么编写的程序就会存在相同的数值不稳定性。

第四个因素是使用工具的属性。如果使用相同的工具，发生相同模式错误的概率也会增加。

第五个因素是程序员所受的训练和他们的素质，以及管理模式。如果程序员有相同或类似的教育背景，那么他们就有可能犯相似的错误。如果他们的技术水平比较低，那么他们不但会犯更多常见的错误，而且因为对规范有着相似的误解而犯相同模式错误的概率也会增加。如果他们有过大量的类似的工程经验，那么他们会把其他工程规范中的一些东西带进来。管理模式也会影响代码的质量。一些管理方法强调代码的开发者不能作为代码的测试者，甚至不能与测试小组有直接的联系。其他的管理方法则允许程序员非正式地在一起合作，不但对任务没有明确的定义，而且所进行的测试也不规范。

与 $N$-版本程序一样，块恢复方法同样使用多个版本的程序。在这个方法中有一个主版本和多个替代版本。同 $N$-版本程序不一样的地方是块恢复方法在任一时刻只运行一个版本的软件，这是一个后向纠错的方法。

图 5.11(b)是块恢复方法的示意图，其先运行主版本软件，然后对它的输出进行测试，这个测试是整个设计中最弱的一环，因为这个测试无法预先知道正确的输出结果应该是什么。它检测输出结果是不是在可以接受的范围内，或者输出的变化有没有超出允许的最大值/最小值。这些范围和最大值/最小值是具体应用的函数，由设计者制定。

替代版本并不一定要与主版本使用相同的输入，它也可以用其他的方法来进行计算。实时系统中大多数负载是对同一个任务重复执行。如果第 $i$ 次重复失败了，或者没有产生可以接受的结果，或者没有在预定的时间内得出结果，那么就调用下一个替代版本。如果还是失败，就调用另一个替代版本。系统一直这样调用下去，直到下面的任一事件发生：某个版本得出了可以接受的结果，所有版本软件都运行完了，截止时间到了。

当一个版本的测试失败，调用另一个版本时，必须恢复上一个版本所改变的那些全局变量的值，这可以通过恢复高速缓存来完成。

### 5.5.3 时间冗余——后向错误恢复的实现

向后错误恢复有很多种方法，最简单的就是在错误的地方重试，其他的方法还包括使计算回到前一个检验点，在该点继续，或者重新开始计算。

成功地实现向后纠错的关键是使得受影响的处理器或系统恢复到错误发生之前的状态。通过把发生故障的程序或者进程的所有数据都清除掉来达到这个目的，然后就可以用另外一个处理器从该点继续任务，或者在同一个处理器上用正确的状态信息来重新计算。

实施向后错误恢复的一个方法是及时在预先定义的时间点上保存进程的状态，这样的点称为检查点。图 5.12 为一个简单的例子，图中有 3 个检查点，在恢复点 $R_1$、$R_2$ 和 $R_3$ 可以重新开始计算。如果有错误发生，只要读取错误发生之前的检查点上的状态就可以实现状态恢复。

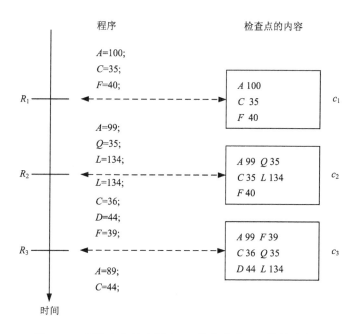

图 5.12　用检查点检查程序（$R_i$ 指恢复点；$c_i$ 指检查点）

如果不是很清楚错误是何时发生的，就只能回到所存有的最早的检查点。例如在图 5.13 中，在检查点 $c_3$ 和 $c_4$ 之间发生了一个错误，并且在检查点 $c_8$ 之后检测到这个错误。如果知道错误发生在 $c_3$ 和 $c_4$ 之间，就应该回到检查点 $c_3$ 重新计算。

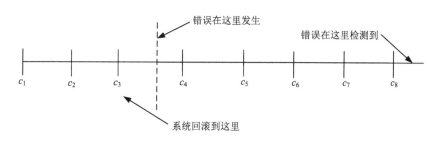

图 5.13　检查点和回滚过程（$c_i$ 指检查点）

由于每次设置检查点都要保存整个过程的状态，所以在内存和时间上的花费就会很昂贵。这些花费可以通过设置增量检查点得以减少。其思想是当一个变量的值要改变时，仅仅保存它变化的值就可以了。

设置增量检查点的一个方法是利用恢复高速缓存。图 5.14 描述了它是如何工作的，每个恢复点都有一个高速缓存与之联系，高速缓存中保存从这个点到下个点发生变化的变量的值。例如，从 $R_1$ 到 $R_2$，只有 $A$ 的值改变了，那么 $R_1$ 相应的高速缓存中只保存 $A$ 的值就可以了。例如，在 $t_2$ 处检测到了错误，然后系统决定回滚到 $R_1$。为了恢复系统在 $R_1$ 的状态（$A$ 为

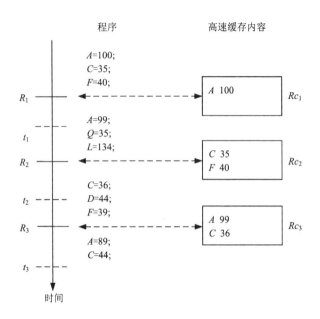

图 5.14　恢复高速缓存

100，$C$ 为 35，$F$ 为 40，$Q$、$L$、$D$ 还没有定义），根据 $Rc_2$，把 $C$ 设为 35，$F$ 设为 40，然后根据 $Rc_1$，把 $A$ 设为 100。

　　假设错误在 $t_1$ 被检测到了，并且系统决定回滚到 $R_1$。根据 $Rc_1$ 把 $A$ 的值设为 100，$C$ 和 $F$ 的值不用改变，因为它们的值与 $R_1$ 时相同。

　　到目前为止，都是假设每个过程是独立的，不与其他过程发生关系。但如果不是这种情况，就会变得更复杂。考虑图 5.15 中的情况，图中有两个过程 $P_1$ 和 $P_2$。在 $t_1$ 之后检测到了故障，这就使得 $P_1$ 回滚到之前的恢复点。但如果要取消刚才所做的运算，从 $P_1$ 到 $P_2$ 的消息也必须取消。唯一的方法是让 $P_2$ 回滚到之前的恢复点。如果 $P_2$ 回滚，它之前所做过的事情全部都要取消掉，包括在时刻 $t_0$ 向 $P_1$ 发送的消息。但这导致了在时刻 $t_0$ 后 $P_1$ 所做的一切都要被取消掉，所以 $P_1$ 又要回滚到往前的恢复点。在本例中，就是要重新开始运行了。这个例子显示了错误是怎样传播的，这被称作多米诺效应。

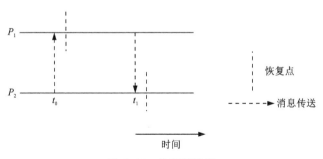

图 5.15　多米诺效应

向后错误恢复的第二种方法是通过审计跟踪，这在数据库中特别流行。一个审计跟踪包括系统的所有行为的记录和一个指示这些行为发生的时间戳。到时刻 $t$ 的后向错误恢复就是把发生在时刻 $t$ 后的动作全部都取消，然后在时刻 $t$ 重新开始。

我们一直假设所有的操作都是可逆的，这是向后错误恢复的基础，然而，一些操作是不可逆的，因为它们失去了计算机系统的控制。比如用打印机打印出来的内容计算机就无法把它清除。再考虑一个反导弹系统，由于一个错误，并没有受到导弹的攻击却发射了反导弹导弹。即使后来发现了错误，也无法再把导弹收回来了。

### 5.5.4　信息冗余

信息冗余的基本思想是利用比必要的数据多一些的数据来检查错误。在数据编码上采取检错纠错的措施，使得机器能够自动发现错误，甚至能纠正错误。我们把这种具有检测错误或带有自动纠错能力的数据编码称为数据校验码。其原理是在数据中加入一些校验位，组成数据校验码，通过检查数据校验码的合法性来判断是否出错或进行纠错。常用的数据校验码有奇偶校验码、海明码和循环冗余校验（cyclic redundancy check，CRC）码等。

奇偶校验码是一种最简单、最常用的校验码，被广泛应用于内存的读写校验和串行通信。奇偶校验码是一种具有检错能力的代码，它是在信息码的基础上增加一个码位，称为校验码，使代码中含有 1 的个数均为奇数（称为奇校验）或偶数（称为偶校验），这样通过检查代码中含有 1 的个数的奇偶性来判别代码的合法性。显然，信号在传送的过程中如果代码中有两位出错，则奇偶校验码是无法检测的，因为两位出错不会改变代码中含 1 的个数的奇偶性。所以，奇偶校验码仅适用于信号出错率很低，且出现成对错误的概率基本为 0 的情况。

设信息 $X = x_0 x_1 \cdots x_{n-1}$ 是一个 $n$ 位字，当使用偶校验时校验位

$$C = x_0 \oplus x_1 \cdots \oplus x_{n-1}$$

式中：$\oplus$ 为异或运算符，当 $X$ 中含有偶数个 1 时，使得 $C=0$，否则 $C=1$。

例如，设信息 $X = 10101010$，当采用偶校验时校验位

$$C = 1 \oplus 0 \oplus 1 \oplus 0 \oplus 1 \oplus 0 \oplus 1 \oplus 0 = 0$$

假定最低位为校验位，则偶校验码为 101010100。

当使用奇校验时校验位

$$C = \overline{x_0 \oplus x_1 \cdots \oplus x_{n-1}}$$

当 $X$ 中含有奇数个 1 时，使得 $C=0$，否则 $C=1$。

例如，设信息 $X = 01010101$，当采用奇校验时校验位

$$C = \overline{0 \oplus 1 \oplus 0 \oplus 1 \oplus 0 \oplus 1 \oplus 0 \oplus 1} = 1$$

假定最低位为校验位，则奇校验码为 010101011。

发送端 $A$ 将一个奇偶校验码发送后，接收端 $B$ 需要对接收到的信息进行校验，判断所接收到的数据是否有错误。假设 $A$ 将偶校验码（$x_0 x_1 \cdots x_{n-1} C$）发送给 $B$，$B$ 收到的信息是（$x'_0 x'_1 \cdots x'_{n-1} C'$），然后计算

$$P = x'_0 \oplus x'_1 \oplus \cdots \oplus x'_{n-1} \oplus C'$$

如果 $P=0$，则说明不可能出现单个错误。

奇偶校验码只能发现一位出错或奇数位同时出错，且出错的位置是无法确定的，因此，

奇偶校验码无法实现纠错功能。尽管如此，由于一位出错的概率远远高于多位同时出错的概率，奇偶校验码能够满足一般可靠性的要求，因此，奇偶校验码是一种最简单、最常用的数据校验码，它被广泛应用于对存储器中数据的检查或传送数据的检查。

在信息编码中，两个合法代码对应位上编码不同的位数称为码距，又称海明距离（Hamming distance）。例如 10101 和 00110 从第一位开始依次有第一、第四、第五位不同，则海明距离为 3。

$n$ 位的码字可以用 $n$ 维空间的超立方体的一个顶点来表示。两个码字之间的海明距离就是超立方体两个顶点之间的一条边，而且是这两个顶点之间的最短距离。

为了检测 $d$ 个错误，需要一个海明距离为 $d+1$ 的编码方案。因为在这样的编码方案中，$d$ 个 1 位错误不可能将一个有效码字改编成另一个有效码字。当接收方看到一个无效码字的时候，就知道已经发生了传输错误。类似地，为了纠正 $d$ 个错误，需要一个海明距离为 $2d+1$ 的编码方案，因为在这样的编码方案中，合法码字之间的距离足够远，所以即使发生了 $d$ 位变化，则还是原来的码字离它最近，从而可以确定原来的码字，达到纠错的目的。

计算海明距离的一种方法就是对两个位串进行异或（XOR）运算，并计算出异或运算结果中 1 的个数。例如 110 和 011 这两个位串，对它们进行异或运算，其结果为

$$110 \oplus 011 = 101$$

异或结果中含有两个 1，因此 110 和 011 之间的海明距离为 2。

海明码是由 Richard Hamming 于 1950 年提出的，并被广泛应用。它是在奇偶校验码的基础上，通过合理增加校验位的位数，组成海明码，不仅能够发现多位出错，而且能够对一位出错进行自动纠正。它的实现原理是在 $n$ 个数据位之外加上 $k$ 个校验位，从而形成一个 $n+k$ 位的新的码字，使新的码字的码距比较均匀地拉大。把数据的每一个二进制位分配在几个不同的偶校验位的组合中，当某一位出错后，就会引起相关的几个校验位的值发生变化，这不但可以发现出错，还能指出是哪一位出错，为进一步自动纠错提供了依据。

将有效信息按某种规律分成若干组，每组安排一个校验位，做奇偶测试，就能提供多位检错信息，以指出最大可能是哪位出错，从而将其纠正。实质上，海明校验是一种多重校验。它不仅具有检测错误的能力，同时还具有给出错误所在准确位置的能力。但是因为这种海明校验的方法只能检测和纠正一位出错的情况，所以如果有多个错误，就不能检查出来了。假设为 $n$ 个数据位设置 $k$ 个校验位，则校验位能表示 $2^k$ 个状态，可用其中的一个状态指出"没有发生错误"，用其余的 $2^k-1$ 个状态指出有错误发生在某一位，包括 $n$ 个数据位和 $k$ 个校验位，因此校验位的位数应满足如下关系

$$2^k \geq n+k+1 \tag{5.1}$$

如要能检出并自动纠正一位错，此时校验位的位数 $k$ 和数据位的位数 $n$ 应满足下述关系

$$2^k-1 \geq n+k \tag{5.2}$$

按上述不等式，可计算出数据位 $n$ 与校验位 $k$ 的对应关系。

设海明码中位号数（1，2，3，…，$n$）分别表示为 $P_1$，$P_2$，$P_3$，…，$P_n$，位号 $P_1$，$P_2$，$P_3$，…，$P_n$ 为 2 的权值的那些位，即 $2^0$，$2^1$，$2^2$，$2^3$，…，$2^{k-1}$ 位作为奇偶校验位，余下各位则为有效信息位。

海明码把每个数据位分配到 $k$ 个校验组中，以确保能发现码字中任何一位出错；若要实现纠错，还要求能指出是哪一位出错，对出错位求反则得到该位的正确值。

海明码中第 $i$ 位由校验位位号之和等于 $i$ 的那些校验位所校验，例如，海明码的位号 $P_3$ 被位号 $P_1$ 和 $P_2$ 所校验，海明码的位号 $P_5$ 被位号 $P_1$ 和 $P_4$ 所校验。每个小组一个校验位，校验位的取值仍采用奇偶校验方式确定。

编码检测最频繁地使用和（或）纠正在信息传递和内存中的错误。在内存擦洗期间，纠错代码在内存中使用，定期进行完整性检查和访问每个存储单元。如果检测到一个错误，系统用代码的纠错特性进行纠正并写回。这阻止了因瞬时故障造成错误积累。

循环冗余校验（cyclic redundancy check，CRC）码，也称为多项式编码（polynomial code）。多项式编码的基本思想是将位串看成是系数为 0 或 1 的多项式。

一个 $k$ 位帧看作是一个 $k-1$ 次多项式的系数列表，该多项式共有 $k$ 项，从 $x^{k-1}$ 到 $x^0$。这样的多项式认为是 $k-1$ 阶多项式。高次（最左边）位是 $x^{k-1}$ 项的系数，接下来的位是 $x^{k-2}$ 项的系数，依此类推。例如，110001 有 6 位，因此代表了一个有 6 项的多项式，其系数分别为 1、1、0、0、0 和 1，即 $1\times x^5+1\times x^4+0\times x^3+0\times x^2+0\times x^1+1\times x^0$。

使用多项式编码时，发送方和接收方必须预先商定一个生成多项式（generator polynomial）$G(x)$。生成多项式的最高位和最低位系数必须是 1，假设一帧有 $m$ 位，它对应于多项式 $M(x)$，为了计算它的 CRC 码，该帧必须比生成多项式长，基本思想是在帧的尾部附加一个校验和，使得附加之后的帧所对应的多项式能够被 $G(x)$ 除尽。当接收方收到了带校验和的帧之后，它试着用 $G(x)$ 去除它，如果有余数的话，则表明传输过程中有错误。

计算 CRC 码的算法如下：

（1）假设 $G(x)$ 的阶为 $r$。在帧的低位端加上 $r$ 个 0 位，使得该帧现在包含 $m+r$ 位，对应多项式为 $x^r M(x)$。

（2）利用模 2 除法，用对应于 $G(x)$ 的位串去除对应于 $x^r M(x)$ 的位串。

（3）利用模 2 减法，从对应于 $x^r M(x)$ 的位串中减去余数（总是小于等于 $r$ 位）。结果就是将被传输的带校验和的帧。它的多项式不妨设为 $T(x)$。

图 5.16 所示为采用生成多项式 $G(x)=x^2+x+1$ 计算帧 1101011111 的校验和。

因此，发出的帧为 11010111110010。

显然，$T(x)$ 可以被 $G(x)$ 除尽（模 2）。在任何一种除法中，如果将被除数减掉余数，则剩下的差值一定可以被除数除尽。

现在我们来分析这种方法。什么样的错误能被检测出来？想象一下在传输过程中发生了一个错误，因此接收方收到的不是 $T(x)$，而是 $T(x)+E(x)$，其中 $E(x)$ 中对应的每位 1 都变反了。如果 $E(x)$ 中有 $k$ 个 1，则表明发生了 $k$ 个一位错误，单个突发错误可以这样描述：初始位是 1，然后是 0 和 1 的混合，最后一位也是 1，所有其他位都是 0。

接收方在收到了带校验和的帧之后，用 $G(x)$ 来除它，也就是说，接收方计算 $[T(x)+E(x)]/G(x)$，$T(x)/G(x)$ 是 0，因此计算结果简化为 $E(x)/G(x)$，如果错误恰好发生在作为因子的 $G(x)$ 中，那么将无法被检测到；所有其他的错误都能够检测出来。

如果只有一位发生错误，即 $E(x)=x^i$，这里 $i>j$，这可以确定错误发生在哪一位上。如果 $G(x)$ 包含两项或者更多项，则它永远也不会除尽 $E(x)$，所以，所有的一位错误都将被检测到。如果有两个独立的一位错误，则 $E(x)=x^i+x^j$，这里以换一种写法，$E(x)=x^j(x^{i-j}+1)$。如果我们假定 $G(x)$ 不能被 $x$ 除尽，则所有的双位错误都能够检测出来的充分条件为：对于任何小于等于 $i$ 最大值（即小于等于最大帧长）的 $k$ 值，$G(x)$ 都不能除尽 $x^k+1$。简单地说，低阶

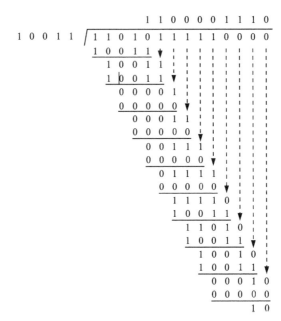

**图 5.16** 采用生成多项式为 $G(x)=x^2+x+1$ 计算帧 1101011111 的校验和

多项式可以保护长帧。例如,对于任何 $k<32768$, $x^{15}+x^{14}+1$ 都不能除尽 $x^k+1$。

如果有奇数个位发生了错误,则 $E(x)$ 包含奇数项(比如 $x^5+x^2+1$,但不能是 $x^2+1$)。在模 2 系统中,没有一个奇数项多项式包含 $x+1$ 因子。因此,以 $x+1$ 作为 $G(x)$ 的一个因子,我们就可以捕捉到所有包含奇数个位变反的错误情形。

带 $r$ 个校验位的多项式编码可以检测到所有长度小于等于 $r$ 的突发错误。长度为 $k$ 的突发错误可以用 $x^i(x^{k-1}+x^{k-2}+\cdots+1)$ 来表示,这里 $i$ 决定了突发错误的位置离帧的最右端的距离有多远。如果 $G(x)$ 包含一个 $x^0$ 项,则它不可能有 $x^i$ 因子,所以,如果括号内表达式的阶小于 $G(x)$ 的阶,则余数永远不可能为 0。

如果突发错误的长度为 $r+1$,则当且仅当突发错误与 $G(x)$ 一致时,错误多项式除以 $G(x)$ 的余数才为 0。根据突发错误的定义,第一位和最后一位必须为 1,所以它是否与 $G(x)$匹配取决于其他 $r-1$ 个中间位。如果所有的组合被认为是等概率的话,则这样一个不正确的帧被当作有效帧接收的概率是 $1/2^{r-1}$。

当一个长度大于 $r+1$ 位的突发错误发生时,或者几个短突发错误发生时,一个错误帧被当作有效帧通过检测的概率为 $1/2^r$,这里假设所有的位模式都是等概率的。

一些特殊的多项式已经成为国际标准,其中一个被 IEEE 802 用在以太网示例中,该多项为

$$x^{32}+x^{26}+x^{23}+x^{22}+x^{16}+x^{12}+x^{11}+x^{10}+x^8+x^7+x^5+x^4+x^2+x^1+1$$

除了其他优良特性外,该多项式还能检测到长度小于等于 32 的所有突发错误,以及影响到奇数位的全部突发错误。20 世纪 80 年代以后它得到广泛应用。

虽然计算 CRC 码看似很复杂,但在硬件上通过简单的移位寄存器电路很容易计算和验证 CRC 码。实际上,这样的硬件几乎一直被使用着。数十种网络标准采用了不同的 CRC 码,

包括几乎所有的局域网，例如以太网、IEEE 802.11 和点到点连接。

## 5.6　数据差异性

数据的差异性可以对上述冗余方法起辅助性作用。其思想如下：有些时候硬件或软件对某些输入会出现故障，但对一些很接近它们的输入却不会出现故障。所以用略有不同的输入传给冗余的处理器，这样在某些情况下就有另外的方法来避免故障了。这种方法适用于输出对输入的微小变化不太敏感，或者是输出的扰动可以被分析修正的情形。

情形 1：如果稍微改变一下输入，输出变化非常小，那么可以在输入端加入扰动并在输出端进行表决，得到一个近似的但仍可以接受的输出。例如，对于一个 $N$ 模冗余系统，用 $x$，$f_1(x)$，$\cdots$，$f_N(x)$ 来代替原来的输入 $x$。令 $P(y)$ 为输入为 $y$ 时程序的输出，则函数 $f_i(x)$ 必须满足 $P(x) \approx P(f_i(x))$。

情形 2：对输入加入了扰动后导致输出的变化可以通过分析的方法预测到，则这种变化可以被更正。也就是说，对于足够相近的 $x$、$y$，可以得到一个函数 $Q(x,y) = P(x) - P(y)$，那么就有 $P(x) = P(f_i(x)) - Q(f_i(x), x)$。

图 5.17 描述了带表决的这两种情况。

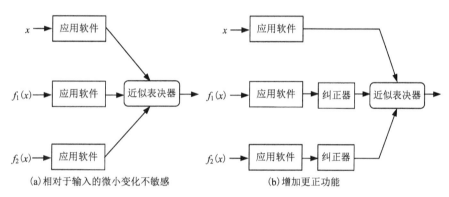

(a) 相对于输入的微小变化不敏感　　　　(b) 增加更正功能

**图 5.17　带表决的数据差异**

数据差异性也可以用于块恢复中。在主版本的软件发生故障的时候，可以不运行替代的版本，而是把输入数据稍微改变一下再运行。

## 5.7　完整的故障处理

当系统检测到错误的时候必须迅速处理。在短期方案中，错误可以通过表决掩盖过去。在长期方案中，系统要对故障定位，并且决定怎样处理故障单元。通常有三种方法：指令重试、断开连接和替换。

指令重试一般只是简单地重试发生错误的指令，因为系统希望这个错误是暂时性的，并且已经没有了。为了达到这个目的，必须快速检测到错误。如果无法使用指令重试，可以等待一会儿，然后在发生故障的处理器上运行诊断程序。如果此错误是由一个已经消失的暂时性的故障引起的，处理器就可以通过这个检测。如果经过很长一段时间后，处理器仍然处于故障状态，就可以认为处理器发生了永久性的故障。如果认定一个处理器发生了永久性故障，就要把它与系统的其他部分断开。如果一个处理器被断开了，就要找新的处理器来运行它之前所分配到的任务。对付永久性的故障的另外一个方法就是替换它。如果有备用处理器，就可以用它们替换发生故障的处理器。故障处理器上的所有未完成的任务都要转移到替换的处理器上。替换后的处理器要进行内存的更新以继续计算，并且还要使它的时钟与系统其他部分保持同步。

在决定要采取哪种恢复措施时有下面几个因素要考虑。

（1）定时信息：总体目标是满足关键任务的硬截止时间。定时信息包括现在的工作量在最坏情况下的需求和那些被中断并且要放弃的任务的需求，还包括可以改变工作量的迫近模式的变化。

（2）恢复时间：不同的恢复机制花费时间的不同，这也影响到恢复机制的选择。

（3）恢复成功的概率：经常要在较低的开销和成功的概率之间进行权衡。指令重试的花费是最低的开销，但是如果所发生的故障是一个持续时间很长的暂时性的故障，或者是一个永久性的故障，指令重试就不会成功。相对地，对整个系统（或者其中一个子系统）进行重新配置，把故障隔离开，其成功的概率是很高的，但花费时间长。

（4）状态转换的概率：根据故障发生的频率来决定选用何种恢复方式。例如，如果在处理第一个故障时有可能发生第二个故障，就要多注重一些短期的恢复措施。

为了决定对故障的处理方法，系统必须知道不同的差错检测机制和故障处理机制所花费的时间。

## ▶ 5.8 本章小结

实时计算机在硬件发生故障或软件产生错误时，能自行采取补救措施，继续正常运行并给出正确结果，其目的是为提高系统的可靠性和可用性。冗余技术是实时系统中容错技术的基础。它是指在基本的系统中加上一定数量的备份，包括硬件冗余、软件冗余、信息冗余和时间冗余。因此实时系统必须具备如下功能：故障检测、故障屏蔽、故障限制、重复执行、故障诊断、系统重构、系统重启动、系统修复等。本章介绍了导致故障发生的原因、故障类型、故障检测和冗余技术。

 习 题

1. 画出输入为 8 位的 3 输入表决器的表决逻辑图，假设数值的比较要绝对相等。表决器的输出为 5 个：$\theta_1$，$\theta_2$，$\omega_1$，$\omega_2$，$\omega_3$。如果至少有两个输入相等，$\theta_1$ 输出这个值。$\theta_2$ 代表是否至少两个输入相等。如果存在至少两个输入相等的情况，并且输入 $i$ 不等于这个值的时候，$\omega_i$ 置 1；否则置 0。

2. 设计一个近似相等的表决器，输入和输出与习题 1 相同。如果两个输入有 6 位有效数字相同，就认为它们是相等的，这里多数相等的值定义为中值。

3. 证明并行处理过程中，在相同的时间设置恢复点就可以避免多米诺骨牌效应。

4. 已知接收到的海明码为 0100111，按偶校验，试问要求传送的信息是什么？

5. 假设要传送数据 100111001 且生成的多项式为 $x^6+x^3+1$，实际发送的比特串是什么？

# 第6章 全局时钟同步

全局时钟同步对实时系统的正确操作至关重要，像表决和同步回退等类似活动就假定时钟极严格地同步。在这一章中，我们将论述一些同步容错的算法，这些算法保证正常工作的处理器在出现一小部分链路或处理器故障的时候仍能保持同步。

本章将讨论硬件和软件两方面的同步算法。硬件同步需要特殊硬件支持，提供更严格的同步，而软件同步则不需要。

## ▶ 6.1 时钟

从数学上讲，时钟(clocks)$c_i$ 是一个如下映射

$$实际时间 \rightarrow 时钟时间$$

即实际时间 $t$ 与对应的时钟时间 $c_i$ 呈函数关系 $C_i(t)$，其反函数为 $c_i(T)$，代表时钟时间 $c_i$ 为时刻 $T$ 时所对应的实际时间值。间隔 $[t_1, t_2]$ 表示给定时钟指出的 $t_1$ 到 $t_2$ 的时间间隔。

从计算机时钟和手表来查询时间的共同要求是精度，即时钟发生偏差的速率不能过高。时钟 $c_i$ 的偏差速率

$$\rho = \max_{t, \Delta} \left| \frac{C_i(t + \Delta) - C_i(\Delta)}{\Delta} - t \right| \tag{6.1}$$

应尽可能小，偏差速率即时钟走快或走慢的速率。

相反地，如果我们指定 $\rho$ 为一个无故障时钟的最大偏差速率，则必有

$$(1 - \rho)(t_2 - t_1) \leqslant C(t_2) - C(t_1) \leqslant (1 + \rho)(t_2 - t_1) \tag{6.2}$$

如图 6.1 所示，时钟将被限制在偏差速率可接受的锥形范围内。由于对所有性能良好的时钟来说，都应有 $\rho \ll 1$，可得

$$1 - \rho \approx (1 + \rho)^{-1}$$
$$1 + \rho \approx (1 - \rho)^{-1}$$

对 $(1 + \rho)^{-1}$ 进行泰勒展开，可得

$$(1 + \rho)^{-1} = 1 - \rho + \frac{\rho^2}{2!} + \cdots + (-1)^n \frac{\rho^n}{n!} + \cdots$$

对 $\rho \approx 10^{-6}$，有 $(1-\rho)-(1+\rho)^{-1} \approx 10^{-12}$，同理可得 $(1-\rho)^{-1}$ 的表达式，因此式(6.2)可近似成

$$\frac{t_2 - t_1}{1+\rho}(t_2 - t_1) \leq C(t_2) - C(t_1) \leq \frac{t_2 - t_1}{1-\rho} \tag{6.3}$$

以后，假定无故障时钟的 $\rho$ 值满足式(6.3)。当指定时钟最大偏差为 $\rho$ 时，只要时钟无故障，实际上就可以认为满足了式(6.2)和式(6.3)。

理想时钟可以由图6.1中的虚线所定义，当然这种理想的时钟实际并不存在。不过，世界标准使用的绝对时钟和其他时钟的偏差速率比我们需要考虑的时钟偏差要小一百万倍左右。对所有实际用途而言，这些时钟可以被认为是理想时钟，我们使用这些理想时钟来初始化时钟和测量偏差速率。

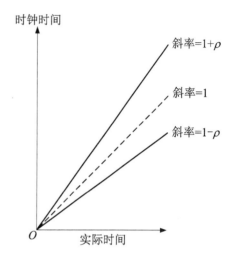

图 6.1　时钟时间允许的范围

为什么希望偏差速率尽量小呢？有两个原因。首先，考虑计算机时钟速率是如何决定的。计算机的速度是其时钟速率的函数，我们选择足够长的时钟周期(时钟速率的倒数)以使信号沿着计算机电路上的关键路径传播(包括数据存入寄存器的时间)。假定额定时钟周期为 $T$，但由于时钟偏差，实际周期范围是 $[T-\rho T, T+\rho T]$。如果信号沿着关键路径传播需要 $t_{\text{prop}}$ 个单位时间，为保证信号有足够时间传播，就需要 $t_{\text{prop}} \leq T-\rho T$，即必须让 $T \geq t_{\text{prop}}/(1-\rho)$。$\rho$ 值越大，则 $T$ 值越大，这就降低了计算机期望的速度。

其次，和时钟同步有关。每 $T_s$ 时钟单位，运行某个同步算法，同时调整一些时钟，使它们在调整后的时间大致相同。那么这些时钟间的最大偏差(各时钟所示的时间差)是多少呢？走得最快的时钟1秒内最多走快 $\rho$ s，而走得慢的时钟则1秒内最多走慢 $\rho$ s。因此，即使这些时钟在开始时完美地同步了，最快和最慢的时钟最多可以相差 $2\rho T_s$。如果想严格同步这些时钟，那么或者 $T_s$ 或者 $\rho$(最好是两者)就必须要小。实际上，如果 $\rho$ 增加，就不得不降低 $T_s$ 来补偿。这就是说，我们将不得不频繁地重新同步。

所有时钟都是基于振荡器。产生时钟的一种方法是方波发生器，用在计算机上的时钟是方波发生器，用多个方波周期表示时间。但是，通过门电路的传播时间由于门电路的不同变化非常大(甚至同类型的门电路也是如此)，因此各个数字时钟的频率不一致。

产生时钟的另一种方法是放大器加带通滤波器的反馈环。滤波器主要排除给定范围外的所有频率。如果环路增益至少是1且放大器未饱和，输出端将产生正弦波；如果放大器饱和，则产生方波。有时滤波器用电感和电容制作，更好的时钟可以使用石英晶体作滤波器，这种时钟通常最大偏差速率不超过 $10^{-6}$。

如前面所说，数字时钟就是方波发生器，时钟时间可以简单地用方波的数目乘上时钟周期表示。正因为这样，$C_i(t)$ 其实是 $t$ 的一个阶跃函数，同数字手表的显示输出或者多数模拟

石英手表的秒针类似，读数每秒会改变一次。但是有时为便于数学分析，我们常把时钟时间当作连续可微函数，把它的数字本质当作时钟读取错误的结果。

如果两个时钟示数接近，就称其被同步了。第一种同步定义是如果对给定的 $\delta>0$，有

$$|c_i(T) - c_j(T)| < \delta \tag{6.4}$$

则称时钟 $c_i$ 和 $c_j$ 在时钟时间 $T$ 上是同步的。其中 $|c_i(T)-c_j(T)|$ 为时钟时间 $T$ 上时钟 $c_i$ 和 $c_j$ 间的偏差。

第二种可选的同步定义是在实际时间 $t$ 上定义时钟偏差为 $|C_i(t)-C_j(t)|$，如果有

$$|C_i(t) - C_j(t)| < \delta \tag{6.5}$$

则称时钟 $c_i$ 和 $c_j$ 在实际时间 $t$ 上是同步的，其中 $|C_i(t)-C_j(t)|$ 为实际时间 $t$ 上的时间偏差。两种情况都差不多，并假定每当时钟 $c_i$ 和 $c_j$ 被同步时 $\delta$ 被定义成可以满足式（6.4）和式（6.5）。

有时，同步同外部定时信号源有关。一个系统利用外部信号同步自身时间是可行的。但这里我们关注的同步类型是内部同步。对时钟集合 $S$，如果所有时钟对 $c_i(c_i \in S)$ 在实际时间 $t$ 上被同步了，并且每个时钟所示的时间都在可接受的锥形范围内，则称 $S$ 在实际时间 $t$ 上被内部同步了。同步参数是最大允许的偏差 $\delta$ 和最大允许系统偏差速率 $\rho_{sys}$。

内部同步是时钟互相交换定时信号并恰当调整时间的过程，各时钟以固定间隔向外发送定时信号，这些定时信号称为时钟报时信号（clock tick）。

## 6.2　一个无容错同步算法

考虑以下简单的同步过程。各个时钟每 $T$ 个固定间隔向外发送定时信号（时钟报时信号）给其他时钟，各时钟比较自己的定时信号和收到的定时信号，并以此恰当地调整自己。

暂时假定信号传播时间为零，考虑一个由 3 个时钟构成的系统。假定定时信号如图 6.2 所示，其中 $t_i$ 是时钟 $c_i$ 发送其信号的实际时间，中间的时钟被选为正确时钟，而另外两个时钟将试图根据此正确时钟调整时间，并尽可能立刻调整时间。即在实际时间 $t_2$ 时，时钟 $c_1$ 将后调 $t_2-t_1$；在实际时间 $t_3$ 时，时钟 $c_3$ 则前调 $t_3-t_2$。但对于正在使用时钟 $c_3$ 的过程来说，会出现时间倒流的现象，这是不可接受的。例如，假定当前过程中给事件 $X$ 定义了一个时间戳为实际时间 $t_x$，同样给事件 $Y$ 赋予实际时间 $t_y$，事件 $Y$ 本就在事件 $X$ 之后发生，但由于时钟调整，时间戳上显示的则可能是事件 $Y$ 在事件 $X$ 之前发生了。这说明了在同步过程中为何绝不能将时间调回一段。当然让时钟跳过一段时间也不好。

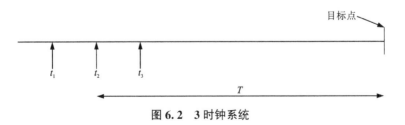

图 6.2　3 时钟系统

可以用分摊调整的方案代替上面的即时却不可取的调整方案，也就是说，调整时钟使其试图能在下一次比较前校正好时间。时钟 $c_1$ 走慢点，而时钟 $c_3$ 走快点，使它们的下一个时钟报时信号尽可能接近时钟 $c_2$ 的下一个时间报时信号（因为时钟 $c_2$ 的报时信号在时钟 $c_1$ 和 $c_3$ 之间，所以它被视为参照点或其他时钟调整的触发点）。无论怎样，时钟 $c_2$ 都不会被校正，换言之，在时间 $t_2$ 后 $T$ 时钟时间时发送时钟 $c_1$、$c_2$ 和 $c_3$ 的下一个时钟报时信号。当然，由于时钟调整参考的是非理想时钟，可能引起最大为 $\rho$ 的偏差，因此发送下一时钟报时信号的时间不可能控制得非常精确。实际上，最好情况是在实际时间间隔

$$[\,T/(1+\rho)\,,\ T/(1-\rho)\,]\approx[\,T/(1-\rho)\,,\ T/(1+\rho)\,]$$

内分别传输它们的下一个时钟报时信号。因此，系统的时钟偏差不能保证小于 $T(1+\rho)-T(1-\rho)=2\rho T$ 实际时间。

上述都是基于信号传播时间为零的假定。如果情况并非如此，传播时间可以精确获知。例如用专线连接每对时钟，那么理论上不管怎样都可以校正传播时间，把问题简化为传播时间为零的情况。

当传播时间并不精确可知时，偏差将越变越大。例如，时钟在存储转发网络上发送其报时信号报文，其传播时间依赖于报文选择路径和该路径上的拥塞情况，假定只知道其延时在 $[\mu_{\min},\mu_{\max}]$ 实际时间内，令 $\mu_{i,j}$ 表示时钟 $c_i$ 到 $c_j$ 未知的传播时间，时钟 $c_i$ 在实际时间 $t_i+\mu_{i,j}$ 收到了时钟 $c_i$ 的报时信号。由于 $\mu_{i,j}$ 未知，$c_i$ 在 $[\,t_i+\mu_{i,j}-\mu_{\max}\,,\ t_i+\mu_{i,j}-\mu_{\min}\,]$ 内某个时间点发送了报时信号。

考虑 $t_1$、$t_2$、$t_3$ 有时钟 $c_2$ 走在 $c_1$ 和 $c_3$ 间并以其作为同步参考点的情况。假定时钟 $c_1$ 和 $c_3$ 估计从 $c_2$ 来的报时信号的传播时间都为 $x$。时钟 $c_1$ 的实际时间 $t_2+\mu_{2,1}$ 收到来自时钟 $c_2$ 的信号。由于它将传播时间估计为 $x$，它会认为时钟 $c_2$ 在实际时间 $t_2+\mu_{2,1}-x$ 发送了信号，并据此计算出自己的下一报时间隔 $T$ 时钟时间。注意，这里的报时间隔是由时钟 $c_1$ 自己度量的。额定间隔 $T$ 的实际间隔时间可能是 $[\,(1-\rho)T,\ (1+\rho)T\,]$ 实际时间的任何值，因此时钟 $c_1$ 的下一报时信号发生时间将在实际时间范围

$$I_1=[\,(1-\rho)T+t_2+\mu_{2,1}-x,\ (1-\rho)T+t_2+\mu_{2,1}-x\,] \tag{6.6}$$

同理，时钟 $c_3$ 的下一报时信号发生时间将在实际时间范围

$$I_3=[\,(1-\rho)T+t_2+\mu_{2,3}-x,\ (1-\rho)T+t_2+\mu_{2,3}-x\,] \tag{6.7}$$

而时钟 $c_2$ 的下一报时信号发生时间将在实际时间范围

$$I_2=[\,(1-\rho)T+t_2,\ (1+\rho)T+t_2\,] \tag{6.8}$$

最坏情况下，如果 $\mu_{2,1}=\mu_{\min}$ 且时钟 $c_1$ 在所允许的范围内以最快速度运行，那么时钟 $c_1$ 的下一报时信号将发生在实际时间 $(1-\rho)T+t_2+\mu_{\min}-x$。如果又有 $\mu_{2,3}=\mu_{\min}$ 且时钟 $c_3$ 在所允许的范围内以最慢速度运行，那么时钟 $c_3$ 的下一报时信号将发生在实际时间 $(1+\rho)T+t_2+\mu_{\max}-x$，这时的时钟偏差为

$$[\,(1+\rho)T+t_2+\mu_{\max}-x\,]-[\,(1-\rho)T+t_2+\mu_{\min}-x\,]=2\rho T+\mu_{\max}-\mu_{\min} \tag{6.9}$$

因此，不确定的传播时间对保证一定的偏差范围会有相当大的负面影响。

互同步的另一方案是采用主从结构。从属时钟试着同主时钟校对时间，它们会向主时钟发送 read_clock（读时钟）请求，主时钟收到请求后则返回包含其时钟时间的报文。

假定从属时钟发送 read_clcok 请求到收到响应的环程实际时间为 $r$，$\mu_{\min}$ 表示在主时钟和从属时钟间发送报文所需最短时间，$t_{s\to m}$ 和 $t_{m\to s}$ 分别表示给定的 read_clock 请求传送到主时

钟的时间和主时钟应答传送到从属时钟的时间。根据定义，$r = t_{s \to m} + t_{m \to s} > 2\mu_{\min}$。如图 6.3 所示。

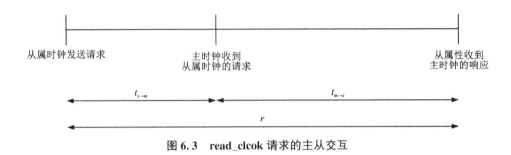

图 6.3　read_clcok 请求的主从交互

当从属时钟从主时钟得到"当前时间是 $T$"的报文后，可知此时主时钟时间在范围 $I = [T + \mu_{\min}(1-\rho), (r-\mu_{\min})(1-\rho)]$ 内。这个范围推导很简单，其下限为当 $t_{m \to s} = \mu_{\min}$（可能的最小值），且主时钟允许范围内尽可能慢的时间，而其上限是当 $t_{m \to s}$ 为最大可能值 $r-\mu_{\min}$，且主时钟以允许的最快速率 $1+\rho$ 运行时的时间。

暂时假定从属时钟可以相当精确地测出环程时间，而范围 $I$ 持续 $[r(1+\rho) - 2\rho\mu_{\min}]$ 时间，当从属时钟从主时钟收到"当前时间是 $T$"的报文后，主时钟当前时间的最佳估计是范围 $I$ 的中点处，即

$$T + \frac{r(1+\rho)}{2} - \mu_{\min}$$

此估计的误差上限为

$$\frac{r(1+\rho)}{2} - \mu_{\min}$$

但如果从属时钟不能精确地测量出环程时间，而只能获得本身时钟测量的环程时间，但被测出的时间 $r$ 有可能高达 $(1+\rho)r$，因此，时间范围 $I$ 可能变为

$$I' = [T + \mu_{\min}(1-\rho), T + [r(1+\rho) - \mu_{\min}](1+\rho)]$$

此时时间估计为

$$T + \frac{r(1+\rho)^2}{2} - \mu_{\min}$$

因此误差估计的上限为

$$\frac{r(1+\rho)^2}{2} - \mu_{\min} \approx \frac{r(1+2\rho)}{2} - \mu_{\min}$$

如果主从时钟间报文传输的路径和其他通信分享网络，则 $r$ 值可能会根据通信强度的变化而剧烈变化。此时从属时钟可以通过简单地丢弃未在某个预计指定的环程延时内到达的报文来限制误差的估计值。也就是说，如果时钟希望误差的估计值限制在 $\varepsilon$ 以下，则可丢弃所有 $r > 2(\varepsilon + \mu_{\min})/(1+\rho)^2$ 的报文。如果网络负载很重，从属时钟在得到足够小的误差的估计值前可能会尝试多次读取时钟请求。

## 6.3　故障的影响

当有故障发生时，6.2 节中描述的那种简单明了的算法将无法正常工作。先假定所有信号传播时间为零，然后考虑下面的例子。时钟 $c_2$ 遭遇恶意的故障，向时钟 $c_1$ 和 $c_3$ 分别发送不同的报时信号，如图 6.4 所示。对时钟 $c_1$ 来说，$c_2$ 要比 $c_1$ 快；而对时钟 $c_3$ 来说，$c_2$ 则要比 $c_3$ 要慢。这样就导致时钟 $c_1$ 和 $c_3$ 都认为自己是中间的那个参考时钟，两个时钟都不校正自己的时间，其时间偏差也就不确定地自由变化着，而无法达成同步。

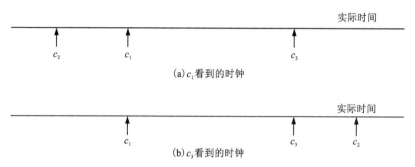

图 6.4　时钟 $c_2$ 遭遇恶意故障的结果（$c_i$ = 接收到时钟 $c_i$ 的报时信号的时间）

同步的实现依赖时钟交换计时信息并据此恰当地调整。在两种情况下可能部分时钟发生故障而导致同步丢失，一种是时钟构成多个不重叠的小集合（clique）的情况，一种是时钟运行得太快或太慢的情况。

时钟的小集合定义如下：用顶点 $v_i$ 表示无故障的时钟 $c_i$，如果时钟 $c_i$ 第 $k$ 次（$k \in \{1, 2, \cdots\}$）报时变化将引起时钟 $c_i$ 的第 $k+1$ 次报时变化，则用边 $e_{ij}$ 连接顶点 $v_i$ 和 $v_j$，结果形成第 $k$ 次报时信息的同步图，我们称同步图中的每个元件为一个小集合。如果在第 $k$ 次报时时，小集合 $A$ 中所有时钟的报时产生时间在另一小集合 $B$ 任意时钟之前，则称 $A$ 和 $B$ 关于第 $k$ 次报时不重叠。反之亦然。如果同步图中包含非重叠的小集合，则不能保证同步。

图 6.5 是一个 4 时钟系统的同步图。如果时钟报时信号如图 6.6（a）所示，第 $k$ 次报时时，$c_1$、$c_2$ 在 $c_3$、$c_4$ 之前，它们就构成了非重叠的小集合。随后不可避免地，集合 $\{c_1, c_2\}$ 和集合 $\{c_3, c_4\}$ 间会产生不确定的偏移。如果报时信号如图 6.6（b）所示，则小集合重叠。

图 6.5　一个 4 时钟系统中的多个小集合

当时钟运行在受限频率的上限或者下限时，也可能发生同步丢失。举例来说，假定一个出现故障的时钟以正常时钟无法达到的频率发送定时报时信号，则每个正常时钟会运行在其可能的最高频率上以试图赶上该错误的时钟频率。由于正常时钟频率上限相差不大，随着时间的推移, 这些微小的差别会渐渐造成同步的丢失。

图 6.6　时钟报时信号序列

## 6.4　硬件同步

要实现硬件上的同步, 可以使用锁相环。图 6.7 是锁相环的基本结构。锁环的目的是在输入振荡信号的同时尽可能校正振荡器输出的振荡信号。比较器的输出同输入信号相位应和振荡器产生信号相位之差成比例关系, 并随后通过一个滤波器, 其输出信号用以修改压控振荡器(voltage controlled oscillator, VCO) 的频率。

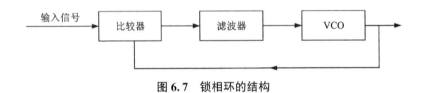

图 6.7　锁相环的结构

锁相环有能力跟踪输入信号, 并据此进行同步输出。因此, 如果能把一个参考(或触发)输入合适地定义成系统中时钟输出的函数, 就能同步这些时钟。

图 6.8 显示了每个时钟的结构, 其中每个时钟用专线同其他时钟连接在一起。开始时, 我们可以假定信号传播时间为零。

每个时钟都有一个参照电路, 它接收系统中其他时钟的报时信号及自己 VCO 的输出信号, 并产生一个参考信号校正 VCO 的输出。设计一个容错同步器的问题简化为获得一个参考信号, 使得在面对给定的最大故障数时允许系统仍能保持同步。

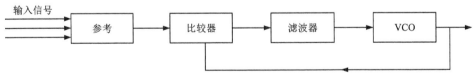

图 6.8　在同步中应用锁相环的结构

较好的办法是让参考信号等于接入信号的中值。但是, 如果有两个或两个以上时钟发生恶意的故障时, 此方法将无法继续维持同步。

考虑有 15 个时钟 $c_1$, $c_2$, $\cdots$, $c_{15}$ 的系统。时钟 $c_1$ 和 $c_2$ 发生恶意的故障, 这意味着集合

$\{c_3, c_4, \cdots, c_{15}\}$ 中任何一个时钟向其他时钟发送报时信号时，时钟 $c_1$ 和 $c_2$ 则可能发送不同的信号给不同的时钟。特别地，设时钟 $c_1$ 和 $c_2$ 对集合 $A=\{c_3, c_4, \cdots, c_8\}$ 表现为系统最快的时钟，而对集合 $B=\{c_9, c_{10}, \cdots, c_{15}\}$ 则表现为系统最慢的时钟。图 6.9 的箭头指出收到的每个时钟的报时信号的顺序，其中显示有两个非重叠的小集合，因为集合 $A$ 中认为时钟 $c_8$ 为中值时钟，而集合 $B$ 中则认为时钟 $c_{10}$ 为中值时钟。只要故障时钟 $c_1$ 和 $c_2$ 继续以此方式工作，则两个时钟集合间将产生不确定的互相偏移。

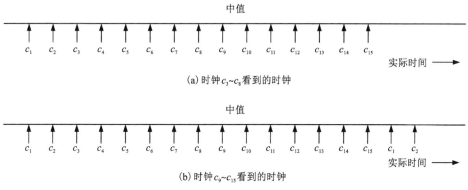

(a) 时钟 $c_3 \sim c_8$ 看到的时钟

(b) 时钟 $c_9 \sim c_{15}$ 看到的时钟

**图 6.9　一个 15 时钟系统中 $c_1$ 和 $c_2$ 发生恶意的故障**

中值信号无法工作的原因是小集合 $A$ 和 $B$ 并非重叠，即集合 $A$ 中所有时钟比集合 $B$ 中任意时钟都要快。现在我们设计一个时钟系统，系统中每个时钟选择一个时钟的报时信号作参考来校正自己。假设系统中时钟数为 $N$，其中系统必须处理的故障时钟数为 $m$。每个时钟看到系统中第 $k$ 次时钟报时后一个时钟看到自己为第 $i$ 快，然后选择第 $f_i(N, m)$ 信号作为参考，以使非故障时钟能保持同步。

首先定义正常时钟的第 $k$ 次报时的有序分区 G1 和 G2。G1 和 G2 所包含的都是正常工作的时钟，其中 G1 中各时钟发布其第 $k$ 次报时信号在 G2 的任意时钟之前。如果每个可能的正常时钟分区 G1 和 G2($\|G1\|$，$\|G2\|>0$)满足下面两个条件，时钟将不发生偏离现象。

C1：如果所有 G1(G2)中的时钟采用的参考信号比任意 G2(G1)中的时钟要快(慢)，则在 G2(G1)中至少有一个时钟的参考信号采用的是 G1(G2)中最慢(最快)的时钟或者是比 G1(G2)中最慢(最快)的时钟稍快(稍慢)的时钟的报时信号。这个条件确保不产生多个非重叠的小集合。

C2：如果一个正常时钟 $x$ 使用故障时钟 $y$ 的报时信号作为参考，则必然存在非故障的时钟 $z_1$ 和 $z_2$，使得 $z_1$ 不比 $y$ 慢，$z_2$ 不比 $y$ 快。$z_1$ 或 $z_2$ 可以是 $x$ 本身。

C1 和 C2 被称作正确条件。如果条件 C1 不满足，每个时钟分区本质上不参考其他时钟；如果条件 C2 不满足，故障时钟可随意增加或降低整个系统的时钟频率。

将第 $k$ 次报时的时钟 $c_i$ 的排列位置设为 $p(i)$，也就是说，时钟 $c_i$ 产生报时信号前可以收到 $p(i)-1$ 个其他时钟的报时信号。

首先考虑如何满足条件 C2。如果 $f_{p(i)}(N, m) \leq m$，而此时钟 $c_i$ 看见的 $m$ 个故障时钟在系统中走得快，则违反条件 C2。同理，如果 $f_{p(i)}(N, m)>N-m$，而此时钟 $c_i$ 看见的 $m$ 个故障时钟在系统中走得慢，则也违反条件 C2。因此，为保证满足 C2，必有

$$m + 1 \leqslant f_i(N, m) \leqslant N - m \qquad (6.10)$$

现在考虑如何满足条件 C1。如果 G1 中所有时钟使用比 G2 中任意时钟都快的参考信号，则对所有 $x \in G1$ 都有 $f_{p(x)}(N, m) \leqslant \|G1\| + m$。不等式右边加上 $m$ 是由于恶意时钟可能出现在 G1 和 G2 序列之间的缘故。$f_{p(x)}(N, m) \leqslant \|G1\| + m$ 是 G1 中所有时钟用比 G2 中任意时钟都快的参考信号的充分非必要条件。同理，如果 G2 中所有时钟用比 G1 中任意时钟都慢的参考信号，则对所有的 $y \in G2$ 都有 $f_{p(y)}(N, m) > \|G1\|$。

为保证对任意分区 G1 和 G2 都能满足正确条件 C1 和 C2，使用下面的函数 $f_i$ 就足够了

$$f_i(N, m) = \begin{cases} 2m + 1, & i < N - m \\ m + 1, & \text{其他} \end{cases} \qquad (6.11)$$

可以用第 $(m+1)$ 个和第 $(N-m)$ 个到达的时钟报时的平均值作为参考信号，这会使参考电路的设计变得相当简单，同时也能保证无法构成多个非重叠小集合，时钟不会正常地走快或走慢。该系统结构如图 6.10 所示。

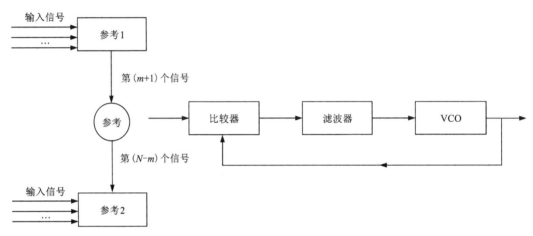

**图 6.10　参考为 $(m+1)$ 到 $(N-m)$ 的信号平均值的系统**

至此，我们假定信号传播时间是可以忽略的。当系统的地理范围不大时这个假设可以说是对的。更具体地说，如果额定时钟频率是 $\varphi$，参考电路可分辨的最小相位差是 $\theta$，则信号传播延迟如小于 $\theta/2\pi\varphi$ 就可以被忽略。

如果信号传播延迟远大于 $\theta/2\pi\varphi$ 就必须设计补偿这类延迟的系统。如果在不同时钟之间的传播时间差异很大，校正失败可导致多个非重叠的小集合形成。幸运的是，如果连接是专门传输时钟脉冲的点到点线路，就可能精确估计出时钟时间的传播延迟。如果这些延迟在设计过程中就可以得到，则参考电路可以纠正它们。

还有一种方法是在运行时估计延时，代价是时钟间互联的线路数要加倍。

硬件同步的一个优点是时钟偏差可以非常小，从实现重新同步的频率来看，偏差一般可以达到纳秒级别。另一个优点是硬件同步不会给系统其他部分造成负担，不像软件同步会消耗宝贵的处理器资源。由于时钟用专线互联，报时信号的通知也不会耗费处理器间网络的带宽。而且硬件同步对于应用软件和操作系统来说是透明的。

硬件同步的主要缺点是硬件的花费。有些应用并不需要非常严格的同步，对这些应用来

说硬件的花费太高了，而软件同步可能会是其优先选取的方案。

## 6.5 软件同步

当不需要由锁相环来提供极端严格的同步时，我们可以在软件中实现同步过程。在基于软件的同步中，有基本的硬件时钟和基于软件的校正过程。时钟的时间就是硬件的时间与校正的时间的和。

每隔一个固定的重同步间隔就校正一次同步。定义新的校正值可以看成每个重同步周期开始一个新时钟的过程。

### 6.5.1 交互收敛平均算法(CA1)

CA1 假定一个用专线连接每个时钟对的全连接结构，时间轴用重同步间隔来划分，每个重同步间隔持续时间为 $R$ 个时钟单元，在重同步间隔结束时时钟更新其校正。特别地，用 $C_p(t)$ 表示在实际时间 $t$ 时物理(硬件)时钟 $c_p$ 的示数，$C_p(T)$ 则表示时钟时间为 $T$ 时的实际时间。用 $C_p^{(i)}$ 表示应用于第 $i$ 次重同步间隔之初的基于软件的修正量，$T^{(i)}$ 表示第 $i$ 次重同步间隔开始的时间。建立校正模型就好像节点在每个重同步间隔开始时启动一个新的逻辑时钟，用 $c_p^{(i)}$ 表示第 $i$ 个重同步间隔启动的逻辑时钟。对于任意 $T \in [T^{(i)}, T^{(i+1)}]$(即第 $i'$ 个重同步间隔内)，有

$$c_p^{(i)}(T) = c_p(T + c_p^{(i)}) \tag{6.12}$$

系统中每个时钟在预定义的重同步间隔到来时发送报时信号给其他时钟。基于从时钟 $c_q$ 发来的报文，时钟 $c_q$ 在校正了估计的报文传输时间后可以得出时钟 $c_p$ 和 $c_q$ 间的估计偏差 $\Delta_{pq}$。

定义读入误差 $\varepsilon$，使其对非故障时钟 $c_p$ 和 $c_q$ 满足下面不等式

$$| c_p^{(i)}(T_0 + \Delta_{qp}) - c_q^{(i)}(T_0) | < \varepsilon \tag{6.13}$$

式中：$T_0 \in [T^{(i+1)} - S, T^{(i+1)}]$，据此，对同步的时钟 $c_p$ 和 $c_q$，$\Delta_{qp} < \delta + \varepsilon$。

在重同步间隔 $i$ 末，每个非故障时钟 $p$ 计算如下递归形式的校正值 $C_p^{(i+1)}$

$$C_p^{(i+1)} = C_p^{(i)} + \frac{1}{N} \sum_{r=1}^{N} \overline{\Delta}_{rp} \tag{6.14}$$

定义 $\Delta_p = \frac{1}{N} \sum_{r=1}^{N} \overline{\Delta}_{rp}$，其中

$$\overline{\Delta}_{rp} = \begin{cases} \Delta_{rp}, & r \neq p, |\Delta_{rp}| < \Delta \\ 0, & \text{其他} \end{cases} \tag{6.15}$$

$\Delta$ 为满足 $\Delta > \delta + \varepsilon$ 的常量。

换而言之，每个时钟计算自己的报时信号和收到的报时信号间的估计偏差的平均值，注意忽略其中偏差值超过 $\Delta$ 的，并对剩余偏差取平均值，根据此值校正时钟。图 6.11 说明了这一过程，$S$ 是要求定时信息的时间和加上计算校正值的时间段的时间段。

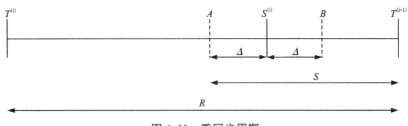

图 6.11　重同步周期

## 6.5.2　交互收敛平均算法(CA2)

CA2 不同于 CA1 的地方是忽略时钟信号的方式。CA1 中,一个时钟忽略同自己偏差超过指定大小 $\Delta$ 的时间报文,而在 CA2 中,时钟忽略前 $m$ 个和后 $m$ 个报文。不过两种算法都取不被忽略的时钟信号的平均值作为参考值。我们再一次假定考虑的是全连接网络(即每个时钟对间有专线连接)。

CA2 更具体的情况如下,每次时钟在重同步间隔倍数 $R$ 时读取求数,并传送其报时报文给系统中其他时钟(包括自己)。报文传输延时范围在 $\mu_{min}$ 到 $\mu_{max}$ 之间,定义平均延时 $\mu_{av} = (\mu_{min}+\mu_{max})/2$。假设 $N$ 表示系统中时钟总数,而 $m$ 表示系统设计应承受的恶意故障时钟数的最大值。

时钟 $c_i$ 在实际时间 $t(i, j)$ 收到 $c_j$ 的报时报文,随后它计算数 $a(i, j) = t(i, j) - t(i, j) - \mu_{av}$。时钟 $c_i$ 将所有计算数 $a(i, j)$ 按升序排列,用 $A(i, k)$ 表示排序列表中第 $k$ 个元素。随后,时钟 $c_i$ 用下面的值校正自己。

$$K_i = \frac{1}{N - 2m} \sum_{i = m+1}^{N-m} A(i, k) \qquad (6.16)$$

像 CA1 一样,我们可以将每个物理时钟理解为每个重同步点启动一个新的逻辑时钟。这一校正发生在收到所有 $N-m$ 个信号的瞬间,此时可计算得到 $K_i$。当然如先前所说的,实际上我们并不瞬间应用修正值来校正时钟,而是将其平摊在下一重同步间隔校正。

只要 $N \geq 3m + 1 + m\rho$,这个算法就能工作,并且能保持时钟偏差不超过

$$\frac{N - 2m}{N - 3m - m\rho} \{ (1 + \rho)(\mu_{max} - \mu_{min}) + 2\rho(1 + \rho)R \}$$

以上算法可以用来把发生短暂性的故障后又恢复正常的时钟重新合并到要同步的时钟集中。该时钟不发送报时报文,但可以观察网络的报时信号。在一个重同步周期内,它抛弃最先到达的 $m$ 个报时信号和最后到达的 $m$ 个报时信号(用估计的传输延迟校正过的),计算剩余报时信号的中值,并根据此值计算得到最后的时钟校正值。

## 6.5.3　收敛非平均算法(CNA)

无论系统中有多少个故障时钟,CNA 总能保证非故障时钟的同步。为了做到这一点,该算法给报文编码证明其是真的。就是说,一个时钟向外发送数据编码后的报时信号,任何其他时钟(甚至发生恶意故障的时钟)都不能改变其值。同时该算法不要求两个通信时钟间有直连链路,单跳路径(直连链路)或多跳路径(即需要通过其他时钟中转)都可以。也就是说,

如果我们定义一个点为时钟、边为时钟间连接的图，则对 CAN 来说图是连通的就足够了。发送方时钟为报时报文标上记号或标识，以便接收方知道所收到报文的来源。我们对该记号进行编码，使其无法被其他时钟改变。当没有报文或记号被改变时，报文可以说是可靠的，这里假定该编码允许时钟检测到其中的任意改动。

同收敛平均算法一样，重同步发生在固定间隔内，每个节点在每次重同步时启动一个新的逻辑时钟。如果 $t$ 是在第 $i$ 次和第 $i+1$ 次重同步间(即在第 $i$ 次重同步间隔内)的某实际时间，则时钟 $c_k$ 的时钟时间为 $C_k^{(i)}(t)$。

该算法包括每个时钟基于从其他时钟收到的报时信号适当地进行自我调整的方法。非正式描述如下：每个间隔 $R$(由时钟时间测得)至少要进行一次重同步，除非该动作被(后面提到的过程)取代，否则每个非故障时钟 $c_k$ 将等到其值等于某个预先指定的等候点 $W$，此时时钟向所有邻近处理器发送编码后的标识报文"时间是 $W$"。然后定义新的重同步点边界为 $W+R$，其中 $W$ 是每个时钟的本地变量。

当然，时钟 $c_k$ 也可以从其他时钟收到到达时间同 $c_k$ 的等候点 $W$ 足够接近的"时间是 $W$"，取代上面的动作。"足够接近"依赖于此报文传输路径上的跳数，如果通过时钟 $s$ 的报文在时钟 $c_k$ 的等候点 $sD$ 范围内到达，则可称其为"足够接近"，其中 $D$ 为预先指定的常量。如果报文是可靠的(即在传输过程中没有发生改变)，则时钟 $c_k$ 将自己调整到 $W$，令 $W$ 增加 $R$，然后将自己的标识加入报文，转发给所有邻近时钟。

图 6.12 显示了此算法的工作流程。此例中的系统包括配置在一个环上的 4 个时钟，设开始时所有时钟在它们的第 $i$ 个重同步间隔内。就是说，每个时钟有 $W=(i+1)R$。定义 $wk$，使得对 $k=1$, 2, 3, 4 都有 $C_k^{(i)}(w_k)=(i+1)R$。

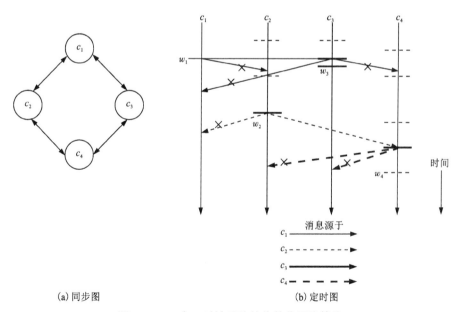

(a) 同步图　　　　　　　　　　(b) 定时图

**图 6.12　一个 4 时钟系统的收敛非平均算法**

$c_1$ 在 $w_1$ 时刻向外发送报时信号，而 $c_2$ 在 $w_2-D$ 时刻前收到该信号，因此忽略此信号。但由于 $w_3$ 的位置，$c_3$ 将处理 $c_1$ 发来的报文，并在接收的瞬间将自己的时钟值调整为 $W$，然

后重设 $W=W+R$ 并转发从 $c_1$ 发来的(并加入 $c_3$ 自己的标志)报文到 $c_4$。由于此报文在 $w_4-2D$ 前到达 $c_4$，因此将被 $c_4$ 忽略。在实际时间 $w_2$，$c_2$ 向 $c_1$ 和 $c_4$ 发送报时信号，但 $c_1$ 已经完成本次重同步，因此 $c_1$ 将忽略该信号。另外，该报文准时到达 $c_4$，并引起 $c_4$ 在实际时间 $w_4$ 调整其时钟示数为 $R$。然后 $c_4$ 重设其等候点 $W=W+R$ 并将此报文再转发给 $c_2$ 和 $c_3$。此报文最终被 $c_2$ 和 $c_3$ 分别忽略掉(因为这两个时钟已经完成本次重同步的时钟调整)。

该算法的主要缺点是互联网络可能在一个相对较短的时间内出现同步相关传输的尖峰，这样会导致报文传输时间变长。

## 6.6 本章小结

在实时系统中，时钟同步是保证各个处理器的时钟保持一致的方法。时钟不一致性可能导致任务执行出错或者无法在截止时间之前完成。本章讨论了硬件和软件两种同步算法。硬件同步是通过特殊硬件保证各个处理器的时钟同步，可以实现高精度的时间同步，但是成本较高且对硬件要求较高。软件同步是通过软件来实现时钟同步，可以在一定的精度内实现时钟同步。

### 习 题

1. 考虑主从排列的同步过程，如果环程延迟 $r$ 是服从参数为 $\mu$ 的指数分布的随机变量并且估计误差上界为 $\varepsilon$，试推导主从时钟间最坏情况下时钟偏差的概率密度函数。假定任意报文的环程时间是独立的，且 $\mu_{\min}=0$。

2. 试说明如果一个锁相环时钟系统中，正常工作的时钟的最大漂移速率为 $\rho$，则 $\rho_{\text{sys}} \leqslant \rho$。

3. 试使用收敛非平均算法寻找 $\rho_{\text{sys}}$。[提示：每次重同步时钟调整不超过 $(f_c+1)D$]。

4. 当某节点收到到达时间非常接近的报时信号而无法判断其原本传送的顺序时，锁相时钟算法将如何处理？假定报文传输时间为零。

5. CAN 中，假定报文延迟在 $[0, \mu_{\max}(f_p, f_t)]$ 范围内。如果用报文传输中每跳延迟精确等于 $t_m$ 这个新的假设代替上面的假设，则应如何修改算法以利用此信息呢？修改后的算法偏差是多少？

6. CAN 中，假定报文延迟在 $[\mu_{\min}(f_p, f_t), \mu_{\max}(f_p, f_t)]$ 范围内。如果用报文传输中每跳延迟精确等于 $t_m$ 这个新的假设代替上面的假设，则应如何修改算法以利用此信息呢？修改后的算法偏差是多少？

7. 假设在 $N$ 个全连接的时钟上使用锁相时钟算法，其中有 $m$ 个恶意故障的时钟，且 $N=3m-2$。当给定某 $\delta_0>0$，则对每个时钟对 $c_i$ 和 $c_j$，存在 $T$，对所有 $t>T$，满足 $|C_i(T) - C_j(T)| > \delta_0$。就是说，不仅所有时钟未被同步，而且故障时钟强制每个正常时钟对偏离超过 $\delta_0$。试分析故障时钟的动作。

8. 在收敛非平均算法中，是否存在用 $\rho$ 的函数表示的系统可负担的故障时钟 $f_c$ 数量的上限？

# 第7章　实时数据库

数据库是在多任务中，对共享的大量数据进行管理的结构化的和有效的方法。在很多情况下，对于数据库来说各个任务之间的相互作用，就是一系列的读写操作。

实时数据库应用于许多重要的场合，其中最明显的是机票预订、银行系统和股票市场系统。对机票预订和银行系统，要求系统的响应时间足够低以满足客户的需求。在股票市场系统中，则要求其适应迅速变化的市场，系统缓慢的命令执行速度可能造成巨大的经济损失。然而，两者都是软实时系统，其响应时间并没有一个精确的限定范围，一旦超出此范围，将发生不可避免的重大灾难。

现在也有许多硬实时数据库的应用。例如，一个防空预警系统需要将从雷达获得的图像与数据库中的某个典型图像相比较，以决定是否发出警报并派出飞机拦截。

## ▶ 7.1　事务 ACID 性质

事务(transaction)是一个读取和写入操作序列。如果 $\tau$ 是一个事务的集合，$\tau$ 的历史记录(history)是 $\tau$ 中所有事务间交叉的读写操作。事务 $T$ 读取或者写入数据 $x$ 操作分别用 $R_T(x)$ 和 $W_T(x)$ 表示。一个事务如果只包含读操作被称为查询(query)，否则被称为更新(update)。

事务可能会出于各种原因而被终止，例如，死锁或者浮点溢出。因此，事务执行的所有更新操作最初必须认为是一次尝试。如果事务后来必须终止，这些更新操作将被撤销。只有当事务通过了提交点(也就是能够确定该事务将被成功完成时)，更新操作才永久确定下来。提交是一个不可以撤回的点，一旦事务已经提交，就可以确定它的更新将永不可撤销。

事务都具有 ACID 性质：原子性(atomicity)、一致性(consistency)、隔离性(isolation)和持久性(durability)。

（1）原子性：事务的所有操作在数据库中要么全部做，要么全部不做。提交协议用来保证这个性质。

（2）一致性：事务执行的结果必须是使数据库从一个一致性状态变到另一个一致性状态。

（3）隔离性：并发执行的事务之间不能相互干扰。任一事务对 $T_i$ 和 $T_j$，在 $T_i$ 看来，$T_j$ 或者在 $T_i$ 开始之前已经停止执行，或者在 $T_i$ 完成之后开始执行。每个事务都感觉不到系统中有其他事务在并发地执行。并发控制协议保证这个性质。

(4)持久性：一旦事务成功提交，它对数据库的影响是永久的。日志是保持持久性的一种最常用的技术。

数据库系统必须维护事务的 ACID 性质，以保证数据的完整性。

在系统中任一时刻如果只有一个事务是活跃的，则称给定的一段历史记录 $S$ 是串行的。例如，假设 $S$ 包含有事务 $T_1$、$T_2$、$T_3$，并且按以下顺序执行：$T_1$ 从时刻 0 开始在时刻 5 完成，$T_2$ 从时刻 10 开始在时刻 29 完成，$T_3$ 从时刻 40 开始在时刻 55 完成。

如果操作的最终效果就好像类事务按照某种串行顺序执行一样，那么对应的历史记录 $S$ 就被称为是终态可串行化（final state serializability）或者说是终态一致串行的（final state serialization consistency）。实际的串行顺序并未被指定，只需存在满足这一要求的某种串行顺序即可。

例如历史记录 $H$：$R_1(x)W_1(x)R_2(x)W_2(x)R_1(y)R_2(y)$ 是有限连续的，其最终结果就好像先执行完事务 $T_1$，再开始事务 $T_2$。相对而言，历史记录 $H$：$R_1(x)R_2(x)W_1(x)W_2(x)$ 不是串行的。如果先执行事务 $T_1$，然后执行事务 $T_2$，则事务 $T_2$ 将读取事务 $T_1$ 写入的 $x$ 值；反之，如果颠倒两者执行的顺序，事务 $T_1$ 将读取事务 $T_2$ 更新的 $x$ 值。

如果两个操作都和同一个数据项相关，且其中至少有一个是写操作，则称这两个操作相互冲突（conflict）。如果在历史记录 $S$ 中两个操作 $\theta_1$ 和 $\theta_2$ 互相冲突，并且 $\theta_1$ 比 $\theta_2$ 先执行，记作 $\theta_1 < \theta_2$。

## ▶ 7.2 实时数据库系统特性

实时数据库必须处理许多与通用数据库相同的问题，此外还要处理与时间相关的问题，这是任何实时系统的核心问题。实时数据库都会涉及两个方面。第一，对数据库的查询都有截止时间要求。根据应用的需要，此截止时间可能是硬截止时间，也可能是软截止时间。在某些情况下，当超过截止时间后，会响应返回某个值，而另一些情况下则不会。第二，响应查询返回的数据必须同时具备绝对一致性和相对一致性。

### 7.2.1 绝对一致性与相对一致性

绝对一致性（absolute consistency）就是准确性质，也就是说，关于操作环境的数据必须与实际环境一致。例如，如果查询数据库中当前时刻化学反应堆容器中的温度或压力，就要求查询得到的数据同当前的温度或者压力相接近。相对一致性（relative consistency）是指处理较多数据时，各数据的采集时间要求尽可能合理地接近。

**例 7.1**　如果想得到一个锅炉中温度和压力关系的合成图，那么温度和压力的测量应当在各自很短的时间内进行。假设温度和压力同测量时间的函数关系如表 7.1 所示。

表 7.1　压强与沸点

| 时刻 | 温度/℃ | 压强/Pa |
| --- | --- | --- |
| 100 | 100 | 360 |
| 200 | 300 | 720 |
| 300 | 700 | 100 |

如果数据库的查询结果是温度为 100℃（在时刻 100 时测量结果），压力为 100 Pa（在时刻 300 时测量结果），那么这个温度–压力合成图是不一致的。

给每个数据关联一个一致区间，在该区间内认为此数据是绝对一致性的。给每个数据对 $(x, y)$ 关联一个兼容的或者相对的持续 $t_c(x, y)$ 时间的一致性区间 $c(x, y)$。用 $t_x$，$t_y$ 分别表示数据对 $(x, y)$ 中 $x$、$y$ 的时间戳。定义 $v_x$ 和 $v_y$，使得 $x$ 在区间 $[t_x, t_x+v_x]$ 上是绝对一致的，$y$ 在区间 $[t_y, t_y+v_y]$ 上也是绝对一致性的。如果 $|t_x-t_y| \leqslant t_c(x, y)$，且 $x$ 和 $y$ 在时刻 $t$ 都是绝对一致性（即 $t-t_x \leqslant v_x$ 且 $t-t_y \leqslant v_y$）的，则数据对 $(x, y)$ 在时刻 $t$ 才是一致的。$v_x$、$v_y$ 和 $c(x, y)$ 可以随时间变化而改变。

例 7.2　考虑图 7.1，$x$ 和 $y$ 的时间戳分别为 0 和 1.75，且假设 $t_c(x, y) = 1.5$。在图 7.1(a) 中，$x$ 和 $y$ 分别在区间 $A_x = [0.00, 2.00]$ 和 $A_y = [1.75, 2.75]$ 上是绝对一致性的。尽管在区间 $A_x \cap A_y = [1.75, 2.00]$ 上都是绝对一致性的，但数据对 $(x, y)$ 不是相对一致性的，因为 $x$ 和 $y$ 的时间戳之差超过 $t_c(x, y)$。在图 7.1(b) 中，$x$ 和 $y$ 在区间 $A_x = [0.00, 2.00]$ 和 $A_y = [1.00, 2.00]$ 上都是绝对一致性的，而且数据对 $(x, y)$ 在区间 $R_{x, y} = [1.00, 1.50]$ 上是相对一致性的。

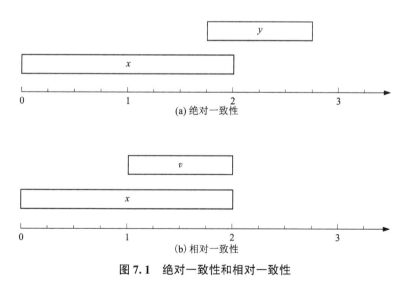

图 7.1　绝对一致性和相对一致性

相对一致性的定义与数据集合有关，而绝对一致性的定义只和一个单独的数据有关。

与数据对 $(x, y)$ 相关联的时间戳常取 $x$ 和 $y$ 两个时间戳较早的那个。但是这个规则可能因为环境而改变。例如，假设 $x$ 是一个小行星的质量，$y$ 是它的位置。因为行星的质量是不变的（除非它在宇宙中遭到撞击），所以应该用 $y$ 的时间戳作为数据对 $(x, y)$ 的时间戳，而不

用 $x$ 的时间戳。

绝对一致性和相对一致性都是针对数据应用而言的函数。例如，在例 7.1 中，如果我们要决定是否打开一个安全阀，就必须依据最新采集到的信息，所以压力数据的绝对一致性区间就会相当小。另外，如果我们查询数据库只是想得到关于压力的一组历史数据进行分析，那么其一致区间就没有限制。

数据还可能派生一些数据变量。例如，设 $w=f(u,v)$ 是数据变量 $u$、$v$ 的函数，$z=g(x,y)$ 是数据变量 $x$、$y$ 的函数。与 $w$、$z$ 相关的时间戳及它们的绝对和相对一致性区间，必然由 $u$、$v$、$x$、$y$ 的绝对和相对一致性区间和函数 $f$、$g$ 共同确定。

在硬截止时间的情况下，与受控过程相关的实时数据库的绝对和相对一致性区间，同受控过程的状态有关。例如，飞机起飞和着陆时的飞行高度数据的绝对一致性区间要比其在巡航时小。

数据变量的一致性区间决定了数据测量的频率。用于计算的数据变量必须是绝对一致性的，并且需要同可能使用的相关的其他数据保持相对一致性。

### 7.2.2 响应时间可预测的需要

实时系统的任务都有截止时间要求，因此预测事务的响应时间就显得非常重要。而实际上存在许多因素造成预测事务的响应时间很困难。

(1)满足 ACID 性质的要求会造成很难预测的巨大负载开销。事务在最终完成前可能被终止一次或多次。事务终止可能是为了避免死锁，也可能是为了保证串行一致性。事务终止的直接结果不仅是被延迟影响的事务，而且对其他事务也可能造成负面影响，处理器浪费在其中的时间本可以更加有效地应用在其他事务上。

(2)数据库常常很大，以至于无法将其完全放入主内存中，因此必须依靠磁盘系统。如果所需记录不在主内存中就会产生页面缺失。页面缺失造成的开销可以变化很大。

(3)事务访问(读/写)可能是数据依赖。例如，假定有一个事务需要从银行结余中扣除一笔资金，那么其所包含的实际存取操作将同结余额是否足够有关。

(4)事务因为等待访问当前正被另一事务锁定的数据而需要容忍延迟。

如果数据库应用在硬实时系统中，必须做最坏的假设，以保证能连续满足截止时间。但如果响应时间变化很大，这种最坏情况的假设就会要求处理系统异常要超标准设计。

### 7.2.3 放松事务 ACID 性质

实时应用程序比通常的应用特殊得多。因此，可以根据应用来决定数据库应提供什么样的服务。许多情况下，去掉不必要的功能可以显著减少开销。在某些应用中，并不需要确保所有的 ACID 性质都得到满足。例如，在机床控制系统内嵌的数据库中，当前工具的位置并不被认为是持久的数据，数据过时后就被丢弃。在这样的应用中，如果测量频繁进行，则不需要数据持久性。

在某些情况下，还可以牺牲串行一致性。串行一致性是一个很强的约束，维持该性质可能会阻碍某些事务的并发执行。此外，在某些应用中，违反串行一致性也是允许的。

如果想要放宽串行一致性，就必须提供一些恢复的方法，以应对个别交叉被终止的情况。

## 7.3　内存数据库

由于磁盘的访问非常缓慢，一种提高数据库操作响应时间的方法是将整个数据库放入内存中，而磁盘仅用于备份和存储日志。

这样的方法在通用数据库中使用并不广泛，原因之一是大多数数据库太大了。因此，如果实时数据库足够小，这个方法就可在实际中使用了。随着技术的进步，内存的存储器容量越来越大，价格越来越低，因此在实际应用中采用内存数据库将变得越来越普遍。

当使用内存数据库时，很多与磁盘存储相关的问题变得不那么紧迫了。例如，如何确定磁盘访问的优先权和调度，以及如何在磁盘上存放数据使得访问时间最小化的问题。当磁盘访问取消了，事务响应时间有望得到明显改善。响应时间越短，锁定竞争的概率也就越低（因为事务在系统中只存在很短的一段时间）。因此，将有可能增加锁定粒度。锁定粒度（lock granule）是单个锁范围内数据库对象。每个锁都有一个数据元素作用域，设置这个锁意味着锁住其作用域中的所有元素，这些元素称为粒度（granule）。如果锁定粒度很小，就需要维持更多的锁，这将增加系统开销。但是，如果锁定粒度很大，多个活跃事务需要访问相同的粒度的可能性会增大，就会发生锁定竞争。如果事务完成花费更少的时间，则锁定竞争有望减少。总之，如果能够减少事务的持续时间，在不影响系统支持的并发的情况下增加粒度大小。

当事务提交时稳定的主内存可以用来写入日志。很明显，整个日志因太大不能放在内存中。所以可以先把初始的日志写入稳定的内存中（相当于缓冲区），然后使用专门的处理程序将其复制到磁盘上。每提交一个事务，其日志被写入到磁盘。也可以直到缓冲区中积累了一定的数量，再将整个批复制到磁盘。这避免了事务在其提交操作中等待磁盘访问。

内存数据库与基于磁盘的系统的组织方式不同。在内存中的后继指针比在磁盘上的开销要小得多。基于这个原因，如果某个数据项在数据库中出现多次（例如关系数据库中的几元组成员之一）是可以节省内存的，可以简单地存储该数据项的一个副本，而产生多个指向它的指针。使用指针也使得执行关系操作（例如并操作）更简单。

内存数据库的索引方案也不同于基于磁盘的系统。在基于磁盘的系统中传统的索引方案是 B 树和 B⁺树。因为该索引在磁盘上以块的形式存储，所以它必须是很浅的，通常最多三层。与此相反，由于在主内存中对更深的树进行遍历要比在磁盘中遍历代价小得多，在内存数据库中可以使用更多层的树结构。在这样的系统中，可以使用 B 树的一个变种 T 树。T 树是一棵二叉树，每个节点有多个元素，T 树的结构如图 7.2 所示。

然而，内存数据库具有难以持久维持的缺点，频繁使用磁盘或磁带进行备份是必要的。内存数据库与基于磁盘的数据库相比，备份操作开销较大（相对于事务处理时间）。因此不得不更频繁地进行备份操作。磁盘是被动的数据存储设备，除非出于某些原因（例如，由于磁头撞击磁盘表面）在物理上遭到破坏，否则它将一直保存数据。系统崩溃通常不会影响磁盘系统的完整性。但是，对于内存数据库就不是这样了，它经常在系统崩溃后恢复内存。

磁盘系统也比内存具有更优美的可降级性。当单个磁盘单元发生错误时，在其他单元上的数据并不受到影响。如果内存发生错误，就必须关闭电源，然后恢复整个内存。

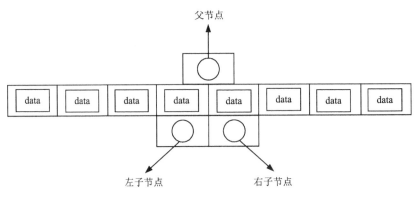

图 7.2　T-树的结构

一旦发生错误，必须使用检查点数据，以及收集设置检查点后发生的所有操作的日志来恢复数据库。一个提高恢复速度的方法是首先加载挂起事务所需的数据模块。在任何情况下，磁盘到内存的带宽应使用可并行访问的磁盘阵列达到最大化。可以让每个数据字（包括错误控制位）分散到多个磁盘上，这种分散使得每个磁盘的负载情况近似平衡。

## ▶ 7.4　事务优先级

根据事务的优先级，赋予事务在处理器运行的权利。这些优先级是设计用来优化系统的某个性能的。最显而易见的性能指标是事务不能超过其截止时间。通过赋予事务的优先级来体现事务的价值。

一种调度方法是使用 EDF 算法。根据应用不同，必须丢弃已经错过截止时间的事务，或者继续处理所有的事务（不管其是否错过截止时间）。在后一种情况下，可以把事务分成两类，一类是已经错过了截止时间的事务，一类是没有错过截止时间的事务。没有错过截止时间的事务可以使用 EDF 算法进行调度，而错过了截止时间的事务可在后台运行。

EDF 算法在工作负载不是很大的情况下性能非常好。在工作负载很大的情况下，可以引入一些拥塞控制技术来提高性能。拥塞控制通常在负载超过一定水平时，通过拒绝的形式接受附加的事务（或者其他类似操作）。如果没有使用拥塞控制，在重负载系统中几乎所有的事务都不得不承受很长的响应时延。而使用拥塞控制，至少某些事务具有可接受的响应时间。

自适应最早截止时间（adaptive earliest deadline，AED）算法融合了拥塞控制和 EDF 算法。AED 算法的工作流程如下：当一个事务到达，系统随机将其插入待定事务列表中。如果该事务在列表中分配到的位置是第 1，2…，$H$（其中 $H$ 是一个参数），那么它就被分配到一个称为 HIT 的组，而其余的被分配到一个称为 MISS 的组。满足所有的 HIT 组中所有事务的截止时间要求，并且在系统有剩余空闲时间时，执行 MISS 组中的事务。HIT 组的事务根据 EDF 算法给赋予优先级，而 MISS 组中的事务在 HIT 组中没有待定事务的前提下，才可按照它们在列表中的位置顺序执行。当然，可以这样做的前提是事务间相互独立，且与执行事务的先后顺序无关。

当事务完成后，需将其从列表中删除。一旦事务被分配到某个组，此后就不会变更了。

换句话说，分配到 HIT 组的事务不会因为出现某些新事务被随机地插入其在待定列表中位置的前面而被推到 MISS 组中去。同样，由于事务结束，使得原来被分配到 MISS 组中的事务移到待定列表中前 H 项的位置，但并不意味着它将被重新分配到 HIT 组中。

H 是系统的控制参数。如果 $H=\infty$，该方案就退化为 EDF 算法；如果 $H=0$，这就是一个随机执行方案。可根据下列算法自适应地选取 H 值。下面是系统维护数据需要保持的参数：

$$Success(\text{HIT}) = \frac{\text{HIT 组中满足截止时间事务数}}{\text{HIT 组中事务数}} \tag{7.1}$$

$$Success(\text{ALL}) = \frac{\text{满足截止时间事务数}}{\text{事务总数}} \tag{7.2}$$

这些量被反复地测算。根据每次的测算结果，只要 $Success(\text{ALL})$ 大于 0.95，系统就持续以 5% 增加 H 值，直到 $Success(\text{ALL})$ 小于 0.95。当 $Success(\text{ALL})$ 小于 0.95 时，H 被修正。假设 N 是当前系统中事务的总数，计算 H 的步骤如下：

（1）$H=Success(\text{HIT}) \times H \times 1.05$。

（2）如果 $Success(\text{ALL})<0.95$，则 $H=\min\{H, Success(\text{ALL}) \times N \times 1.25\}$。

这个算法可以确保当负载足够低时，几乎所有的事务都可以放入 HIT 组。当负载增加到 $Success(\text{ALL})$ 小于 0.95 的点时（即超过 5% 的事务错过了截止时间），H 值就会下降。因子 1.25 是凭直觉选择的，且实验结果表明，该算法比直接的 EDF 算法有更好的性能。

AED 算法隐含假设所有事务对系统来说具有相同的价值。如果一些事务比其他事务具有更高的价值，那么在调度事务处理的先后次序时就必须考虑确保对价值高的事务赋予更高的优先级。可以通过将事务分成若干优先级对 AED 算法进行改进，而优先级则根据事务价值动态定义。如果 x 是优先等级 C 中所有事务价值的平均值，那么优先级 C 中事务的优先级处于 $[x/SF, x \times SF]$，其中 SF 是由用户定义的分布因子。这样，随着事务的到达与离开，每个优先级包含的优先级值的范围将不断变化。如果某个优先级中没有事务，则该优先级将被删除。

当一个事务抵达后，查看其是否在某个现有的优先级范围内。如果是，就把它分配到那个优先级中，并重新计算那个优先级的上下界。如果不是，就创建一个新的优先级。

每个优先级中的事务被分配到各自的 HIT 组和 MISS 组。也就是说，一旦事务被赋予一个等级，就把它随机插入待定事务列表中，并决定其是被划分到该优先级的 HIT 组还是 MISS 组。为每个优先级计算控制参数 $H_i$。优先级方案如下：

（1）在高优先级中的事务（无论是分配到该优先级的 HIT 组还是 MISS 组）都比低优先级中的事务优先。

（2）如果事务的 A、B 属同一优先级的 HIT 组，则截止时间早的事务优先处理。

（3）如果事务 A 属于 HIT 组，而事务 B 属于同一优先级的 MISS 组，则事务 A 比事务 B 优先处理。

（4）如果事务 A 和事务 B 属于同一优先级的 MISS 组，

①如果事务 A 价值大于比事务 B 的价值，则事务 A 优先。

②如果两事务价值相同，则优先级取决于它们在待定事务列表中的相对位置。

这些算法有一个共同缺点是对长事务不利。短事务比长事务获得更高优先级。无论 FED 还是 AED 算法，长事务的错过截止时间率都要比短事务高。

AED 算法的一个扩展自适应最早虚拟期限（adaptive earliest virtual deadline，AEVD）算法

试图更正这种偏向。AEVD 算法和 AED 算法唯一的不同在于对位于 HIT 组中的事务赋予优先级的方式。在 AED 算法中，执行顺序是事务截止时间的逆序。而在 AEVD 算法中，用虚拟截止时间代替绝对截止时间，然后按虚拟截止时间的逆序赋予事务执行的优先级。

假设事务 $T$ 的运行时间为 $C_T$，系统中所有事务的最大运行时间和最小运行时间分别为 $C_{max}$ 和 $C_{min}$，定义一个与事务 $T$ 相关的速度因子

$$PF_T = \alpha + (1 - \alpha) \times \left( \frac{C_{max} - C_T}{C_{max} - C_{min}} \right)^2 \tag{7.3}$$

其中 $\alpha$ 是满足 $0 \leqslant \alpha \leqslant 1$ 的控制参数。如果 $d_T$ 是事务 $T$ 的绝对截止时间，则它在时刻 $t$ 的虚拟截止时间为

$$V_T(t) = (d_T - t) \times PF_T + t \tag{7.4}$$

$\alpha$ 的值决定了改善长事务优先处理的程度。增加事务的速度因子，就会增加该事务的虚拟截止时间，这样就降低了其优先级。最长的事务，其执行时间为 $C_{max}$，其速度因子是 $\alpha$。最短的事务，其执行时间为 $C_{min}$，其速度因子是 1。

系统能够自适应地设置 $\alpha$ 的值。事务的错过率是其执行时间的函数，系统通过测量事务的错过率，然后利用线性回归(最小均方差)把这些数据拟合在一条直线上。如果这条线的斜率为正，那么较长事务比较短事务具有更高的错过率，这种情况下应减小 $\alpha$(除非 $\alpha$ 已经为 0)。如果斜率为负，就必须增大 $\alpha$。如果斜率是 0，这是理想的情况，从执行时间的角度看，对长事务和短事务都是公平的。

系统通过某个时间窗口获得 $C_{min}$、$C_{max}$ 的值，如果没有 $C_T$ 的值的任何信息，可以假设执行时间和截止时间呈线性关系，且假设 $C_T$ 同事务的绝对截止时间和到达时间的差值成正比。

## 7.5 并发控制协议

并发控制是允许事务并行执行，同时确保其在数据库上的执行就好像事务以某种串行顺序执行。

有两种基本并发控制的协议，即悲观并发控制(pessimistic concurrency control)协议和乐观并发控制(optimistic concurrency control)协议。在悲观并发控制协议中，在允许事务执行前，首先要确保事务不会违反序串行一致性。在乐观并发控制协议中，先执行事务操作，然后再检查事务的执行是否违反了串行一致性。

### 7.5.1 悲观并发控制协议

在集中式数据库中，最常用的悲观并发控制协议是两段锁(two-phase locking, 2PL)协议。该协议要求事务在两个不同的阶段锁定和解锁。在锁定阶段，它获得所需要的读写锁。在解锁阶段，则释放这些锁。解锁阶段必须紧跟着(而不是重叠)锁定阶段。因此，事务在释放任何锁之前，必须先获得它所需要的所有锁。这个过程可能造成潜在死锁。例如，假设两个事务 $A$ 和 $B$ 都需要独占式锁住数据项 $X$ 和 $Y$。如果执行过程为事务 $A$ 获得了 $X$ 的锁，事务 $B$ 获得了 $Y$ 的锁，那么因为事务 $A$ 无法得到 $Y$ 的锁而不能完成。同样，事务 $B$ 也将等待事务 $A$ 释放 $X$ 的锁，但事务 $B$ 永远无法得到 $X$ 的锁，因为事务 $A$ 在等待 $Y$ 的锁被释放，而这只能

发生后在事务 $B$ 得到 $X$ 的锁之后。这一难点可以通过运行死锁检测算法得以解决，死锁检测算法可以先终止其中一个事务而让另一个事务顺利完成。当终止一个事务时，就丢弃该终止事务此前的所有计算。因为当两个事务发生死锁时，最好是保持比较旧的事务，终止比较新的事务。这可以通过为事务打上时间戳来实现。

从实时系统的角度来看，未经修改的 2PL 协议存在优先级倒置的缺点（即迫使高优先级事务等待低优先级事务完成）。由于数据冲突，较高优先级事务 $H$ 等待较低优先级事务 $L$ 先执行会造成两种结果：其一，明显地，事务 $H$ 被事务 $L$ 阻塞；其二，如果存在一个较高优先级事务 $M$，其优先级高于事务 $L$，但低于事务 $H$，且事务 $M$ 与事务 $L$ 没有任何数据冲突，事务 $M$ 可以抢占事务 $L$ 而执行，从而使事务 $H$ 的执行进一步延迟。

为避免这个问题，可以让事务 $L$ 继承事务 $H$ 的优先级，但这种对一般实时应用有效的方法，对实时数据库效果并不好。问题在于，实时数据库的任务相对于其他的实时任务来说需要更多的时间来完成。因此，让高优先级事务等待低优先级事务完成执行是不切实际的。

这个问题的简单解决办法是终止低优先级事务。但这显然很浪费，因为先前所做的所有工作都将被舍弃。一个更复杂的方法是比较终止低优先级事务的结果和让高优先级的事务等待结果。如果知道低优先级事务还要多久完成，可以使用基于阈值的算法。如果低优先级事务足够接近完成（足够与否由阈值决定），就让它继承高优先级事务的优先级，并且让高优先级事务等待，直到它完成。反之，就终止低优先级事务，并且马上开始执行高优先级事务。这样，阈值将限制高优先级事务被阻塞的时间。

### 7.5.2　乐观并发控制协议

在乐观并发控制协议中，每个事务的执行由三个阶段构成，依次是读阶段、有效性验证阶段和写（如果需要）阶段。在读阶段，事务读取需要的数据，并仅写入其私有的地址空间。在有效性验证阶段，系统检查是否有任何的写入操作满足串行一致性。对时间戳位于事务 $T$ 的时间戳之前事务 $A$，如果下列条件成立，就不会由于事务 $T$ 而违反串行一致性。

- 在事务 $T$ 开始读阶段之前，事务 $A$ 已经完成了写阶段。
- 事务 $A$ 的读集与事务 $T$ 的写集不相交，并且在事务 $T$ 开始写阶段前，事务 $A$ 已经完成了写阶段。
- 事务 $A$ 的写集与事务 $T$ 的读集和写集都不相交。

如果这些条件得无法满足，事务 $T$ 必须终止。因为事务在有效性验证前写操作限制在自己的私有空间中，因此，这样的终止过程不需要对数据库本身进行清除，几乎不需要恢复开销。当然，终止一个事务将丢弃先前对此事务所做的所有工作。

在事务执行的过程中，乐观地期望满足所有的串行一致性条件。而只有在事务执行完毕后，才能验证是否确实如此。显然，这种协议只有在乐观被证明是正确的时候才能顺利工作。

很明显，事务越长，在到达提交点之前被终止的可能性就越大。因此，系统对长事务严重不利，并且随着系统负载增大，长事务更加不利。

基于乐观并发控制协议的一个变种是广播提交算法。当事务提交时，它会告诉所有与其冲突的事务，使得它们终止（随后有可能重新启动）。另一个对乐观并发控制协议的改进是引入了优先级。当事务 $T$ 即将提交时，任何与它冲突的低优先级事务都被终止。同时，系统也将检查当前系统中是否存在与事务 $T$ 冲突的高优先级事务，称这种冲突集为 $H$。如果 $H$ 非空，将会采取一种下面的操作。

- 牺牲策略：事务 $T$ 被终止（能够被重新启动）。
- 等待策略：事务 $T$ 被置为等待状态，直到 $H$ 中的事务被提交。如果它们提交，事务 $T$ 被终止（能够被重新启动）。
- 等待 $X$ 策略：除非在与事务 $T$ 冲突的事务中高优先级事务（即属于 $H$）超过 $X\%$，否则事务 $T$ 提交。当然，这意味着与它冲突的所有的事务都被终止。如果高优先级事务低于 $X\%$，则事务 $T$ 等待，让它们提交。

牺牲策略可能造成浪费。问题在于无法保证高优先级事务（导致终止的事务）能够提交。如果 $H$ 中所有在的事务都被终止，那么事务 $T$ 的终止就毫无意义。

等待策略同样没有解决这个问题。因为冲突关系不是对称的（也就是说，仅仅因为事务 $T$ 与事务 $B \in H$ 冲突，并不一定意味着事务 $B$ 与事务 $T$ 冲突），有可能 $H$ 中不存在事务与事务 $T$ 冲突，所以，事务 $T$ 能够在 $H$ 中所有事务完成后提交。但是，等待策略有其固有的缺点。首先，如果事务在等待后提交，它会终止所有与它冲突的低优先级的事务。这可能会导致其中一部分事务错过它们的截止时间。其次，事务在系统中活跃时间越长，与它冲突的事务数量会越多。

等待 $X$ 策略试图在牺牲策略和等待策略中寻找平衡。如果 $X$ 设为 0，该策略退化为牺牲策略。而如果 $X$ 被设置为 100，就变成等待策略。

牺牲策略的表现是三种策略中最差的。因为终止的事务经常会重新启动，这种策略增加了系统的工作负载。等待策略在数据争用很少的情况下表现良好。就事务错过率而言，等待 50 策略（即等待 $X$ 策略中 $X = 50$）的结果最好。

## ▶ 7.6 串行一致性的保持

事务集必须保持串行一致性。也就是说，即使事务可以并发运行，最终的结果也必须是它们按某种连续顺序执行的串行结果。有两种保持串行一致性的方法，分别是不改变串行顺序的方法和改变串行顺序的方法。

### 7.6.1 不改变串行顺序的串行一致性

在这个保持串行一致性的策略中，系统为事务分配一个特别的顺序，并且终止所有不保持由此顺序定义的串行一致性事务。串行顺序可基于任一下列参数定义。

开始时间（start time）：如果事务 $A$ 的开始时间早于事务 $B$ 的开始时间，则在串行顺序中事务 $A$ 必须早于事务 $B$ 发生。

完成时间（completion time）：如果事务 $A$ 的完成时间早于事务 $B$ 的完成时间，则在串行顺序中事务 $A$ 先于事务 $B$。该方法依据经典的乐观并发控制算法。

数据项访问顺序（item access order）：如果事务 $A$ 在某个数据项 $x$ 上与事务 $B$ 冲突，那么事务 $A$ 和事务 $B$ 谁先访问 $x$，谁就在串行顺序中排在前面。任何不一致必须通过适当的终止事务来解决。串行顺序是可以传递的，即如果事务 $A$ 先于事务 $B$，事务 $B$ 先于事务 $C$，那么就必须按事务 $A$ 先于事务 $C$ 的顺序访问数据项。

## 7.6.2 改变串行顺序的串行一致性

在某些情况下，通过适当地调整串行顺序，有可能减少事务终止的数量。例如，考虑操作序列 $S = R_A(x)R_A(y)R_A(z)R_B(x)R_A(u)W_A(x)W_B(v)$，其中 $R_A(\gamma)$、$W_A(\gamma)$ 分别表示事务 $A$ 对数据 $\gamma$ 进行读取、写入。

如果按照启动顺序来调度，那么事务 $B$ 被认为在事务 $A$ 之后。这导致事务 $B$ 由于读取错误的 $x$ 值(也就是说，它应该读取被 $A$ 写入 $x$ 的值)而被终止。实现的顺序有类似的行为特性，但对此序列的检查发现，如果使事务 $B$ 在事务 $A$ 之前处理，那么序列是串行的，且没有事务被终止。

因此，使用灵活的方法来调整串行顺序，能提高一定的性能。这可以通过用如下的方式为正在提交的事务分配时间戳来实现。如果事务 $A$ 的时间戳 $t(A)$ 先于事务 $B$ 的时间戳 $t(B)$，那么在连续处理系统中，数据库的状态就好似事务 $A$ 在事务 $B$ 之前运行一样。

分配给已提交事务的时间戳根据定义不可改变，提交事务的操作也不能撤销。为了成功地验证一个事务，必须给它分配一个不违反任何已提交事务的约束的时间戳。

系统维护一张与每个数据项相关的读写时间戳。数据项的读和写时间戳分别是已对其执行读和更新的已提交事务的时间戳的最新值。当事务 $T$ 提交读取 $x$ 时，$x$ 的读时间戳设置为它当前的读时间戳和事务 $T$ 的时间戳的最大值。如果事务 $T$ 更新了 $x$，则应用如下规则：

• 如果当前 $x$ 的写时间戳小于分配给事务 $T$ 的时间戳，则更新写入数据库，且 $x$ 的写时间戳为事务 $T$ 的时间戳。

• 如果当前 $x$ 的写时间戳大于事务 $T$ 的时间戳，则更新不会写入数据库。

**例 7.3** 假设事务 $T$ 在提交时，被分配的时间戳是 25。事务 $T$ 读数据集是 $\{x_1, x_2, x_3\}$，写数据集是 $\{x_3, x_4\}$。在事务 $T$ 提交前，这些变量的读写时间戳如表 7.2 所示。

表 7.2 变量的读写时间戳

| 项目 | 变量 | | | |
| --- | --- | --- | --- | --- |
| | $x_1$ | $x_2$ | $x_3$ | $x_4$ |
| 读时间戳 | 4 | 4 | 40 | 2 |
| 写时间戳 | 1 | 2 | 3 | 60 |

当事务 $T$ 提交时，这些变量的读写时间戳改变如表 7.3 所示。

表 7.3 读写时间戳改变

| 项目 | 变量 | | | |
| --- | --- | --- | --- | --- |
| | $x_1$ | $x_2$ | $x_3$ | $x_4$ |
| 读时间戳 | 25 | 25 | 40 | 2 |
| 写时间戳 | 1 | 2 | 25 | 60 |

更新了数据库中的 $x_3$，但是 $x_4$ 没有更新，因为数据库已有一个被时间戳为 60 的事务写入的版本。

一般用当前时间(即实时时钟显示的时间)或者事务被释放的时间作为事务的时间戳，并检查是否保持一致性。如果是，则事务可以用这个时间戳提交；否则就必须尝试调整时间戳，以使其不违反串行一致性。

**例 7.9** 考虑被事务 $T$ 读取的变量 $x$。图 7.3 给出了 $x$ 被更新的时间及与之相关的写时间戳。

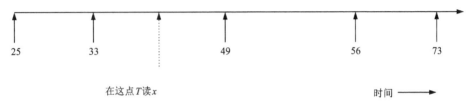

**图 7.3 变量 $x$ 的读取**

事务 $T$ 在时间戳为 33 和 49 的两次更新之间读变量 $x$。如果事务 $T$ 的时间戳 $Time(T)<33$，则事实上事务 $T$ 读取时间戳为 33 的更新，这违反了串行一致性。也就是说，事务 $T$ 不可能看到事务更新，因为事务 $T$ 完成该事务更新后才能得到此更新。同理，$Time(T)>49$ 也是不允许的，因为如果这样，则事务 $T$ 会读取一个被重写的 $x$ 值。如果分配 $Time(T)\in(33,49)$，就能满足串行一致性。

考虑被事务 $T$ 更新的变量 $y$。图 7.4 给出了 $y$ 被可读的时间和与之相关的读时间戳。事务 $T$ 的更新不会被任何已经读取 $y$ 的事务看到(因为事务 $T$ 还没有提交)。因此，必须使 $Time(T)>90$。

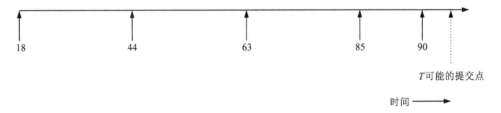

**图 7.4 变量 $y$ 的读取**

这里存在一个矛盾，既要求 $33<Time(T)<39$，又要求 $Time(T)>90$，因此，没有办法为事务 $T$ 分配一个时间戳来满足串行一致性，事务 $T$ 必须终止。

相反，假设对 $y$ 的读取如图 7.5 所示，最新读取 $y$ 的已经提交事务的时间戳为 45，设置 $Time(T)>45$ 就可以满足一致性要求。因此，如果设置 $45<Time(T)<49$。则可以同时满足对 $x$ 和 $y$ 的限制，而且串行一致性也能得到保持。综上所述，给事务 $T$ 分配时间戳规则如下。

(1)列出事务读取的变量集。

(2)确定这些数据的有效间隔(即使数据有效的时间戳范围)。

(3)得到这些有效间隔的交集，如果交集为空，则终止事务 $T$。如果非空，则设其为 $I_T=(l_T,u_T)$。

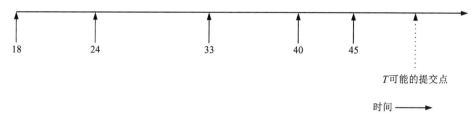

图 7.5 读取变量 $y$ 的第二种情况

(4)列出被事务 $T$ 更新所有变量。

(5)设 $\max_T$ 为这些变量中的读时间戳的最大值，如果 $\max_T \geqslant u_T$，则终止事务 $T$；否则在 $(\max_T, u_T)$ 中选择一个时间戳，并提交事务 $T$。

上述方法仅考虑了在已被提交的事务环境中取得有效性证实的事务。可以更进一步地考虑活动事务的相对优先级。这种方法并不是单纯的乐观的并发控制，在某种意义上说，不会一直等到事务到达有效性校验步骤才决定是否终止它。

其基本思想是允许高优先级事务先于低优先级事务完成。考虑两个活动事务 $A$ 和 $B$，事务 $A$ 的优先级比事务 $B$ 高。假设变量 $x$ 在事务 $A$ 的读集和事务 $B$ 的写集中，除非事务 $B$ 被提交并将更新写入数据库中，否则可以保持事务 $A$ 先于事务 $B$ 的串行顺序。但是如果事务 $B$ 已经被提交了，则事务 $B$ 可以阻塞事务 $A$ 对 $x$ 的读取，直到复制完成。另外，考虑变量 $y$ 在事务 $A$ 的写集和事务 $B$ 的读集中，在这样的情况下，必须延迟事务 $B$ 对 $y$ 的读取，直到事务 $A$ 提交并将它对 $y$ 更新写入数据库中，以此保持事务 $A$ 先于事务 $B$ 的顺序。如果事务 $B$ 在事务 $A$ 需要写入 $y$ 之前已经完成了对 $y$ 的读取，那就终止事务 $B$。这个方法可以避免高优先级事务被低优先级事务阻塞。

## 7.7 移动分布式实时数据库

移动分布式实时数据库是能够支持移动式计算环境的数据库，其数据在物理上分散而在逻辑上集中。它涉及数据库技术、分布式计算技术、移动通信技术等多个学科，与传统的数据库相比，移动数据库具有移动性、位置相关性、频繁的断接性、网络通信的非对称性等特征。

### 7.7.1 移动分布式实时数据库体系结构

移动计算机及移动数据库技术是近年来计算机科学与技术领域的一个"热点"研究方向。移动计算机可广泛应用于电子商务、股票交易、紧急响应服务等方面。例如：在航空订票服务中，顾客可以使用移动计算机用信用卡购买机票；在紧急响应服务中使用移动计算机在灾难、医疗急救及类似情况的现场进行信息访问，并输入与当时有关情况的数据。在这些移动计算机的应用中，数据往往需要快速更新，并迅速传播，但是数据的一致性必须保持。

移动分布式实时数据库系统（mobile distributed real-time database systems，MDRTDBS）是一种基于个人通信系统，在固定网上由许多数据库服务器（Database Servers）所组成的系统。MDRTDBS 体系结构示意图如图 7.6 所示。MDRTDBS 体系结构主要包括移动支持站（mobile support stations，MSS），又称基站（base stations，BS），固定主机（fixed hosts，FH），移动主机（mobile hosts，MH）。MH 通过无线网与 MSS 连接。MH 是具有数据库功能的移动处理器，包括 cache 管理、事务处理等。MSS 具有同 MH 通信的接口，提供的无线界面来维持网络连接。一个 MSS 覆盖的地理区域称作一个蜂窝，管理其蜂窝内的 MH。每一个 MH 都与它所属蜂窝的 MSS 相连。如果驻留在 MSS 的蜂窝，则称该 MH 对 MSS 是本地的。MH 可以在蜂窝间移动，进入一个新的蜂窝的过程叫作送进和送出。这就需要有从一个 MSS 到另一个 MSS 的控制交接。这些特性和昂贵的传输费用使得传输带宽的消耗变得十分重要。而且，作为便携式设备，MH 通常受到电池能量、处理能力和存储能力的限制。此外，MH 和 MSS 之间的交互能力是不对称的，MSS 没有能量约束，可以利用的带宽高；而 MH 有能量约束，并且可以利用的带宽低。在无线网络中带宽的可用性决定连接的质量，分为强连接或者弱连接。另外，断开状态应该作为正常状态而不是错误状态来处理，MH 的断开状态可能是节约电池的消耗。

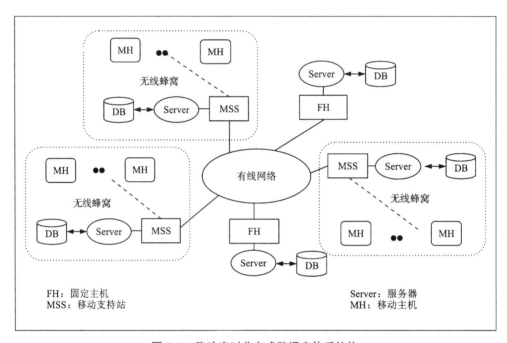

图 7.6　移动实时分布式数据库体系结构

　　MH 存储的数据通常来自数据库服务器。因此，MH 的运行必须和数据库服务器保持一致。

## 7.7.2　数据广播

　　数据广播即以广播的形式向移动节点发送数据，它是针对通常的无线网络通信所具有的非对称性而提出来的。通常在无线网络内从服务器到移动节点的下行通信带宽要远大于移动节点到服务器的上行通信带宽，从通信费用来说移动节点上行发送数据的开销通常远大于下行接收数据的开销。因此用户总希望在保证移动节点能获得所需数据的情况下，尽量减少服务器的上行通信量。数据广播只能在某种程度上满足这种要求，因为无线网络中的数据广播有一优点：服务器向无线网络广播数据的开销是固定的，而与接收广播的移动节点的数量无关。因此充分利用这一优点，由服务器选择并组织好移动用户的热点数据，以周期性的广播形式向网络内的移动节点广播，便能在固定开销的情况下向大规模用户提供数据。

数据广播也是数据复制技术的一种。数据广播可以看作是移动节点数据缓存的一种扩充，当移动节点所需数据不在其数据缓存内，又暂时不能跟服务器连接时（如上行通信带宽已满），移动节点还可以侦听数据广播，从数据广播中找寻其所需数据。数据广播相对于缓存有许多优点，如能轻松保证数据是最新的、不需占用移动节点有限的存储空间等。

广播磁盘通过使用信道带宽对移动数据库的 MH 仿效存储磁盘，或者存储层次。广播磁盘通过广播数据从而扩展从数据库服务器到 MH 之间的通信传输带宽。事实上，广播磁盘使得广播信道被看作成一组磁盘，MH 通过无线获取数据。不同的数据对象有不同的广播频率，热数据项对象比冷数据项对象广播的周期短。因此，数据被更频繁地广播，从而扩展从服务器到 MH 之间的传输带宽。

数据广播中的一个重要问题是选择及组织广播数据，这被称为数据广播的调度问题。通常使用以下两个参数来衡量和研究数据广播的调度算法：

（1）访问时间：它指从移动节点提出访问请求开始到从广播中获得结果为止所需要的时间，它用来衡量移动节点查询数据的响应时间。

（2）调协时间：它指移动节点为了访问数据而保持接听广播的总时间。因为移动节点接听广播需要消耗电源，因此减少调协时间便能节省移动节点本来就有限的电源供应。

在调协时间的优化上，通常的做法是引入索引信息。在可以与服务器通信时，可以考虑从服务器中直接获取索引信息，但更通常的做法是在数据广播中插入索引信息。当 MH 侦听数据广播时，它先侦听索引信息，再由索引信息得知所需数据到来的时间，因此移动节点便可以在数据到来前转入休眠，节省电源消耗。

广播介质可以看作延迟时间很长的广播磁盘来建模。服务器维护每个数据项的多个版本，数据项所有版本都将广播。数据项按访问频度进行划分，访问频度相近的数据项放在同一个广播磁盘上。磁盘分成更小相等的称为块的数据单元。磁盘块的个数与磁盘的速度成反比。数据项所有版本都相继广播。热数据项位于快速磁盘上，冷数据项则位于慢速磁盘上。广播数据时，从每一个磁盘上取一块广播，磁盘上的块按顺序取。广播磁盘如图 7.7 所示。

一个广播周期分成多个微周期，在一个微周期中广播所有磁盘中的一块。假设每个数据项为一块，数据广播如图 7.8 所示。

从图 7.8 可以看出，在一个广播周期中，热数据项被频繁地广播，冷数据项的广播次数则相对较少。热数据项广播周期短，冷数据项广播周期长，从而扩展了从服务器到 MH 之间的传输带宽。

多版本并发控制技术是目前主流数据库的主流技术。目前，多版本并发控制技术被很多数据库或存储引擎采用，如 Oracle、SQL Server、PostgreSQL、MySQL（InnoDB）等。新的数据库存储引擎，几乎毫无例外的使用多版本而不是单版本加锁的方法实现并发控制。数据多版本广播磁盘组织不仅要决定数据项的最新版本广播方式，还必须决定数据项的老版本如何广播，以及数据项的老版本广播的最佳频率。多版本广播磁盘组织方式如下。

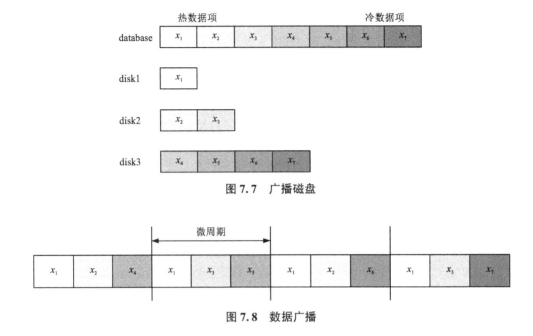

图 7.7　广播磁盘

图 7.8　数据广播

### 1. 聚类磁盘

数据项的所有版本放在同一个磁盘上，每个数据项的所有版本将相继广播，热数据项的老版本位于最新版本之后，都放在快速磁盘上。冷数据项的所有版本则位于慢速磁盘上。数据项的所有版本以相同的频率广播，如果每个事务访问数据项的任何版本的概率是相同的，这种组织方式性能相当好。

### 2. 溢出磁盘

数据项的老版本放在溢出磁盘上，每一个广播周期之后附加多个微周期分配给数据项的老版本，数据项的老版本将在广播数据项最新版本之后广播。这种方法的缺陷是由于引入附加微周期，每个磁盘的相对速度将受到影响。解决的方法是将数据项的老版本放在最慢的磁盘上。

### 3. 可调速磁盘

每个数据项的老版本放在可调速磁盘上，磁盘的相对速度比装载数据项最新版本磁盘的相对速度慢 $m$ 倍。这种方法适应性强。当有许多长事务时，通过选择较小的 $m$ 使装载数据项的老版本磁盘的相对速度加快，较快地广播数据项的老版本。当多数事务需要访问数据项的最新版本时，通过选择较大的 $m$ 使装载数据项的老版本磁盘的相对速度变慢，较慢地广播数据项的老版本。

为了保证 MH 中数据一致性，失效报告（invalidation report，IR）是一个有效的方法。IR包含前一个广播周期更新的数据项。服务器周期地对所有 MH 广播 IR，使得每个 MH 能更新它的 cache 中的数据项。MH 为了检查 cache 中数据的有效性，不必直接查询服务器，只需要监听 IR。但 IR 方法也有许多缺陷。如果 MH 错过监听 IR 时间，MH 不得不等到下一个 IR 广播，延时时间较长，不能满足 MH 的实时需要。为了减少查询延迟时间，在广播周期中，IR

广播后插入多个快速失效报告(fast invalidation report，FIR)，广播快速更新的数据。每个 FIR
只包含在上一个 FIR 广播后的快速更新数据项中，MH 能立即收到这些快速更新的数据，减
少了查询延时时间。由于大多数快速更新的数据项很小，FIR 的大小与 IR 相比要小得多，广
播这些数据不需增加太多的开销。图 7.9 显示了使用 FIR 广播快速更新的数据。

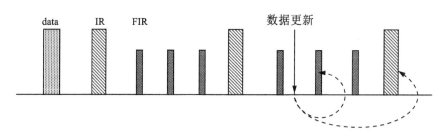

**图 7.9　使用 FIR 广播快速更新的数据**

### 7.7.3　多版本乐观并发控制机制

为每个活跃事务 $T_i$ 赋予一个时间戳 $TS(T_i)$，对于每个数据项 $x$ 有一个版本序列 $<x_1$，
$x_2$，$\cdots$，$x_m>$ 与之关联。每个版本 $x_k$ 包含三个数据字段：$x_k$ 版本值 content，$WTS(x_k)$，RTS
$(x_k)$。其中 $WTS(x_k)$ 表示创建 $x_k$ 版本的事务时间戳，$RTS(x_k)$ 表示所有成功读取 $x_k$ 版本的事
务的最大时间戳。

更新事务执行分为三个阶段：读阶段、有效性确认阶段和写阶段。在读阶段，假设更新
事务 $T_i$ 发出 read($x$) 或 write($x$) 操作。令 $x_k$ 表示 $x$ 的版本，其写时间戳小于 $S(T_i)$ 的最大写
时间戳。如果事务 $T_i$ 发出 read($x$) 操作，则返回 $x_k$ 的值，并把 $x_k$ 放入事务 $T_i$ 读集 ReadSet
$(T_i)$ 中。其理由是一个事务读取在它之前的最新的版本。如果事务 $T_i$ 发出 write($x$) 操作，
且若 $TS(T_i)<RTS(x_k)$，则事务 $T_i$ 重启动；否则创建 $x$ 的一个新版本 $x_i$，并把 $x_i$ 放入事务 $T_i$
预写集 PrewriteSet($T_i$) 中。同时将创建的新版本 $x_i$ 存储在事务 $T_i$ 的私有工作空间中，在事务
$T_i$ 结束之前对其他事务是不可见的。其理由是如果事务 $T_i$ 试图写入其他事务读取的版本，
不允许该写操作成功。在有效性确认阶段中，确认事务 $T_i$ 的有效性，即确认事务 $T_i$ 是否与其
他事务有冲突。如果事务 $T_i$ 通过有效性确认，事务 $T_i$ 进入写阶段。在写阶段，若事务 $T_i$ 通
过最终有效性确认，则实际的更新就可写入数据库中。

只读事务读最近提交的数据项版本，只经过读阶段和有效性确认阶段。

在移动广播环境中重启动一个移动事务开销较大。通过多版本动态调整事务串行次序，
避免不必要的事务重启动。考虑三并发事务 $T_1$、$T_2$ 和 $T_3$ 的执行历史片段 $H$(图 7.10)。令
$r_i[x_k]$ 和 $w_i[x_i]$ 分别记为事务 $T_i$ 读数据项 $x$ 版本 $x_k$ 和写数据项 $x$ 版本 $x_i$，$v_i$ 和 $c_i$ 分别记为
$T_i$ 有效性确认和提交。

$H$：$r_1[x_0]\ r_2[x_0]\ w_1[x_1]\ r_3[y_0]\ r_2[y_0]\ w_3[y_3]\ w_1[y_1]\ v_1\ v_2\ c_1\ c_2$

这个多版本历史片段 $H$ 不是串行的。$T_2$ 和 $T_3$ 在 $T_1$ 有效性确认时重启动。仔细分析执
行历史片段 $H$，$T_1$ 与 $T_2$ 只有在数据项 $x$ 上读–写冲突。因此，只要调整串行次序为 $T_2 \rightarrow T_1$，

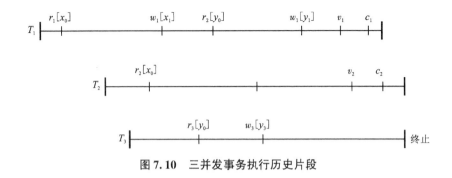

**图 7.10 三并发事务执行历史片段**

$T_2$ 就不需要重启动。$T_1$ 与 $T_3$ 有读-写和写-读两种冲突,$T_3$ 不得不重启动。在多版本机制写-写操作对不再是冲突的,因为它们产生不同的版本。多版本动态调整串行次序在下列两种情况发生:

(1)如果进行有效性确认时事务 $T_v$ 与事务 $T_i$ 有读-写冲突,即 $ReadSet(T_v) \cap PrewriteSet(T_i) \neq \varnothing$,调整串行次序为 $T_v \rightarrow T_i$,$T_i$ 的写不应影响 $T_v$ 的读阶段。

(2)如果进行有效性确认时事务 $T_v$ 与事务 $T_i$ 有写-读冲突,即 $PrewriteSet(T_v) \cap ReadSet(T_i) \neq \varnothing$,调整串行次序为 $T_i \rightarrow T_v$,$T_v$ 的写不应该影响 $T_i$ 读阶段。

每个活跃事务 $T_i$ 分配一个有效性确认间隔 $VI(T_i) = [lb, ub]$ 用于调整事务串行次序。如果事务 $T_i$ 被串行在事务 $T_j$ 之前,即 $T_i \rightarrow T_j$,则事务 $T_i$ 的有效性确认间隔 $[lb_i, ub_i]$ 和事务 $T_j$ 的有效性确认间隔 $[lb_j, ub_j]$ 必须满足 $ub_i < lb_j$。每个事务 $T_i$ 在开始执行时赋予有效性确认间隔为 $[0, \infty]$。如果事务 $T_i$ 的有效性确认间隔为空,则事务 $T_i$ 不可能再串行调整,必须重启动。

乐观并发控制机制有效性确认有两种方法:向后有效性确认(backward validation,BV)和向前有效性确认(forward validation,FV)。在向后有效性确认中,有效性确认的事务与所有已提交事务进行冲突检测。在向前有效性确认中,有效性确认的事务与所有并发运行且尚处于该阶段的事务进行有效性确认。移动事务处理分两阶段,第一阶段在 MH 上处理,进行局部预有效性确认;第二阶段在服务器上处理。如果所有移动事务直接提交到服务器进行有效性确认,对于没有通过有效性确认的移动事务,MH 需等待服务器的通知很长时间,才知道这些事务需要重启动。此策略会导致移动事务处理不可容忍的延时。在 MH 进行局部预有效性确认,MH 能及时确定事务由于数据冲突需重启动。如此早地检测数据冲突,节省了处理和通信资源。MH 上没有完整的和最新冲突事务的数据视图。例如,MH 不知道在当前广播周期开始后提交到服务器的某些冲突事务的提交信息。MH 可能自愿或不自愿与移动网络断开,错过接收服务器广播的有效性确认信息,造成 MH 上的数据过时。因此,如果事务通过预有效性确认,必须提交到服务器进行最终有效性确认。

在 MH 使用向后有效性确认。MH 上所有的移动事务,包括移动只读事务和移动更新事务,与在服务器上一个广播周期提交的事务进行有效性确认。提交事务要串行在进行有效性确认的移动事务之前。因此,数据冲突检测是检查进行预有效性确认移动事务的读集与提交事务的写集是否相交。

MH 上没有完整的和最新冲突事务的数据视图,例如,MH 不知道在当前广播周期开始后提交到服务器的某些冲突事务的提交信息。因此,如果移动事务通过局部向后预有效性确认，必须提交到服务器进行局部最终有效性确认。如果移动只读事务所有读数据项通过局部预有效性确认，则不需要执行局部最终有效性确认即可提交。

在 MDRTDBS 中数据冲突检查有利于移动事务、高优先级事务。在服务器进行有效性确认的事务有移动事务和服务器事务。向前有效性确认提供灵活的数据冲突解决方法，可选择有效性确认事务或冲突事务重启，甚至可以通过强迫有效性确认事务在有效性确认阶段等待来避免一些事务的回滚。因此，在服务器上使用向前有效性确认。数据冲突检测是检查进行预有效性确认的移动事务写集与服务器事务的读集是否相交。进行有效性确认的移动事务串行在所有并发运行且尚处于读阶段的事务之前。

MH 处理移动事务的读、写请求和调整有效性确认间隔。当移动事务进行读或写请求时，它有效性确认间隔被调整，以反映移动事务与提交事务之间的串行关系。令 $x_k$ 表示 $x$ 的版本，其写时间戳小于 $TS(T_i)$ 的最大写时间戳。移动事务 $T_i$ 发出读数据项 $x$，选择读其版本 $x_k$，$VI_{lb}(T_i)$ 被调整，即置 $VI(T_i) = VI(T_i) \cap [WTS(x_k), \infty]$，同时将 $x_k$ 版本放入移动事务 $T_i$ 的读集 $ReadSet(T_i)$ 中。移动事务 $T_i$ 发出写数据项 $x$，如果 $TS(T_i) < RTS(x_k)$，则移动事务 $T_i$ 重启；否则创建 $x$ 的一个新版本 $x_i$，$VI_{lb}(T_i)$ 被调整，即置 $VI(T_i) = VI(T_i) \cap [WTS(x_k), \infty] \cap [RTS(x_k), \infty]$，并放入移动事务 $T_i$ 预写集 $PrewriteSet(T_i)$ 中。

在 MH 进行预有效性确认，使用向后有效性确认机制，以保证没有任何移动事务与上一个广播周期在服务器提交的事务有数据冲突。服务器在广播周期开始时广播上一个广播周期在服务器提交的事务的有效性确认信息。事务有效性确认信息由 $CommitSet$、$AbortSet$、$CT\_ReadSet$ 和 $CT\_WriteSet$ 组成，其中 $CommitSet$ 为通过服务器最终有效性确认并提交的移动事务集合，$AbortSet$ 为未通过服务器最终有效性确认并终止提交的移动事务集合，$CT\_ReadSet$ 为所有提交的事务读数据项集合，$CT\_WriteSet$ 为所有提交的事务写数据项集合。移动事务与提交事务进行预有效性确认。如果移动事务预有效性确认失败，移动事务不得不重启。事务调度器按移动事务优先级调度。移动事务 $T_i$ 对于已提交的事务 $T_c$ 进行有效性确认，满足下面条件之一：$T_c$ 在 $T_i$ 开始之前已经结束；否则，$ReadSet(T_i) \cap WritSet(T_c) = \varnothing$，且 $T_c$ 的写阶段在 $T_i$ 开始其有效性确认阶段之前完成。

（1）如果 $ReadSet(T_i) \cap WritSet(T_c) \neq \varnothing$，调整串行次序为 $T_i \rightarrow T_c$，这意味着虽然 $T_c$ 在 $T_i$ 之前提交，$T_i$ 的读应放在 $T_c$ 写之前。调整 $VI(T_i)$ 使得 $VI_{ub}(T_i) < TS(T_c)$，即置 $VI(T_i) = VI(T_i) \cap [0, TS(T_c)]$。

（2）如果 $PrewritSet(T_i) \cap ReadSet(T_c) \neq \varnothing$，调整串行次序为 $T_c \rightarrow T_i$，这意味着 $T_c$ 的读不应影响 $T_i$ 的写。调整 $VI(T_i)$ 使得 $VI_{lb}(T_i) > TS(T_c)$，即置 $VI(T_i) = VI(T_i) \cap [TS(T_c), \infty]$。

移动只读事务如果所有读数据项通过预有效性确认，则可提交，串行在当前广播周期前提交的事务之后，当前广播周期后提交的事务之前。移动更新事务如果通过局部向后预有效性确认，必须提交到服务器进行最终有效性确认。因为移动更新事务串行在它到达有效性确认阶段之前提交的事务之后，所有活跃事务之前。移动事务 $T_i$ 提交时将提供下列信息：$TS(T_v)$、$VI(T_v)$、$Priority(T_v)$、$Deadline(T_v)$、$ReadSet(T_v)$ 和 $PrewriteSet(T_v)$，其中 $Priority(T_v)$、$Deadline(T_v)$ 分别表示移动事务 $T_i$ 的优先级和截止时间。

MH 上没有完整的和最新冲突事务的数据视图，例如，MH 不知道在当前广播周期开始后提交到服务器的某些冲突事务的提交信息。因此，如果移动事务通过局部预有效性确认，必须提交到服务器进行局部最终有效性确认。如果移动只读事务所有读数据项通过局部预有效性确认，则不需要执行局部最终有效性确认即可提交。

假设事务 $T_i$ 和 $T_j$ 分别成功创建数据项 $x$ 版本 $x_i$ 和 $x_j$，版本序列定义为：$x_i << x_j \Leftrightarrow TS(T_i) < TS(T_j)$。

提交到服务器的移动事务 $T_v$ 局部最终向后有效性确认方法：

(1) $T_v$ 读数据项 $x$ 版本 $x_k$，如果 $x_k$ 没作已进行有效性确认标记，并存在版本 $x_{k+1}$，$x_k << x_{k+1}$，说明 $T_v$ 读版本 $x_k$ 后有提交事务写了数据项 $x$ 的新版本 $x_{k+1}$，调整 $VI_{ub}(T_v)$ 到 $WTS(x_{k+1})$，即置 $VI(T_v) = VI(T_v) \cap [0, WTS(x_{k+1})]$。

(2) $T_v$ 写数据项版本 $x_v$，提交事务不可能读 $T_v$ 写的版本 $x_v$，调整 $VI_{lb}(T_v)$ 到数据项 $x$ 版本中最大 $RTS(x)$，即置 $VI(T_v) = VI(T_v) \cap [\max(RTS(x)), \infty]$。

提交到服务器上进行有效性确认的移动事务 $T_v$ 还必须对服务器上尚处于读阶段的活跃事务进行有效性确认，使用向前有效性确认方法。这是因为有效性确认事务应串行在每个并发运行且在读阶段的事务之前。进行有效性确认的移动事务 $T_v$ 对服务器活跃事务 $T_s$ 进行有效性确认，满足下面条件之一：$T_v$ 在 $T_s$ 开始之前已经结束；否则，$Prewrite(T_v) \cap ReadSet(T_s) = \emptyset$，即 $T_s$ 只能读 $T_v$ 写后的数据。

向前有效性确认机制提供灵活的冲突解决方法，既可选择有效性确认事务重启动，又可选择冲突活跃事务重启动。解决数据冲突规则必须要考虑事务的实时性，应有利于高优先级事务、移动事务。与移动事务 $T_v$ 发生冲突的服务器活跃事务集记为 $ConflictSet(T_v)$。对于 $ConflictSet(T_v)$ 中每一个服务器活跃事务 $T_s$，如果 $T_v$ 优先级高于 $T_s$，调整 $VI(T_s)$；如果 $T_v$ 优先级低于 $T_s$，而 $T_s$ 重启动不会延误截止时间，调整 $VI(T_s)$。因此，必须估计如果 $T_s$ 重启动 $T_s$ 执行需要的时间。

事务调度器按事务优先级调度，进行有效性确认。事务 $T_v$ 与服务器上尚处于读阶段的活跃事务进行有效性确认方法：

(1) 如果 $PrewiteSet(T_v) \cap ReadSet(T_s) \neq \emptyset$ 且 $Priority(T_v) \geqslant Priority(T_s)$，调整串行次序为 $T_s \rightarrow T_v$。这意味着虽然 $T_v$ 在 $T_s$ 之前提交，但 $T_s$ 的读应放在 $T_v$ 的写之前。调整 $VI(T_s)$ 使得 $VI_{ub}(T_s) < VI_{lb}(T_v)$，即置 $VI(T_s) = VI(T_s) \cap [0, VI_{lb}(T_v)]$。

(2) 如果 $PrewiteSet(T_v) \cap ReadSet(T_s) \neq \emptyset$ 且 $Priority(T_v) < Priority(T_s)$，而 $T_s$ 重启动不会延误截止时间，即 $ExecutionTime(T_s) + CurrentTime) < Deadline(T_s)$，调整串行次序为 $T_s \rightarrow T_v$，调整 $VI(T_s)$ 使得 $VI_{ub}(T_s) < VI_{lb}(T_v)$，即置 $VI(T_s) = VI(T_s) \cap [0, VI_{lb}(T_v)]$。

(3) 如果 $PrewiteSet(T_v) \cap ReadSet(T_s) \neq \emptyset$ 且 $Priority(T_v) < Priority(T_s)$，而 $T_s$ 重启动会延误截止时间，即 $ExecutionTime(T_s) + CurrentTime) \geqslant Deadline(T_s)$，调整串行次序为 $T_v \rightarrow T_s$，调整 $VI(T_v)$ 使得 $VI_{ub}(T_v) < VI_{lb}(T_s)$，即置 $VI(T_v) = VI(T_v) \cap [0, VI_{lb}(T_v), 0]$。

在局部有效性确认后需要进行全局有效性确认，以保证分布的串行性。发起移动分布式实时事务 $T_v$ 的 MH 称为 H-MH(Home MH)。事务 $T_v$ 在 H-MH 上的有效性确认间隔记为 $VI_H(T_v)$，在参与者 $P_i$ 上的有效性确认间隔记为 $V_{Pi}(T_v)$。假设有 $n$ 个参与者。事务 $T_v$ 有效性确认间隔 $VI(T_v)$ 调整为 $VI(T_v) = VI_H(T_v) \cap VI_{P1}(T_v) \cap VI_{P2}(T_v) \cap \cdots \cap VI_{Pn}(T_v)$。如果事务 $T_v$ 的有效性确认间隔不为空，则提交 $T_v$；否则重启动 $T_v$。将提交信息送给所有参与者。

分布式事务处理必须保证分布式事务的原子性。执行分布式事务 $T$ 的所有参与者就必须在 $T$ 执行的最终结果上取得一致。事务 $T$ 必须要么在所有参与者上都提交，要么在所有参与者上都终止。为了保证这一特性，事务 $T$ 的事务协调器必须执行一个提交协议。

　　两阶段提交(two-phase commit, 2PC)协议是较简单且使用较广泛的提交协议之一。另外一种是三阶段提交(three-phase commit, 3PC)协议，它避免了 2PC 协议的某些缺点，但同时也增加了复杂性和开销。传统的 2PC、3PC 等协议在移动广播环境中性能表现不好，必须对 2PC 协议进行修改，以应用于 MDRTDBS。

　　在 MDRTDBS 中使用三层提交结构。在低层，移动事务在 MH 上局部预提交。移动只读事务如果所有读数据项通过局部向后预有效性确认，则可局部提交，串行在当前广播周期前提交的事务之后，当前广播周期后提交的事务之前。在中间层，移动事务在服务器上局部提交。移动更新事务如果通过局部最终有效性确认，则可局部提交。在顶层，移动分布式事务在 MSS 上的协调者进行全局提交。移动分布式事务通过全局有效性确认，则可全局提交。

　　广播介质可以看作延迟时间很长的广播磁盘来建模。服务器维护每个数据项的多个版本，数据项所有版本都将广播。服务器广播在广播周期开始时，广播上一个广播周期在服务器提交事务的有效性确认信息。所有提交事务的有效性确认信息由 *CommitSet*、*AbortSet*、*CT_ReadSet* 和 *CT_WriteSet* 集合，其中 *CommitSet* 为所有上一个广播周期在服务器提交的移动事务集合，*AbortSet* 为上一个广播周期在服务器终止的移动事务集合，*CT_ReadSet* 为所有提交的事务的 *RreadSet* 集合，*CT_WriteSet* 为所有提交的事务 *WriteSet* 集合。在 MH 上移动事务与上一个广播周期提交的事务进行预有效性确认。如果移动事务局部预有效性确认失败，移动事务不得不重启动。

　　移动事务 $T_i$ 对已提交的事务 $T_c$ 进行局部预有效性确认规则如下。

　　**规则 7.1**　　如果 $T_i$ 与 $T_c$ 有读–写冲突，即 $ReadSet(T_i) \cap WriteSet(T_c) \neq \varnothing$，调整串行次序为 $T_i \rightarrow T_c$，这意味着虽然 $T_c$ 在 $T_i$ 之前提交，$T_i$ 的读应放在 $T_c$ 写之前。调整 $VI(T_i)$ 使得 $VI_{ub}(T_i) < TS(T_c)$，即置 $VI(T_i) = VI(T_i) \cap [0, TS(T_c)]$。由于调整 $VI_{ub}(T_i)$，所有提交事务的写集在 *CT_WriteSet* 中，对于每个数据项 $x_k \in ReadSet(T_i)$，如果 $x_j \in CT\_WriteSet$，调整 $VI_{ub}(T_i)$ 到 $\min(\{W_{TS}(x_k) \mid x_k \text{ in } CT\_WriteSet\})$。$x_k$ 标记已进行有效性确认，不需要再在服务器上进行局部最终有效性确认。因为在当前广播周期开始后提交事务的写数据项的时间戳大于 *CT_WriteSet* 中所有数据项的写时间戳。如果 $VI(T_i) = [\ ]$，则 $T_i$ 不可能再串行调整，必须重启动。

　　**规则 7.2**　　如果 $T_i$ 与 $T_c$ 有写–读冲突，即 $PrewriteSet(T_i) \cap ReadSet(T_c) \neq \varnothing$，调整串行次序为 $T_c \rightarrow T_i$，这意味着 $T_c$ 的读不应影响 $T_i$ 的写。调整 $VI(T_i)$ 使得 $VI_{lb}(T_i) > TS(T_c)$，即置 $VI(T_i) = VI(T_i) \cap [TS(T_c), \infty]$。由于调整 $VI_{lb}(T_i)$，所有提交事务的读集在 *CT_ReadSet* 中，对于每个数据项 $x_i \in PrewriteSet(T_i)$，如果 $x_j \in CT\_ReadSet$，调整 $VI_{lb}(T_i)$ 到 $\max(\{RTS(x_j) \mid x_j \text{ in } CT\_ReadSet\})$。这是因为提交事务不可能读活跃事务所写的数据项。如果 $VI(T_i) = [\ ]$，则 $T_i$ 不可能再串行调整，必须重启动。

　　移动只读事务如果所有读数据项通过向后预有效性确认，则可提交，串行在当前广播周期前提交的事务之后，当前广播周期后提交的事务之前。移动更新事务如果通过局部预有效性确认，必须提交到服务器进行最终有效性确认。因为移动更新事务串行在它到达有效性确认阶段之前提交的事务之后，所有活跃事务之前。

　　局部预有效性确认算法如下：通过预有效性确认的移动事务放入 *SubmitSet* 集中，并提交到服务器进行最终有效性确认。

### 7.7.4 提交处理

传统的 2PC 协议要求较高的信息交换，不允许离线处理，是个阻塞协议。3PC 协议避免了 2PC 协议阻塞性等缺点，但同时也增加了复杂性和开销。由于 MH 资源限制、断接、通信开销，使得 2PC 和 3PC 协议不适合移动计算环境。因此，必须对 2PC 协议进行修改，以应用于 MDRTDBS。

发起移动分布式实时事务 $T$ 的 MH 称为 H-MH(home MH)。与 H-MH 相连的 MSS 上的事务 $T_{co}$ 为协调者，协调各子事务的执行。如果 H-MH 不能处理 $T$ 的所有子事务，则抽出能处理的子事务 $T_i$，将其余的子事务送给 $T_{co}$。当 MH 迁移到新的无线单元时，$T_{co}$ 也应迁移新的单元，并通知新的协调者有关的提交 $T$ 的状态信息。由于 $T_{co}$ 的位置可能发生变化，每一个参与者都必须跟踪 $T_{co}$ 位置的变化。$T_{co}$ 分配 $T-T_i$ 给相关的数据库服务器。数据库服务器收到子事务 $T_j$ 后，分配 $T_j$ 到 MH 或 FH 处理。$T_{co}$ 等待所有参与者的处理结果。在 $T_j$ 处理过程中，参与者在 $T_j$ 截止时间前可以无条件地终止 $T_j$。在 $T_j$ 执行结束后，参与者向 $T_{co}$ 传送提交 $T_j$ 的决定。如果参与者不能完成 $T_j$，参与者向 $T_{co}$ 传送终止 $T_j$ 的决定。由于事务的提交需要全体一致地提交，只要有参与者回答终止其子事务 $T_i$，则 $T$ 回滚。如果到了 $T$ 截止时间 $T_{co}$ 还没收到子事务的提交或终止的任何回答，则 $T$ 回滚。如果所有的参与者回答提交其子事务，$T_{co}$ 提交 $T$。

当 H-MH 移动到另一个无线蜂窝，协调者总是驻留在与 H-MH 相连的基站 BS 上，旧协调者传输状态信息给新协调者，并通知这个变化给所有参与者。

图 7.11 给出 MDRTDBS 三层提交结构。

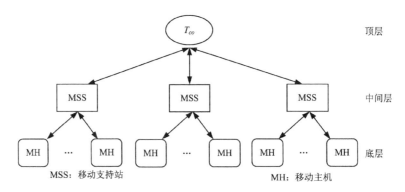

**图 7.11 移动分布式实时数据库三层提交结构**

在低层，如果移动实时只读事务所有读数据项通过向后预有效性确认，则可局部提交，串行在当前广播周期前提交的事务之后，当前广播周期后提交的事务之前。在中间层，如果移动实时更新事务通过最终有效性确认，则可局部提交。在顶层，如果移动实时事务通过全局有效性确认，则可全局提交。

在局部有效性确认后需要进行全局有效性确认，以保证分布串行性。事务 $T_v$ 在 H-MH 上的有效性确认间隔记为 $VI_H(T_v)$，在参与者 $P_i$ 上的有效性确认间隔记为 $VI_{P_i}(T_v)$。假设有 $n$ 个参与者。事务 $T_v$ 有效性确认间隔 $VI(T_v)$ 调整为 $VI(T_v) = VI_H(T_v) \cap VI_{P1}(T_v) \cap VI_{P2}(T_v) \cap \cdots \cap VI_{Pn}(T_v)$。如果事务 $T_v$ 的有效性确认间隔为空，则 $T_v$ 不可能再串行调整，必须重启动。否则

$T_{co}$ 提交 $T_v$，送提交信息给所有参与者。

如果事务 $T_v$ 在服务器通过最终有效性确认，$T_v$ 的最终时间戳 $TS(T_v) = \min(CurrentTime, VI_{lb}(T_v) + \Delta)$，指示 $T_v$ 的串行次序的位置。如果事务 $T_v$ 没进行任何串行调整，则 $T_v$ 的最终时间戳为当前系统时间 $CurrentTime$。$ReadSet(T_v)$ 中每一个数据项 $x_i$ 的 $RTS(x_i)$ 更新为 $TS(T_v)$。$PrewriteSet(T_v)$ 中每一个数据项 $x_v$ 的 $WTS(x_v)$ 更新为 $TS(T_v)$，同时写入数据库中。

## ▶ 7.8　本章小结

实时数据库是数据库系统发展的一个分支，它适于处理不断快速变化的时间序列数据，实时数据库技术是实时系统和数据库技术相结合的产物。实时数据库的一个重要特性就是实时性，包括数据实时性和事务实时性。

本章介绍了实时数据库系统特性、事务处理方法、并发控制协议和移动分布式实时数据库。实时数据库对数据库的查询都有截止时间要求，响应查询返回的数据必须同时具备绝对一致性和相对一致性。在某些应用中，并不需要确保所有的 ACID 性质都得到满足。在某些情况下，还可以牺牲串行一致性。并发控制是允许事务并行执行，同时确保其在数据库上的执行就好像事务以某种串行顺序执行。有两种基本并发控制的协议，悲观并发控制协议和乐观并发控制协议。在悲观并发控制协议中，在允许事务执行前，首先要确保事务不会违反序串行一致性。在乐观并发控制协议中，先执行事务操作，然后再检查事务的执行是否违反了串行一致性。移动分布式实时数据库是能够支持移动式计算环境的数据库，其数据在物理上分散而在逻辑上集中。移动数据库具有移动性、位置相关性、频繁的断接性、网络通信的非对称性等特征。

　　　　习　题

1. 下面的序列哪些是串行的？

(1) $S_a = R_1(x) R_2(x) W_1(x) R_3(x) R_4(x) W_3(x)$

(2) $S_b = R_1(x) W_1(x) R_2(x) W_2(x) W_3(x) W_4(x) R_5(x)$

(3) $S_c = R_1(x) W_1(x) W_2(x) R_2(x)$

2. 假设系统有周期过程 $T_1$ 和 $T_2$，分别测量压力和温度。这两个参数的绝对有效区间都是 100 ms，温度-压力对的相对有效区间是 50 ms，求确保始终能读取有效的温度-压力对的 $T_1$ 和 $T_2$ 的最大周期。

3. 有时，本该两段锁协议中中断的事务，却能在乐观并发控制协议中顺利提交，这是为什么？

4. 请解释，为什么在重负载的实时数据库中，EDF 算法工作不好？为什么 AEDF 算法能够提高成功率？

5. 给出一个应用例子，允许它放宽实时数据库的 ACID 性质。

6. 假设事务 $T$ 有一个时间戳为 100，其读取集为 $\{x_1, x_2\}$，写入集为 $\{x_3, x_4, x_5\}$。这些的读取时间戳（在调整事务 $T$ 之前）分别为 5、10、15、16、18，写入时间戳为 90、500、600、300、5。求根据事务 $T$ 的提交调整的读取和写入时间戳。

# 第 8 章 实时操作系统

大多数嵌入式系统的核心是实时操作系统(real time operation system，RTOS)。实时操作系统除了提供逻辑上正确的计算结果外，还须支持构建满足实时约束的应用程序。实时操作系统提供实时任务调度、资源管理和任务间通信的机制和服务。本章主要讨论实时操作系统的实时特性。

## ▶ 8.1 实时操作系统内核的特性

虽然通用操作系统提供了实时操作系统需要的大部分服务，但它所占空间太大且有许多特定功能是实时应用并不需要。此外，它是不可配置的，其固有的时间不确定性使得系统响应时间没有任何保证。因此，通用操作系统并不适用于实时嵌入式系统。

实时操作系统设计有三个关键要求。第一，操作系统的时间特性必须是可预测的。所有操作系统提供的服务，其执行时间必须是可预知的，包括操作系统调用和中断处理服务。第二，操作系统必须管理时序和调度，调度器必须知道任务的截止时间。第三，操作系统必须快。例如，上下文切换的开销必须很小。一个快速的实时操作系统有助于处理系统的软实时约束及保证硬截止时间。

如图 8.1 所示，实时操作系统通常包含一个实时内核及其他高层服务，例如文件管理、协议栈、图形用户界面(GUI)和其他组件。绝大多数附加的服务与 I/O 设备有关。实时内核是管理微处理器或微控制器的时间和资源的软件，提供必不可少的服务，如任务调度和中断处理。图 8.2 显示了微内核的一般结构。

嵌入式系统中有一小段特殊的代码称为板级支持包(board support package，BSP)，用于支持特定操作系统的板卡。板级支持包通常由 bootloader 和设备驱动组成，bootloader 提供了引导操作系统的最少设备支持，而设备驱动包含了板卡上所有硬件设备的驱动程序。

### 8.1.1 时钟和计时器

大多数嵌入式系统必须跟踪时间的流逝。在大多数实时操作系统内核中，时间的长度由系统节拍数表示。

实时操作系统的工作原理是设置一个硬件定时器来定期中断，比如每毫秒一次，并根据

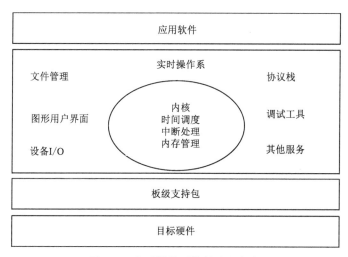

**图 8.1　实时操作系统的高层视角**

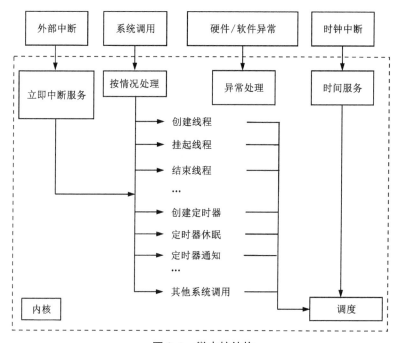

**图 8.2　微内核结构**

中断建立所有的时序。在 POSIX 标准中，每个节拍为 10 ms，每秒钟 100 个节拍。一些实时操作系统允许用户设置和获取系统节拍的值。计时器也称为心跳定时器，中断也称为时钟中断。

在每次时钟中断时，计时器 ISR 都会增加节拍计数，并检查在当前时刻是否需要解除阻塞或唤醒任务。如果是，它会调用调度器再次进行调度。

基于系统节拍，实时操作系统内核允许在给定的系统节拍数后调用所需的函数。根据 RTOS，计时器 ISR 可直接调用用户函数。当然，还有其他的时序服务。例如，大多数实时操作系统内核允许开发人员限定任务等待队列或邮箱消息、信号量的时间等。

计时器提高了实时应用的确定性。计时器允许应用程序以预定义的时间间隔或时间设置事件。

### 8.1.2 优先级调度

由于实时任务具有软截止时间或硬截止时间,所有任务执行的紧迫性并不相同。截止时间较短的任务应该优先于截止时间长的任务执行。因此,在实时操作系统中任务通常具有优先级。此外,如果处理器正在执行较低优先级的任务,有较高优先级的任务被释放,实时操作系统应暂停较低优先级的任务,而立即执行较高优先级的任务,以确保较高优先级的任务在截止日期前得以执行,这个过程称为抢占。实时应用程序的任务调度通常是基于优先级的。例如,最早截止时间优先(EDF)调度和速率单调(RM)调度。不考虑任务优先的调度算法(如先进先出服务和轮询)并不适用于实时系统。

在优先级驱动的抢占式调度中,抢占式调度器有一个时钟中断任务,该中断供调度器选择是否切换当前已经执行了一个给定时隙的任务。这种调度系统的优点在于确保在任何时间都没有任务占用处理器超出一个时间片。

如图 8.3 所示,调度器有一个很重要的组件——分派器,该组件将 CPU 的控制权交给调度器选择的任务。在中断或系统调时,它工作于内核模式,接收控制权,负责执行上下文切换。分派器应该尽可能地快,因为在每个任务切换时都会被调用。上下文切换期间,处理器在这段时间内几乎是空闲的,因此,应该避免不必要的上下文切换。

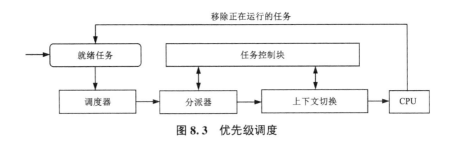

**图 8.3 优先级调度**

基于优先级的调度性能的关键在于确定任务的优先级。优先级驱动的调度可能会导致低优先级任务失去响应并错过截止时间。

### 8.1.3 任务间通信和资源共享

在实时操作系统中,一个任务不能调用另一个任务。相反,任务间交换信息需要通过消息传递、内存共享,使用实时信号、互斥锁或信号量来进行协调和访问共享数据。

#### 1. 实时信号

信号与软件中断类似。在实时操作系统中,信号会自动传递给父进程。信号也可用于其他的同步和异步通知,例如,在进程所等待的唤醒信号有效时,唤醒该进程,通知进程发生了内存冲突。

POSIX 扩展了信号生成和发布以提高实时性。作为通知进程异步事件发生的方式，信号在实时系统中扮演着重要的角色，这些异步事件包括高分辨率计时器溢出、快速进程间消息到达、异步 I/O 完成及显式信号传输。

### 2. 信号量

信号量是用于控制进程或线程对共享资源的访问的计数。信号量的值是当前可用资源数。信号量有两种基本操作，一是对计数器进行原子递增，二是等待计数器非空并进行原子递减。信号量仅跟踪有多少可用资源，并不关注可用的资源是什么。

二进制信号量等同于互斥锁，适用于任意时刻只能由一个任务使用资源的场合。

### 3. 信息传递

除了信号和信号量，任务可在允许的消息传递方案中发送消息以共享数据。消息传递是一种非常有用的信息传递方式，也可用于同步。消息传递经常与共享内存通信同时存在。消息内容可以是通信能够理解的任何东西。消息传递的两个基本操作是发送和接收。

消息传递可以是直接的，也可以是间接的。在直接消息传递中，需要通信的进程必须明确地指定收件方或发件方。在间接消息传递中，消息被发送到或接收自邮箱或端口。当然只有具有共享邮箱的两个进程才能进行这样的通信。

消息传递也可以是同步或异步的。同步消息传递时，发送进程被阻塞直到执行完消息原语。在异步消息传递中，发送进程会立刻获得控制权。

### 4. 共享内存

共享内存是实时操作系统用来将公共物理内存映射到独立的特定进程虚拟空间的一种方法。共享内存常用于不同进程或线程之间共享信息(资源)。共享内存必须以独占方式访问。因此，需要使用互斥锁或信号量保护内存区域。任务中访问共享数据的代码段称为临界区。图 8.4 给出了两个任务共享一块内存区域的原理。

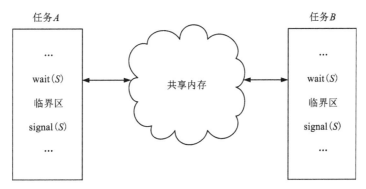

**图 8.4　共享内存和临界区**

使用共享内存的一个副作用是它可能会导致优先级反转，即出现低优先级任务正在运行而高优先级任务在等待的情形。

### 8.1.4 异步 I/O

有两种类型的 I/O 同步：同步 I/O 和异步 I/O。在同步 I/O 中，当用户任务内核请求 I/O 操作时，该请求被立即响应，系统将等待该操作完成后才处理其他任务。I/O 同步操作很快时，同步 I/O 是合适的，且很容易实现。

实时操作系统支持应用程序处理和应用程序初始化 I/O 的重叠。这就是异步 I/O 的实时操作系统的异步 I/O 服务。在异步 I/O 中，任务请求 I/O 操作后，当该任务等待 I/O 操作完成时，其他不依赖于该 I/O 结果的任务将被调度执行。同时，依赖于 I/O 结果的任务被阻塞。异步 I/O 可提高吞吐量，减少延迟和提升响应能力。

图 8.5 说明了同步 I/O 和异步 I/O 的概念。

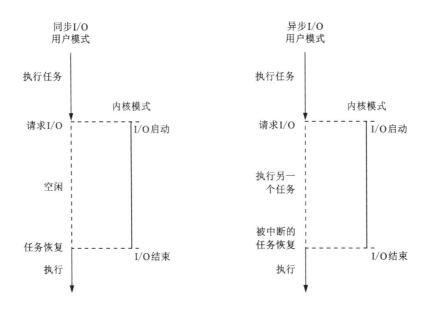

**图 8.5 同步 I/O 与异步 I/O**

### 8.1.5 内存锁定

内存锁定是 POSIX 指定的一种实时功能，用于避免进程在获取内存页面过程中产生延迟。它通过锁定内存来实现，使页面驻留在内存中。这样允许应用程序精确地控制哪个部分必须保持在主存储器中，以减小数据在内存和磁盘之间传输数据的开销。例如，内存锁定可以用于使一个线程常驻于内存中，以监测需立即关注的关键性进程。

当进程退出时，锁定的内存自动解锁。锁定的内存也可以主动解锁。例如，POSIX 定义了 mlock( ) 和 munlock( ) 两个函数用于锁定和解锁内存。munlock( ) 函数将解锁指定的地址区域的内存，而不管 mlock( ) 函数的调用次数。换句话说，可以多次调用 mlock( ) 函数锁定一段内存区域，但仅需调用一次 munlock( ) 函数即可解锁。也就是说，内存锁定不会累加。

多个进程可以锁定相同的或重叠的内存区域，这时内存的区域将保持锁定状态直到所有进程都将这段区域解锁。

## 8.2　多核处理器

多核处理器的核具有独立的指令执行和控制单元、独立的功能部件、独立的控制器、完整的指令流水线。核处理器可以分为单核多线程处理器、多核处理器和多核多线程处理器。单核多线程处理器由单核 CPU 构成，多核处理器由多核芯片构成，而多核多线程处理器的每个核都是多线程的。多核多线程处理器结构如图 8.6 所示。

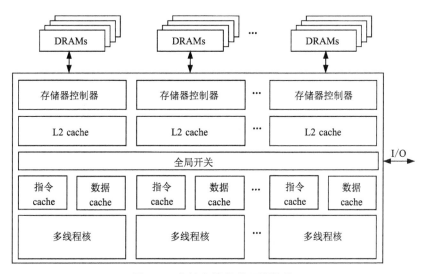

**图 8.6　多核多线程处理器结构**

华为鲲鹏(Kunpeng)920 多核处理器采用 ARM 架构，同样的功能、性能占用的芯片面积小，功耗低，集成度更高，更多的硬件 CPU 的核具备更好的并发技能；支持 64 位指令集，能更好地兼容从 IOT、终端到云端的各类应用场景；大量使用寄存器，大多数数据操作都在寄存器中完成，指令执行速度更快；采用 RISC 指令集，指令长度固定，寻址方式灵活简单，执行效率高。

2019 年发布的鲲鹏 920 处理器片上系统(SoC)集成的 Taishan V110 处理器内核由华为海思自主设计，是 ARMv8.2-A 架构的实现实例，与 64 位 ARMv8-A 架构完全兼容。而且 cache 一致性总线(HCCS)为内核、设备、集群提供系统内存的一致访问，实现片间互联，更好地满足多样性算力需求。鲲鹏 920 的多核/众核架构如图 8.7 所示。

如图 8.8 所示，鲲鹏 920 处理器的内部存储具有层级结构，共有 L1、L2、L3 共 3 级 cache。其中 L1 cache 分指令 cache(L1I)和数据 cache(L1D)，大小均为 64 KB。L2 cache 不分指令或数据 cache，大小为 512 KB。以上所述 L1 和 L2 cache 由每个 CPU 核独享。L3 cache 也不区分指令和数据，但分为 Tag 和 Data 两部分：Tag(标记块)用作内容的索引，集成在每个内核集群中以降低监听延迟；而 Data(数据块)处在内核集群之外，由一个 CPU DIE 内的各个核共享。

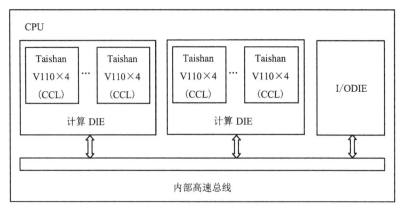

图 8.7　鲲鹏 920 芯片多核/众核架构

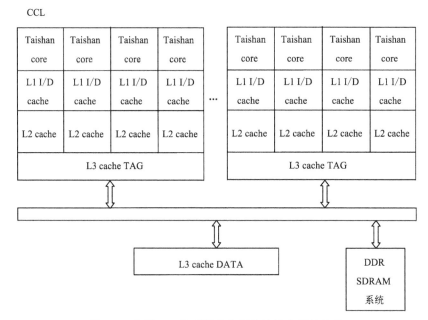

图 8.8　鲲鹏 920 处理器的内部存储具有层级结构

　　多核中的并行性分为指令级并行(instruction level parallelism, ILP)和线程级并行(thread level parallelism, TLP)。

　　指令级并行是指当指令之间不存在相关时,它们在流水线中是可以重叠起来并行执行的。这种指令序列中存在的潜在并行性称为指令级并行。通过指令级并行,处理器可以调整流水线指令的执行顺序,并将它们分解成微指令,能够处理某些在编译阶段无法知道的相关关系(如涉及内存引用时)。能够允许一个流水线机器上编译的指令在另一个流水线上也能有效运行。指令级并行能使处理器速度迅速提高。实现指令级并行需要许多关键技术:乱序执行(out of order execution)、寄存器重命名(register renaming)、分支预测(branch prediction)等。

在按序执行中，一旦遇到指令依赖的情况，流水线就会停滞。乱序执行是指 CPU 允许将多条指令不按程序规定的顺序分开发送给各相应电路单元处理的技术。这样在分析各电路单元的状态和各指令能否提前执行的具体情况后，将能提前执行的指令立即发送给相应电路。如果采用乱序执行，遇到指令依赖时就可以跳到下一个非依赖指令并发布它。这样，执行单元就可以总是处于工作状态，减少时间浪费。这样在分析各电路单元的状态和各指令能否提前执行的具体情况后，将能提前执行的指令立即发送给相应电路单元执行，在这期间不按规定顺序执行指令，然后由重新排列单元将各执行单元结果按指令顺序重新排列。与顺序执行技术相比，乱序执行能够更有效地提高 IPC。一般来说，在同一个主频周期当中，无序核执行指令的数量要比有序核执行指令的数量更多，因而乱序执行架构的处理器单核的计算能力比较强。但乱序执行模式的处理器在电路设计上比较复杂，核的功耗也比较高。

寄存器重命名技术在乱序执行流水线中有两个作用。一是消除指令之间的寄存器读后写相关(write after read, WAR)和写后写相关(write after read, WAW)；二是当指令执行发生例外或转移指令猜测错误而取消后面的指令时可以保证现场的精确。寄存器重命名的思路是当一条指令写一个结果寄存器时不直接写到这个结果寄存器，而是先写到一个中间寄存器过渡，当这条指令提交的时候再写到结果寄存器中。

当包含流水线技术的处理器处理分支指令时会遇到一个问题，根据判定条件的真/假的不同，有可能会产生跳转，而这会打断流水线中指令的处理，因为处理器无法确定该指令的下一条指令，直到分支执行完毕。流水线越长，处理器等待的时间便越长，因为它必须等待分支指令处理完毕，才能确定下一条进入流水线的指令。分支预测技术便是为解决这一问题而出现的。分支预测技术包含编译时进行的静态分支预测和硬件在执行时进行的动态分支预测。最简单的静态分支预测方法就是任选一条分支，这样平均命中率为 50%。更精确的办法是根据原先运行的结果进行统计从而尝试预测分支是否会跳转。任何一种分支预测策略的效果都取决于该策略本身的精确度和条件分支的频率。动态分支预测是近年来处理器已经尝试采用的技术。最简单的动态分支预测策略是分支预测缓冲区(branch prediction buff)或分支历史表(branch history table)。

线程级并行将处理器内部的并行由指令级上升到线程级，旨在通过线程级并行来增加指令吞吐量，提高处理器的资源利用率。TLP 处理器的中心思想是当某一个线程由于等待内存访问而空闲时，可以立刻导入其他的就绪线程来运行。处理器流水线就能够始终处于忙碌的状态，从而使系统的处理能力提高，吞吐量也相应提升。服务器可以通过每个单独的线程为某个客户服务(Web 服务器，数据库服务器)。单核超标量体系结构处理器不能完全实现TLP，而多核架构完全实现了 TLP。研究表明 TLP 将是下一代高性能处理器的主流体系结构技术。

片上多处理器(chip multi-processor, CMP)与同时多线程处理器(simultaneous multithreading, SMT)这两种体系结构可以充分利用应用的指令级并行性和线程级并行性，从而显著提高这些应用的性能。从体系结构的角度看，SMT 比 CMP 对处理器资源的利用率要高，在克服线延迟影响方面更具优势。CMP 相对 SMT 的最大优势在于其模块化设计的简洁性，指令调度也更加简单。同时 SMT 中多个线程对共享资源的争用也会影响其性能，而 CMP 对共享资源的争用要少得多，因此当应用的线程级并行性较高时，CMP 性能一般要优于SMT。此外在设计上，更短的芯片连线使 CMP 比长导线集中式设计的 SMT 更容易提高芯片的运行频率，从而在一定程度上起到性能优化的效果。总之，单芯片多处理器通过在一个芯片上集成多个微处理器核来提高程序的并行性。每个微处理器核实质上都是一个相对简单的单线程微处理器或者比较简单的多线程微处理器，这样多个微处理器核就可以并行地执行程序代码，因而具有了较高的线程级并行性。由于 CMP 采用了相对简单的微处理器作为处理器核，使得 CMP 具有高主频、设计和验证周期短、控制逻辑简单、扩展性好、易于实现、功耗低、通信延迟低等优点。此外，CMP 还能充分利用不同应用的指令级并行和线程级并行，具有较高线程级并行性的应用如商业应用等可以很好地利用这种结构来提高性能。

多核处理器是 MIMD（multiple-instruction stream multiple-data stream）架构，不同的核执行不同的线程（多指令），在内存的不同部分操作（多数据）。多核是一个共享内存的多处理器，所有的核共享同一个内存。同步多线程（simultaneously multithreading，SMT）容许多个独立的线程在同一个核上同步执行。

超线程技术是通过延迟隐藏的方法提高处理器的性能，本质上，就是多个线程共享一个处理核。因此，采用超线程技术所获得的性能并不是真正意义上的并行，从而使采用超线程技术所获得的性能提升随着应用程序及硬件平台的不同而不同。

多核处理器是将两个甚至更多的独立执行核嵌入到一个处理器内部。每个指令序列（线程）都具有一个完整的硬件执行环境，所以各线程之间就实现了真正意义上的并行。

超线程技术充分利用空闲 CPU 资源，在相同时间内完成更多工作。与多核技术相结合，给应用程序带来更大的优化空间，进而极大地提高系统的吞吐率。

在面对多核体系结构开发应用程序的时候，只有有效地采用多线程技术并仔细分配各线程的工作负载才能达到最高性能。而单核平台上，多线程一般都当作是一种能够实现延迟隐藏的有效变程。单核与多核平台下的开发必须采用不同的设计思想：主要体现在存储缓存（memory caching）和线程优先级（thread priority）上。

## ▶ 8.3 线程的实现

进程是运行中的程序实例，是系统的基本工作单元。程序是静态的实体，而进程是活动的实体。进程需要资源，包括 CPU、内存、I/O 设备和文件，以完成它的任务。一个应用程序的执行涉及由操作系统内核建立一个进程、分配内存空间和其他资源的过程。在多任务系统中还包括分配一个优先级给该进程、加载程序到内存，以及为该应用程序的执行完成初始化，然后该进程开始与用户和其他硬件设备进行交互。当一个进程终止时，释放所有可重用资源并将其归还给操作系统。

操作系统启动一个新的进程需要完成分配内存、创建数据结构和拷贝代码等工作。

线程是进程内的执行路径，也是操作系统分配处理器时间的基本单元。进程可以是单线程的，也可以是多线程的。理论上，进程可以做的事情线程都可以做。进程和线程之间的基本区别是两者所需要完成的工作不同，线程通常完成小的任务，而进程通常完成许多重量级任务，例如应用软件的执行。因此，线程通常被称为轻量级进程。

同一进程中的多个线程共享相同的地址空间，而不同的进程并不这样。多个线程还共享全局和静态变量、文件描述符、信号标记、代码区和堆栈，这使得多个线程可以对相同的数据结构和变量进行读写，并在线程之间方便地通信。因此，线程使用的资源远少于进程。但是，同一进程的每个线程都有自己的线程状态、程序计数器、寄存器和堆栈，如图 8.9 所示。

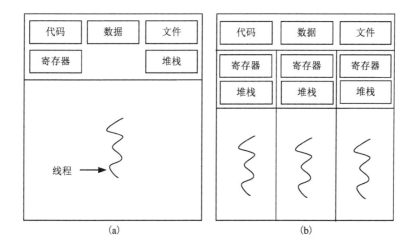

**图 8.9　（a）单线程进程；（b）多线程进程**

线程是操作系统调度器可管理的最小独立工作单元。在实时操作系统中，任务通常用于描述线程或单线程进程。例如，VxWorks 和 μC/OS-Ⅲ。

进程可以通过适当的系统调用创建其他进程，例如分叉（fork）或派生（spawn）。创建其他进程的监测称为父进程，所创建的进程称为子进程。在进程创建时，都会分配一个唯一的整数标识符，称为进程标识符（PID）。进程创建时参数并不是必需的。父进程通常可控制其子进程，父进程可以临时停止子进程、终止子进程、向其发送消息、查看其内存等。子进程可从其父进程接收到部分共享资源。

进程可以通过调用 exit( ) 函数终止其自身的执行。系统还可以出于各种原因终止进程，例如系统无法提供必要的系统资源，或响应 kill 命令或其他未处理的进程中断。当进程终止，将释放其所有系统资源，并删除和关闭打开的文件。

进程也可能出于很多原因被挂起。它可能因交换而挂起，操作系统需要释放足够的主内存给另一个已经准备好执行的进程。它也可能因时序而挂起，周期性执行的进程会挂起以等待下一个执行的时刻。父进程也可能希望挂起子进程的执行以检查或修改该子进程，或者为其他激活的子进程而挂起某个子进程。

有时，进程在运行过程中需要和其他进程通信，这被称为进程间通信（IPC）。操作系统提供了支持进程间通信的机制。常见的进程间通信机制有文件、套接字、消息队列、管道、命名管道、信号量、共享内存和消息传递等。

## ▶ 8.4 多核调度

现实世界中的多个事件可能同时发生。多任务是指操作系统支持多个相互独立的程序在同一台计算机上运行。这种功能主要是通过分时复用实现的，也就是每个程序共享计算机的运行时间。如何在多个任务中共享处理器的时间由调度器决定，调度器遵循调度算法来决定在哪个处理器上执行哪个任务。

每个任务都有一个上下文，这个上下文存储在任务控制块（task control block，TCB）中的一组数据结构中，用于指示任务执行状态。而任务控制块包含所有与任务执行相关的信息。当调度器将一个任务切换出 CPU 时，该任务的上下文必须被存储起来。当任务再次被执行时，该任务的上下文便会被恢复，这样该任务便可以从上次中断点开始继续执行。在任务切换期间，存储和恢复任务的上下文称为上下文切换，如图 8.10 所示。

上下文切换是多任务处理的开销，它们通常是计算密集型的。上下文切换优化是操作系统设计的任务之一，在实时操作系统设计中尤为重要。

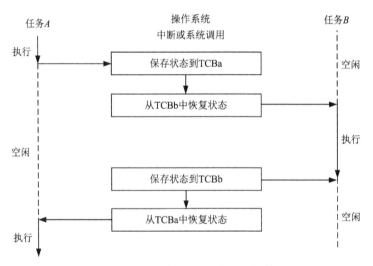

**图 8.10　任务 A 和 B 上下文切换**

在过去的十几年中，处理器时钟频率的增长速度已经放缓，随着处理器时钟频率的增长速度趋于平稳，大多数处理器芯片制造商都通过增加的内核数量来提高性能。现在处理器上的核越来越多，多核处理器的计算能力越来越强大，多核平台以相对较低的成本拥有较高的处理能力。

现在每个处理器芯片的内核数量显著增加。随着处理器的更新，顺序程序的性能不再提高，因此实时应用程序开发人员投入到多核并行编程中。多核并行编程中，需要从理论基础到实时软件的设计和实现这种转变，在整个实时系统中进行扩展。

调度策略可以分为静态调度和动态调度。在静态调度中，并行任务预先分配给固定核，这可能导致有些核负载重，有些核负载很轻，即系统负载不平衡，不能很好利用多核处理器，降低了系统的性能。在动态调度中，并行任务可以允许在任何核上执行，显著提高了资源利用率。动态调度也称为全局调度。

随着多核体系结构的广泛采用，利用这种并行体系结构开发软件变得越来越重要，这尤其需要编程模式向细粒度、线程并行计算转变。针对这种任务内线程级并行性，人们引入了许多并行编程模型。

在多核系统中，实时任务调度方法分为三类。

（1）分区调度方法（partitioned scheduling）。

分区调度方法不允许任务从一个核迁移到另一个核上运行。此方法通过消除任务迁移开销来提高性能。这种方法实现简单，但是，实现最优任务分配是 NP 完全问题，往往导致任务分配不公平。

（2）全局调度（global scheduling）。

全局调度允许任务跨处理器核上迁移。这种方法的优点是在动态平衡处理核上的任务权重的同时优化任务分配。但是，任务迁移会给系统带来上下文切换开销，而系统又会改变任务的行为，将影响系统的可预测性。

（3）半分区调度（semi-partitioned scheduling）。

半分区调度借鉴了分区方法和全局方法，它通常以两种主要方式实现。在第一种方法中，任务可以在不同的核上运行，但是一旦被分配给特定的核，任务每次到达时在同一个核上运行。在第二种方法中，任务被分成若干个子任务，每个子任务被安排在一组特定的核上，任务只能在同一组预先调度的核上运行和迁移。

现代多核平台的内存带宽因多种因素而变化很大，随着应用程序的内存密集度越来越高，设计实时系统是一个巨大的挑战。传统的实时调度方法侧重于 CPU 调度，在进行实时任务调度时估计每个任务的最坏情况执行时间（worst-ease exeaution time，WCET），根据实时任务的 WCET 进行任务调度。传统的多核调度策略不考虑主内存访问。因为处理器的所有内核可以同时请求存储器访问，因为不能保证实时任务竞争资源且相互干扰。在现代多核芯片中，由于硬件资源共享造成的干扰，估计任务的 WCET 是非常困难的。

多核芯片上的共享资源，如主存储器，正日益成为争夺的焦点。随着处理器核数量的增加，越来越多的线程可以同时访问主存，相对有限的主内存带宽对实时系统的影响将越来越明显。

许多研究人员研究了多核平台中进行实时任务调度时减少存储器干扰策略。为了避免在多核平台上竞争资源而造成相互干扰，使用带入和带出方法。如果任务在某个时刻到达使得任务到达和完成之间的持续时间最长，则这个时间被称为任务的关键时间。发现任务的关键时间后，可以通过检查与关键时间相关的情况来提高任务的可调度性，以减少任务的干扰。使用非抢占式全局固定优先级（non-Preemptive fixed-priority，NP-FP）调度策略，NP-FP 调度策略不允许任务抢占当前正在执行的任务。因此，如果较低优先级任务在较高优先级任务被释放之前开始执行，则较低优先级任务有可能阻止较高优先级任务的执行。NP-FP 调度策略防止了任务优先级低而无法执行情况。

在多核处理器系统中，由于任务之间的数据依赖关系，总线上的通信量不仅来源于数据传输，而且还受高速缓存未命中导致的内存传输的影响。这对任务 WCET 分析有着巨大的影响，一般来说，对在多核处理器系统上实现的实时应用程序的可预测性也有着巨大的影响。与在单核处理器系统执行的 WCET 分析(其中高速缓存的未命中率中被视为常数)不同，在多核处理器系统中，每个高速缓存的未命中率都是可变的，具体取决于总线争用，这会影响任务的 WCET。但是，为了执行实时任务调度，需要计算 WCET。同时，由于总线干扰，WCET 依赖于系统调度。一种有效 TDMA 仲裁策略的方法是任务被静态地分配到内核，并且每个处理器的内核只允许在其被准予的 TDMA 时隙期间被允许访问存储器。但是，任务预先分配给固定核，这可能导致有些核负载重，有些核负载很轻，即系统负载不平衡，不能很好利用多核处理器，降低了系统的性能。

现代多核平台上主内存是一个关键的共享资源，内存的性能对整个系统性能至关重要。主内存带宽因多种因素影响而变化很大，随着应用程序访问内存密集度越来越高，这对设计实时系统是一个巨大的挑战。内存请求的处理时间是高度可变的，因为取决于访问的位置、DRAM 芯片和 DRAM 控制器的状态。同时由于一个核的内存访问也可能受到来自其他核的请求的影响，因此存在内核间的依赖关系。DRAM 控制器通常采用调度算法对请求重新排序，以最大化 DRAM 的总吞吐量。所有这些因素都会影响内存密集型实时应用程序的时间可预测性，因为它们的内存访问时间变化很大。共享资源的服务时间依赖于其内部状态和访问历史，运行在核上的任务 WCET 分析可能会因其他核心中的工作负载更改而失效。

一个有效的主内存带宽预留方法是将内存带宽分为两部分：保证使用部分和尽力提供使用部分。保证使用部分为每个核提供内存带宽预留，并有效回收核不使用的内存预留带宽，以最大限度地利用预留带宽。在满足每个核的预留带宽后，通过尽力提供内存带宽进一步提高性能。该方法不在于 WCET 分析，而在于内存带宽预留，这不仅有利于实时应用，也有利于非实时应用，能够在对总吞吐量影响最小的情况下提供内存性能隔离。

随着内核数量的增加，更多的主组件可以同时访问主存。在实时系统中，这种持续的趋势会严重影响计算最坏情况下的高速缓存未命中时间。在多核处理器上运行内存密集型实时应用程序时，测量任务的 WCET 可能会有很大的变化，并且可能会随系统上其他核上运行的任务而变化。因此，根据实时任务的 WCET 进行任务调度策略不再保证对内存密集型任务的可调度性。针对内存密集型任务提出了以主内存为中心的全局调度策略。所提出的策略是可参数化是基于允许在不饱和主存的情况下并发访问主存的内核数，同时引入了虚拟内存核的概念，作为对内存密集型任务集的响应时间分析的基础。

在多核处理器上有很多共享资源，而共享资源的仲裁机构并不是为提供实时保证而设计的。访问共享资源有时会导致严重的时间延迟。所以，控制每个共享资源(如缓存、内存和互连总线)的操作点，以将其保持在饱和极限以下，这是必要的。一种新的系统执行模型，即可预测执行模型(predictable execution model，PREM)，在高层次不修改体系结构的情况下，使用标准主存仲裁器 COTS(commercial off-the shelf) 调度系统中的所有活动组件，如 CPU 核和 I/O 外围设备。高级调度防止多个组件同时请求访问主存。这样就不会使用非实时、低级别的主存仲裁器来解决争用问题。

现在处理器的核数迅速增加，系统工程师在开发有效的存储器体系结构方面面临着严峻的挑战。对于多核嵌入式系统，一种先进的体系结构是片外 DRAM 作为全局存储器，采用片内 SRAM 作为快速本地存储器。集群计算机，比如刀片服务器，通过部署本地和远程内存模块来提高大规模应用程序的吞吐量。基于岛多核平台由一个全局内存池和多个岛组成，所有核都按岛分组，同一个岛上的核共享一个快速本地 Scratchpad 内存模块。其中 Scratchpad 存储器是小 SRAM，与 DRAM 相比，访问延迟要短得多。与 cache 不同，Scratchpad 内存可以映射到处理器的地址空间中，在预定义的地址范围内，应用软件可以在编译器或操作系统的支持下，显式地访问 Scratchpad 内存。Scratchpad 内存由多个任务共享，任务的 WCET 取决于它如何使用 Scratchpad 内存。为了分析具有异构内存的系统中实时任务的响应时间，不仅要考虑任务调度，还要考虑内存分配对任务 WCET 的影响。

由于高速缓存效应，实时任务调度中是具有挑战性的。内存中的干扰是现代多核平台中的重要问题，有效利用高速缓存可以大大减少对内存的访问，从而节省存储器宽带，减少内存的干扰。使用高速缓存分区，系统性能在很大程度上取决于如何将高速缓存分区分配给任务，以及将内存带宽分配给核。一种基于集群的实时高速缓存分配方案考虑了系统的机群信息，满足任务的实时性时，防止了内存访问的干扰。该方案还将空闲时间最大化，以满足任务截止时间的要求，解决高速缓存共分区导致错误的高速缓存分配和高速缓存利用率不足问题。

结合页面着色和高速缓存彩色锁定技术是使用页面着色技术把那些经常访问的内存页的缓存打包，可以通过重新排列物理地址来实现，以便更好地将任务的频繁访问页面保存在高速缓存中。使用高速缓存彩色锁定技术确保已为某一任务分配高速缓存，在该任务运行时不会被高速替换策略替换出去。主要方法如下。

（1）高速缓存分区。

高速缓存分区的思想是将高速缓存的给定部分分配给系统中的给定任务或核，以减少缓存污染。软件分区技术通常依赖于对高速缓存的间接控制、操作系统、编译器或应用程序级别的地址映射。然而，不容易以系统范围的方式应用。另外，基于硬件的技术需要额外的细粒度平台支持。

（2）高速缓存锁定。

锁定高速缓存的一部分是从缓存替换策略中排除包含的行，以便它们永远不会在任意时间窗口中被逐出。锁定是一种特定于硬件的功能，通常以单行或方式的粒度完成。目前大多数商用嵌入式平台提供的"按行锁定"策略是非原子的，这使得很难预测高速缓存的内容。此外，多核共享缓存通常被物理索引（标记）。因此，如果对锁定条目的物理地址不进行任何操作，在最坏的情况下，可以同时保留锁定的行。

（3）页面着色。

页面着色是指不将特定颜色分配给系统的给定实体，而是对页面进行着色，以确保给定页面将映射到特定的高速缓存集上。这能够有效地将每个实时任务的所有最常访问的内存页打包到高速缓存中，并执行选择性锁定。因而，有效地利用了高速缓存，大大减少对内存的访问，从而节省存储器宽带，减少内存的干扰。

## ▶ 8.5　同步与互斥

所谓线程同步就是当有一个线程在对共享资源进行访问时，其他线程都不可以对这个共享资源进行访问，直到该线程完成，其他线程才能对该共享资源进行访问，而其他线程又处于等待状态。实现线程同步的方法和机制主要有临界区（critical sections）、互斥锁（mutex locks）、轻量级读写锁（slim reader/writer locks）、信号量（semaphores）、条件变量（condition variables）和事件（events）等方式。

（1）临界区指的是每个线程中访问共享资源的那段代码，而这些共用资源无法同时被多个线程访问。当有线程进入临界区时，其他线程必须等待，可通过对多线程的串行化来访问临界区。如果有多个线程试图访问公共资源，那么在有一个线程进入后，其他试图访问公共资源的线程将被挂起，并一直等到进入临界区的线程离开，临界区在被释放后，其他线程才可以抢占。

（2）互斥锁确保一次只有一个线程可以访问资源。如果锁被另一个线程持有，则试图获取锁的线程将休眠，直到锁被释放。可以指定超时时间，以便如果在指定的时间间隔内锁仍不可用，获取锁的尝试就失败。在多个线程等待锁的情况下，无法确保线程获取互斥锁的顺序。互斥锁可以在进程之间共享。

（3）轻量级读写锁支持多个线程读共享数据，但在极少数情况下，写共享数据。多个线程可同时读数据而无须担心会损坏共享的数据。然而，在任何时刻只有一个线程可以更新数据，且在写操作执行期间其他线程无法访问该数据。这是为了防止线程读到写过程中不完整或已损坏的数据。轻量级读写锁不能在进程之间共享。

（4）信号量提供了一种对有限资源进行限制访问或发出信息表示资源可用的一种方式。这与 POSIX 提供的信号量基本相同。与互斥锁一样，信号量可以在进程之间共享。

（5）条件变量使线程在条件为真时被唤醒。条件变量不能在进程之间共享。

（6）事件是进程内或进程之间发送信号的一种方法，其功能与信号量发送信号功能相同。

## ▶ 8.6 内存访问管理

当一个进程开始时，操作系统分配内存给该进程，然后将磁盘上的加载模块装载到该内存空间。在加载过程中，可执行代码和初始化数据被从加载模块复制到该进程的内存中。此外，内存还会分配给未初始化数据和运行时栈，这些堆栈用于保存每次程序调用所需存放的信息。加载程序有一个默认的堆栈空间，当堆栈在运行过程中被全部占用时，只要没有超出预定义的最大空间，就可以分配额外的空间给它。

许多编程语言支持在程序运行时申请内存空间，例如，C++语言和 Java 语言调用 new 申请内存空间，C 语言调用 malloc( )。这些内存空间来自堆或者空闲存储的大型内存池。任何时候，一部分堆已经被使用，其余部分是空闲的，为未来分配做准备。图 8.11 给出了一个正在运行的进程的内存空间，其中堆空间在运行过程中由进程分配。

为了避免大型的可执行文件加载进内存，现代操作系统提供了两种服务：动态加载和动态链接。在动态加载中，程序的例行(库或其他二进制模块)在程序调用之前不会被加载。所有例程都以可重定位的加载格式保存在磁盘上。主程序被加载到内存中并被执行，其他例程方法或模块根据需要加载。动态加载的内存空间利用率较高，未用的例程不会被加载。动态加载可用于需要不定期加载大量代码的情况。

在动态链接中，库函数在运行时链接。与此相对的是静态链接，库函数在编译时链接，这样会造成可执行比较代码较大。动态链接在编译后解析符号,将其名称与地址或偏移量相关联,这对库函数比较有用。

虚拟存储器(virtual memory)建立在主存-辅存的物理结构基础之上,以透明的方式给用户提供了一个比实际主存空间大得多的程序地址空间。

用户编程时所用的地址称为虚拟地址或逻辑地址,简称虚地址。虚地址的全部集合构成的地址空间称为虚拟地址空间或逻辑空间。实际的主存地址称为物理地址或实地址,实地址对应的空间为主存空间或物理空间,其容量为主存容量或实存容量。对于虚拟存储器,程序运行中每次访问主存时,都必须进行虚、实地址变换。

图 8.11  进程的内存空间

由于主存-辅存层次的基本信息传送单位可以采用段、页、段页等方案,因此,虚拟存储器的存储管理方法也就相应有段式管理、页式管理和段页式管理。

段式管理是把主存按段分配的存储管理方式。段是指逻辑结构相对独立的部分,例如子程序、数据表等。段作为独立的逻辑单位可以被其他程序段调用,形成规模较大的程序。因此,段作为基本信息单位在主存-辅存之间传送和定位是比较合理的。段的逻辑独立性易于编译、管理、修改和保护,也便于多道程序的共享;某些类型的段(堆栈、队列)具有动态可变长度,允许自由调度以便有效利用主存空间。

页式管理是指把主存的物理空间和辅存的逻辑空间按页(一定长度的区域)划分并进行管理。各个页在主存中的位置由页表指示,页表由实页号和控制位组成。由于页不是逻辑上独立的实体,所以,在处理、保护、共享方面页式管理都不及段式管理方便。

段页式管理兼顾前两种管理方式的优点,是将程序按模块分段,段再分页,进入主存仍以页为基本信息传送单位,用段表和页表进行两级定位的管理方式。

在虚拟存储器中,为了实现逻辑地址到物理地址的转换,并在页面失效时进行合理有效的管理,专门设置了由硬件实现的存储器管理部件(memory management unit,MMU)。

## 8.7  中断管理

现代操作系统是中断(interrupt)驱动的,所有活动都由中断的到来引发。中断是指当CPU 正在执行程序时,由于某一突发事件的发生,CPU 暂时中止正在执行的程序,转去处理突发事件,待突发事件处理完毕后,再返回到原来被中止的程序并继续执行。

中断是一个过程,能够引起中断的突发事件称为中断源,根据中断源的不同,可以将中断分为硬件中断和软件中断。处理突发事件的程序称为中断服务程序。从主程序转到中断服务程序称为中断响应,根据中断响应方法的不同,可以将中断分为查询中断和向量中断。从中断服务程序返回到主程序称为中断返回,为了能够正确返回到被打断处并继续执行原程序,中断响应时会自动保护断点。所谓断点就是 CPU 被打断处指令的下一条指令的地址。

## ▶ 8.8 文件系统

文件是辅助存储设备的基本抽象形式，是存储在设备中的命名数据集合。操作系统一个重要的组成部分是文件系统，它提供文件管理、辅助存储管理、文件访问控制和完整性保证等功能。

文件管理包括提供存储、引用、共享和保护文件的机制。创建文件时，文件系统为数据分配初始空间。随着文件的增长，分配的空间将随之增加。当文件被删除或其大小减小时，空间会给其他文件使用。这就产生了各种大小的交替使用已使用和未使用区域。当文件创建时，若没有满足其初始分配的连续空间区域，就必须以片段的形式分配空间。因为文件会随着时间增大或减小，且由于用户很少提前知道文件的具体大小，因此应该采用非连续存储分配方案。图 8.12 显示了区块链接方案。文件存储的初始地址其文件名标识。

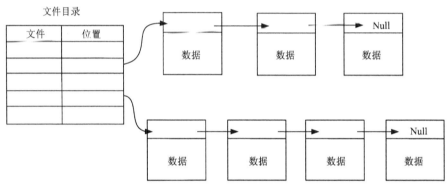

图 8.12 文件存储的块链接结构

通常，计算机中的文件以目录形式管理，这些目录构成树结构的分层系统。

文件系统记录着每个文件必要的信息，包含文件数据的大小、文件最近修改时间、其所有者的用户 ID 和组 ID，以及访问权限。

文件系统还提供了一系列命令来读取和写入文件内容，设置文件读/写位置，设置和使用保护机制，更改所有权，在目录中列出文件，以及删除文件。

文件访问控制可以使用一个二维矩阵实现，该矩阵列出了系统中的所有用户和文件。矩阵中的索引$(i, j)$指定了用户 $i$ 是否能够访问文件 $j$。如果系统中有大量用户和大量文件，则该矩阵将会是一个非常大庞大的稀疏矩阵。

减少空间占用的一个方案是控制各类用户的访问。基于角色的访问控制（RBAC）就是一种访问控制方法，其中只有授权用户可以访问数据。RBAC 给用户分配特定角色，根据用户的工作要求给不同的角色授权。为执行日常任务，用户可以分配多个不同的角色。例如，用户可能同时具备开发人员角色和分析师的角色。每个角色具有访问不同对象所需的权限。

## 8.9　I/O 管理

现代计算机与各种 I/O 设备进行交互，其中最常见包括键盘，鼠标，打印机、磁盘驱动器、USB 驱动器、显示器、网络适配器和音频系统。操作系统的一个目标是向用户隐藏硬件 I/O 设备的特性。

对于存储器映射 I/O，每个 I/O 设备在 I/O 地址空间占据部分地址。通过 I/O 地址空间中的物理存储位置与可以实现 I/O 设备和处理器之间的通信。通过对相应的地址进行读或写操作，处理器可以获得 I/O 设备的或者向其发送命令。

大多数系统使用设备控制器这种基本的接口单元。操作系统通过设备控制器与 I/O 设备通信。几乎所有的设备控制器都具有直接内存访问（Direct Memory Access，DMA）能力，即可以直接访问系统内存而无须处理器干预。这使得处理器可以摆脱与 I/O 设备之间的数据传输负担。

中断允许外部设备在需要数据或某个操作结束时通知处理器，允许处理器在没有 I/O 传输需要立即处理时执行其他任务。处理器在执行每条指令后检测中断请求线。当设备控制器在中断请求线上发出中断请求时，处理器捕获到该信号，随即保存现场，然后将控制权转移给中断处理程序。中断处理程序判断中断源，执行必要的处理，然后执行中断返回指令，将控制权交还给处理器。

I/O 操作通常具有较大的延迟。绝大多数的延迟是由低速外部设备导致。例如，在磁盘目标扇区旋转到读/写磁头下之前，磁盘信息无法读取或写入。通过给外部设备增加与其相关联的 I/O 缓存可以降低延迟。

## 8.10　本章小结

实时嵌入式操作系统是指用于嵌入式系统的操作系统。嵌入式操作系统是一种用途广泛的系统软件，通常包括与硬件相关的底层驱动软件、系统内核、设备驱动接口、通信协议、图形界面、标准化浏览器等。嵌入式操作系统负责嵌入式系统的全部软、硬件资源的分配、任务调度，控制、协调并发活动。它必须体现其所在系统的特征，能够通过装卸某些模块来实现系统所要求的功能。目前在嵌入式领域广泛使用的实时操作系统有嵌入式实时操作系统 μC/OS-Ⅱ、嵌入式 Linux、Windows Embedded、VxWorks 等，以及应用在智能手机和平板电脑的 Android、iOS 等。

### 习　题

1. 操作系统的内核是什么？它在哪种模式下运行？
2. 用户进程与应用程序交互的两种方法是什么？讨论每种方法的优点。
3. 对象模块和加载模块之间的区别是什么？

4. 操作系统是中断驱动的是指的什么？处理器在中断发生时要做什么？

5. 什么是上下文切换？何时发生？

6. 使用内存映射 I/O 有什么好处？

7. 为什么通用操作系统不能满足实时性的要求系统？

8. 实时操作系统内核的基本功能是什么？

9. 实时操作系统如何跟踪时间的流逝？

10. 为什么在实时应用程序中需要使用基于优先级的调度？

11. 不同任务沟通的一般方法是什么？如何在访问中同步它们的操作？

12. 比较同步 I/O 和异步 I/O，并列出它们的优点和缺点。

13. 内存锁定技术如何提升计算机性能？

# 第 9 章　UNIX/Linus 并发编程

前几章介绍了实时任务、任务调度及资源访问控制的概念和理论。第 9 章和第 10 章将介绍实时系统软件的实现，主要介绍任务间同步和通信机制。

并发编程是一种表征潜在并行性的技术，它将整体计算划分为若干可同时执行的子计算，即在重叠的时间周期内执行若干个计算。并发编程的目标是充分地利用处理器的每一个核，以达到最高的处理性能。

实际上，所有实时系统本质上都是并发式的，因为现实世界中多个设备是同时运行的，所以，这些设备控制器编程的固有方式就是并发编程。

并发编程有一些突出的优点。首先，它能够提高应用程序的响应速度。利用并发计算，即使系统正在执行其他复杂的运算，它也可以立即响应每个用户的请求。其次，它可以提高处理器的利用率。多个任务争用处理器，并在任务准备好运行时保持处理器繁忙。当一个任务被阻塞，其他任务仍可以运行。最后，它为故障隔离提供了便利结构。

## 9.1　POSIX 线程

POSIX 表示可移植操作系统接口(portable operating system interface of UNIX)，POSIX 标准定义了操作系统应该为应用程序提供的接口标准，是 IEEE 为要在各种 UNIX 操作系统上运行的软件而定义的一系列 API 标准的总称，其正式称呼为 IEEE 1003，而国际标准名称为 ISO/IEC 9945。Pthreads 是线程的 POSIX 标准。该标准定义了创建和操纵线程的一整套 API。在类 UNIX 操作系统(UNIX、Linux、Mac OS X 等)中，都使用 Pthreads 作为操作系统的线程。Windows 操作系统也有其移植版 pthreads-win32。函数库的接口被定义在 pthread. h 头文件中。pthread_create( )函数是类 UNIX 操作系统(UNIX、Linux、Mac OS X 等)的创建线程的函数。它的功能是创建线程(实际上就是确定调用该线程函数的入口点)，在线程创建好以后，就开始运行相关的线程函数。程序 9.1 为显示 Hello。

程序 9.1　显示 **Hello**

```
1   #include "stdio.h"
2   #include "stdlib.h"
3   #include "pthread.h"
4   #define NUM_THREADS 4
5   long int thread_count;
6   void * Hello(void * rank);
7   int main(int argc,char * argv[])
8   {
9       long int thread;
10      pthread_t * thread_handles;
11      thread_count = NUM_THREADS;
12      thread_handles=( pthread_t * ) malloc (thread_count * sizeof(pthread_t));
13      for (thread=0; thread< thread_count; thread++)
14          pthread_create(&thread_handles[thread], NULL, Hello, (void * )thread);
15      printf("Hello from the main thread\n");
16      for (thread=0; thread< thread_count; thread++)
17          pthread_join(thread_handles[thread], NULL);
18      free(thread_handles);
19      return 0;
20  }
21  void * Hello(void * rank)
22  {
23      long int my_rank =(long int)rank;
24      printf("Hello from thread %ld of %ld\n", my_rank, thread_count);
25      return NULL;
26  }
```

程序 9.1 输出以下结果：

Hello from the main thread

Hello from thread 1 of 4

Hello from thread 0 of 4

Hello from thread 2 of 4

Hello from thread 3 of 4

第 5 行定义了一个全局变量 thread_count。在 Pthreads 程序中，全局变量被所有线程共享，而在函数中声明的局部变量则由执行该函数的线程私有。如果多个线程都要运行同一个函数，则每个线程都拥有自己的私有局部变量和函数参数的副本。但是，应该限制使用全局变量，除了确实需要用到的情况外，比如线程之间共享变量。

第 11 行指定了需要生成的线程数目。当然需要生成的线程数目也可以从命令行参数得到，命令行参数作为输入值传入程序。

POSIX 不是由脚本来启动的，而是直接由可执行程序启动，需要在程序中添加相应的代码来显式地启动线程,并构造能够存储线程信息的数据结构。

第 12 行为每个线程的 pthread_t 对象分配内存,pthread_t 对象用来存储线程的专有信息,它由 pthread. h 声明。pthread_t 对象是一个不透明对象。对象中存储的数据都是系统绑定的,用户级代码无法直接访问里面的数据。POSIX 标准保证 pthread_t 对象中必须存有足够多的信息,足以让 pthread_t 对象来确定对它所从属的线程进行唯一标识。

第 14 行,调用 pthread_create( ) 函数来生成线程。pthread_create( ) 函数原型如下:

```
int pthread_create(pthread_t * thread_p, const pthread_attr_t * attr_p, (void * )( * start_routine)
(void * ), void * arg);
```

第一个参数是一个指针,指向对应的 phread_t 对象。pthread-t 对象不是由 pthread_create( ) 函数分配的,必须在调用 phread_create( ) 函数前就为 pthread_t 对象分配内存空间。第二个参数不用,所以只是在函数调用时把 NULL 传递给参数。第三个参数表示该线程将要运行的函数。最后一个参数也是一个指针,指向传给 start_routine( ) 函数的参数。pthread_create( ) 函数返回 0 表示成功,返回-1 表示出错。

main( ) 函数为每一个线程赋予了唯一的 int 型参数 rank,表示线程的编号。既然线程函数可以接收 void * 类型的参数,就可以在 main( ) 函数中为每个线程分配一个 int 类型的整数,并为这些整数赋予不同的数值。当启动线程时,把指向该 int 型参数的指针传递给 thread_create( ) 函数。不是在 main( ) 函数中生成 int 型的线程号,而是把循环变量 thread 转化为 void * 类型,然后在线程 Hello( ) 函数中把这个参数的类型转换为 long 型。

pthread_create( ) 函数创建线程时没有要求必须传递线程号,也没有要求必须要分配线程号给一个线程。

主线程调用 pthread_create( ) 函数后就创建了主函数的一条分支派生,多次调用 pthread_create( ) 函数就会出现多条分支或派生。当 pthread_create( ) 函数创建的线程结束时,这些分支最后又合并(join)到主线程中,如图 9.1 所示。

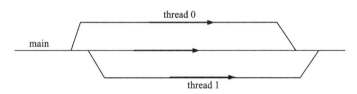

**图 9.1　主线程派生与合并两个线程**

在任何一个时间点上,线程是可结合的(joinable)或者是分离的(detached)。一个可结合的线程能够被其他线程收回其资源和杀死。在被其他线程回收之前,它的存储器资源(例如栈)是不释放的。相反,一个分离的线程是不能被其他线程回收或杀死的,它的存储器资源在它终止时由系统自动释放。

Pthreads 程序采用 SPMD(single program multiple data)并行模式,即每个线程都执行同样的线程函数,但可以在线程内用条件转移来获得不同线程有不同功能的效果。

运行 main( )函数的线程一般称为主线程。pthread_create( )函数中，没有参数用于指定在哪个核上运行线程。线程的调度是由操作系统来控制的。在负载很重的系统上，所有线程可能都运行在同一个核上。事实上，如果线程个数大于核的个数，就会出现多个线程运行在一个核上。如果某个核处于空闲状态，操作系统就会将一个新线程分配给这个核。

程序的第 16 行和第 17 行为每个线程调用一次 pthread_join( )函数。调用一次 pthread_join( )函数将等待 pthread_t 对象所关联的那个线程结束。pthread_join( )函数原型如下：

```
int pthread_join(pthread_t thread, void * * ret_val_p);
```

pthread_join( )函数以阻塞的方式等待 thread 指定的线程结束。当函数返回时，被等待线程的资源被收回。如果线程已经结束，那么该函数会立即返回。如果程序中没有调用 pthread_join( )函数，主线程会很快结束从而使整个进程结束，使创建的线程没有机会开始执行就结束了。调用 pthread_join( )函数后，主线程会一直等待，直到等待的线程结束自己才结束，使创建的线程有机会执行。

线程结束时可以调用 pthread_exit( )函数，pthread_exit( )函数原型如下：

```
void pthread_exit(void * retval);
```

所有线程都有一个线程号，也就是线程标识符，即线程 ID，标识唯一线程。其类型为 pthread_t。通过调用 pthread_self( )函数可以获得自身的线程号。pthread_t 的类型为 unsigned long int，所以在打印的时候要使用%lu 方式。pthread_self( )函数原型如下：

```
pthread_t pthread_self(void);
```

**程序 9.2   显示进程和线程标识符**

```
1    #include "stdio. h"
2    #include "stdlib. h"
3    #include "pthread. h"
4    void *  Thread_func(void *  rank);
5    int main(int argc, char *  argv[])
6    {
7        pid_t pid;
8        pthread_t tid;
9        pid = getpid();
10       printf("Process id=%d\n", pid);
11       pthread_create(&tid, NULL, Thread_func, NULL);
12       pthread_join(tid, NULL);
13       return 0;
```

```
14    }
15    void * Thread_func(void * rank)
16    {
17        printf(" Thread id=%lu\n", pthread_self());
18        return NULL;
19    }
```

**例 9.1** 假设 A 为 n×n 整数矩阵，编写一个 Pthreads 程序计算矩阵所有元素之和。这个问题可以通过使用线程的并发算法来解决。首先创建 n 个线程，每个线程计算不同行的部分和，并存储部分和在全局数组的相应行中。当所有的线程都完成时，主线程将 n 个线程产生的部分和相加来计算总和，并输出。程序 9.3 为计算矩阵元素之和。

程序 9.3 计算矩阵元素之和

```
1    #include "stdio.h"
2    #include "stdlib.h"
3    #include "pthread.h"
4    #define N 4
5    int A[N][N], sum[N];
6    void * func(void * arg);
7    int main(int argc, char * argv[])
8    {
9        pthread_t thread[N];
10       int i, j, r, total = 0;
11       void * status;
12       printf("Main: initialize A matrix\n");
13       for (i=0; i<N; i++)
14         sum[i] = 0;
15       for (j=0; j<N; j++)
16         A[i][j] = i * N+j+1;
17       printf("%4d ", A[i][j]);
18       printf("\n");
19       printf("Main: create %d threads\n", N);
20       for(i=0; i<N; i++)
21         pthread_create(&thread[i], NULL, func, (void * )i);
22       printf("Main: try to join with threads\n");
23       for(i=0; i<N; i++)
24       {
25         pthread_join(thread[i], &status);
26         printf("Main: joined with %d [%lu]: status=%d\n", i, thread[i], (int)status);
27       }
28       printf("Main: compute and print total sum: ");
```

```
29        for (i=0; i<N; i++)
30            total+=sum[i];
31        printf("tatal=%d\n", total);
32        pthread_exit(NULL);
33        return 0;
34  }
35  void * func(void * arg)
36  {
37        int j, row;
38        pthread_t tid = pthread_self();
39        row = (int)arg;
40        printf("Thread %d [%lu] computes sum of row %d\n", row, tid, row);
41        for (j=0; j<N; j++)
42            sum[row] += A[row][j];
43        printf("Thread %d [%lu] done: sum[%d] = %d\n", row, tid, row, sum[row]);
44        pthread_exit((void * )0);
45        return NULL;
46  }
```

**例 9.2** 编写一个 Pthreads 程序实现并行的快速排序。当程序启动时，它作为进程的主线程运行。主线程调用 quicksort()。在 quicksort() 中，主线程选择一个 pivot 元素将数组分成两部分，这样左边部分的所有元素都小于 pivot，右边部分的所有元素都大于 pivot。然后它创建两个子线程来对这两个部分进行排序，并等待子线程完成。每个子线程使用相同的算法递归地对自己的范围进行排序。当所有的子线程都完成后，主线程继续运行，打印排好序的数组。程序 9.4 为快速并行排序。

**程序 9.4　快速并行排序**

```
1   #include "stdio. h"
2   #include "stdlib. h"
3   #include "pthread. h"
4   typedef struct{
5        int upperbound;
6        int lowerbound;
7   }PARM;
8   #define N 10
9   int A[N] = {8, 5, 6, 2, 7, 3, 0, 1, 4, 9};
10  int print()
11  {
12        int i;
13        printf("[ ");
14        for (i=0; i<N; i++)
```

```
15          printf("%d ", a[i]);
16          printf("]\n");
17      }
18  void * quicksort(void * aptr);
19  int main(int argc, char * argv[])
20  {
21          PARM arg;
22          int i, * array;
23          pthread_t me, thread;
24          me = pthread_self();
25          printf("main %lu: unsorted array = ", me);
26          print();
27          arg. upperbound = N-1;
28          arg. lowerbound = 0;
29          printf("main %lu create a thread to do QS\n", me);
30          pthread_create(&thread, NULL, quicksort, (void * )&arg);
31          pthread_join(thread, NULL);
32          printf("main %lu sorted array = ", me);
33          print();
34  }
35  void * quicksort(void * aptr)
36  {
37          PARM * ap, aleft, aright;
38          int pivot, pivotIndex, left, right, temp;
39          int upperbound, lowerbound;
40          pthread_t me, leftThread, rightThread;
41          me = pthread_self();
42          ap = (PARM * )aptr;
43          upperbound = ap->upperbound;
44          lowerbound = ap->lowerbound;
45          pivot = a[upperbound];
46          left = lowerbound - 1;
47          right = upperbound;
48          if (lowerbound >= upperbound)
49            pthread_exit(NULL);
50          while (left<right)
51          {
52            do {left++;} while (a[left]<pivot);
53            do {right--;} while (a[right]>pivot);
54            if (left<right )
55            {
56              temp = a[left];
```

```
57          a[left] = a[right];
58          a[right] = temp;
59        }
60      }
61      print();
62      pivotIndex = left;
63      temp = a[pivotIndex];
64      a[pivotIndex] = pivot;
65      a[upperbound] = temp;
66      aleft.upperbound = pivotIndex - 1;
67      aleft.lowerbound = lowerbound;
68      aright.upperbound = upperbound;
69      aright.lowerbound = pivotIndex+1;
70      printf("%lu: create left and right threads\n", me);
71      pthread_create(&leftThread, NULL, quicksort, (void *)&aleft);
72      pthread_create(&rightThread, NULL, quicksort, (void *)&aright);
73      pthread_join(leftThread, NULL);
74      pthread_join(rightThread, NULL);
75      printf("%lu: joined with left & right threads \n", me);
76    }
```

POSIX 定义的数据类型如表 9.1 所示, 表 9.2 列出了主要的操纵函数, 表 9.3 给出了主要的工具函数。

表 9.1　数据类型

| 数据类型 | 功能 |
| --- | --- |
| pthread_t | 线程句柄 |
| pthread_attr_t | 线程属性 |
| pthread_barrier_t | 同步屏障数据类型 |
| pthread_mutex_t | 互斥锁数据类型 |
| pthread_cond_t | 条件变量数据类型 |

表 9.2　操纵函数

| 函数原型 | 功能 |
| --- | --- |
| int pthread_create(pthread_t * tidp, const pthread_attr_t * attr, (void *)(* start_rtn)(void *), void * arg) | 创建一个线程 |
| void pthread_exit(void * retval) | 终止当前线程 |
| int pthread_cancel(pthread_t thread) | 中断另外一个线程的运行 |

**续表9.2**

| 函数原型 | 功能 |
|---|---|
| int pthread_join( pthread_t tid, void * thread_return) | 阻塞当前的线程，直到另外一个线程运行结束 |
| int pthread_attr_init( pthread_attr_t * attr) | 初始化线程的属性 |
| int pthread _ attr _ setdetachstate ( pthread _ attr _ t * attr, int detachstate) | 设置脱离状态的属性(决定这个线程在终止时是否可以被结合) |
| int pthread_attr_getdetachstate( const pthread_attr_t * attr, int * detachstate) | 获取脱离状态的属性 |
| int pthread_attr_destroy( pthread_attr_t * attr) | 删除线程的属性 |
| int pthread_kill( pthread_t thread, int sig) | 向线程发送一个信号 |

**表 9.3　工具函数**

| 函数原型 | 功能 |
|---|---|
| int pthread_equal( pthread_t threadid1, pthread_t thread2) | 对两个线程的线程标识号进行比较 |
| Int pthread_detach( pthread_t tid) | 分离线程 |
| pthread_t pthread_self( ) | 查询线程自身线程标识号 |

## 9.2　线程同步

　　所谓线程同步就是当一个线程在对共享资源进行访问时，其他线程都不可以对这个共享资源进行访问，直到该线程完成，其他线程才能对该共享资源进行访问，而其他线程又处于等待状态。目前实现线程同步的方法和机制主要有临界区(critical section)、互斥(mutex)和信号量(semaphore)等方式。

　　POSIX 同步函数如表 9.4 所示。

**表 9.4　同步函数**

| 函数原型 | 功能 |
|---|---|
| int pthread _ mutex _ init ( pthread_mutex_t * restrict mutex, const pthread_mutexattr_t * restrict attr) | 初始化互斥锁 |
| int pthread_mutex_destroy( pthread_mutex_t * mutex) | 删除互斥锁 |
| int pthread_mutex_lock( pthread_mutex_t * mutex) | 占有互斥锁(阻塞操作) |

**续表9.4**

| 函数原型 | 功能 |
|---------|------|
| int pthread_mutex_trylock( pthread_mutex_t * mutex ) | 试图占有互斥锁(不阻塞操作),即当互斥锁空闲时,将占有该锁;否则,立即返回 |
| int pthread_mutex_unlock( pthread_mutex_t * mutex) | 释放互斥锁 |
| int pthread_cond_init( pthread_cond_t * cv, const pthread_condattr_t * cattr) | 初始化条件变量 |
| int pthread_cond_destroy( pthread_cond_t * cv) | 删除条件变量 |
| int pthread_cond_signal( pthread_cond_t * cv) | 唤醒第一个调用 pthread_cond_wait( )而进入睡眠的线程 |
| int pthread_cond_wait( pthread_cond_t * cv, pthread_mutex_t * mutex) | 等待条件变量的特殊条件发生 |
| int pthread_cond_timedwait( pthread_cond_t * cv, pthread_mutex_t * mp, const structtimespec * abstime) | 到了一定的时间,即使条件未发生也会解除阻塞 |
| int pthread_cond_broadcast( pthread_cond_t * cv) | 释放阻塞的所有线程 |
| int pthread_key_create ( pthread_key_t * key, void ( * destructor) ( void * ) ) | 分配用于标识进程中线程特定数据的键 |
| int pthread_barrier_init( pthread_barrier_t * restrict barrier, const pthread_barrierattr_t * restrict attr, unsigned count) | 初始化路障 |
| int pthread_barrier_wait( pthread_barrier_t * barrier) | 在路障上等待,直到所需的线程数调用了指定路障 |
| int pthread_barrier_destroy( pthread_barrier_t * barrier) | 删除路障变量 |
| int pthread_rwlock_init( pthread_rwlock_t * rwlock, const pthread_rwlockattr_t * attr) | 初始化读写锁 |
| int pthread_rwlock_rdlock( pthread_rwlock_t * rwlock) | 阻塞式获取读锁 |
| int pthread_rwlock_tryrdlock( pthread_rwlock_t * rwlock) | 非阻塞式获取读锁 |
| int pthread_rwlock_wrlock( pthread_rwlock_t * rwlock) | 阻塞式获取写锁 |
| int pthread_rwlock_trywrlock( pthread_rwlock_t * rwlock) | 非阻塞式获取写锁 |
| int pthread_rwlock_unlock( pthread_rwlock_t * rwlock) | 释放读写锁 |
| int pthread_rwlock_destroy( pthread_rwlock_t * rwlock) | 删除读写锁 |
| int pthread_setspecific( pthread_key_t key, const void * value) | 为指定线程特定数据键设置线程特定绑定 |
| void * pthread_getspecific( pthread_key_t key) | 获取调用线程的键绑定,并将该绑定存储在 value 指向的位置中 |
| int pthread_key_delete( pthread_key_t key) | 销毁现有线程特定数据键 |

续表9.4

| 函数原型 | 功能 |
|---|---|
| int pthread_attr_getschedparam（pthread_attr_t　attr，struct sched_param　param） | 获取线程优先级 |
| int pthread_attr_setschedparam（pthread_attr_t ＊ attr，const struct sched_param ＊ param） | 设置线程优先级 |

## 9.2.1　临界区

临界区指的是每个线程中访问共享资源的那段代码，而这些共享资源又无法同时被多个线程访问。当有线程进入临界区时，其他线程必须等待，可通过对多线程的串行化来访问临界区。如果有多个线程试图访问公共资源，那么在一个线程进入后，其他试图访问公共资源的线程将被挂起，并一直等到进入临界区的线程离开，临界区在被释放后，其他线程才可以抢占。

**例 9.3**　利用如下公式：

$$\ln(1+x) = \left[ x - \frac{x^2}{2} + \frac{x^3}{3} - \frac{x^4}{4} + \cdots \right] = \sum_{k=0}^{\infty} (-1)^k \frac{x^{k+1}}{k+1} \quad (-1 < x \leq 1) \quad (9.1)$$

编写一个 Pthreads 程序计算 ln 2 值。

根据式(9.1)可知

$$\ln 2 = \left[ 1 - \frac{1}{2} + \frac{1}{3} - \frac{1}{4} + \cdots \right] = \sum_{k=0}^{\infty} \frac{(-1)^k}{k+1} \quad (9.2)$$

程序 9.5 为利用式(9.2)计算 ln 2 值串行程序。

**程序 9.5　计算 ln 2 值串行程序**

```
1    #include  "stdio. h"
2    static long int n = 1000000;
3    int main( )
4    {
5        int k;
6        double factor = 1. 0;
7        double ln2 = 0. 0;
8        for (k=0; k< n; k++)
9        {
10            ln2+=factor/(k+1);
11            factor= -factor;
12        }
13        printf("Approxmation of ln2:%15. 13f\n",ln2);
14        return 0;
15    }
```

现在使用并行化计算 ln 2 值串行程序，将 for 循环分块后交给各个线程处理，并将 ln 2 设为全局变量。假设线程数为 *thread_count*，整个任务数为 $n$，每个线程的任务为 $l = n/thread\_count$。因此，对于线程 0，循环变量 $i$ 的范围是 $0 \sim l-1$。线程 1 循环变量的范围是 $l \sim 2l-1$。更一般化地，对于线程 $q$，循环变量的范围是 $ql \sim (q+1)l-1$，而且第一项 $ql$ 如果是偶数，符号为正，否则符号为负。当多个线程尝试更新一个共享资源，需要保证一旦某个线程开始执行更新共享资源操作，其他线程在它未完成前不能执行此操作。临界区就是一个更新共享资源的代码段，一次只允许一个线程执行该代码段。一种控制临界区访问称为忙等待的方法是设标志 flag。flag 是一个共享的 int 型变量，主线程将其初始化为 0。如果 flag 的值为 my_rank 时，线程 my_rank 才能进入临界区更新 ln 2 的值。线程 my_rank 更新 ln 2 的值后，修改 flag 的值，退出临界区，好让其他线程进入临界区。程序 9.6 为使用忙等待计算 ln 2 值。

**程序 9.6  使用忙等待计算 ln 2 值**

```
1    #include "stdio. h"
2    #include "stdlib. h"
3    #include "pthread. h"
4    #define NUM_THREADS 8
5    long int thread_count;
6    long int n = 1000000;
7    double ln2 = 0. 0;
8    long int flag = 0;
9    void * Compute_ln2(void * rank);
10   int main(int argc, char * argv[])
11   {
12       long int thread;
13       thread_count = NUM_THREADS;
14       pthread_t thread_handles[NUM_THREADS];
15       for(thread = 0; thread<thread_count; thread++)
16       {
17           pthread_create(&thread_handles[thread], NULL, Compute_ln2, (void * )thread);
18       }
19       for(thread = 0; thread<thread_count; thread++)
20       {
21           pthread_join(thread_handles[thread], NULL);
22       }
23       printf("Approxmation of ln2:%15. 13f\n", ln2);
24       pthread_exit(NULL);
25       return 0;
26   }
27   void * Compute_ln2(void * rank)
28   {
29       long int my_rank = (long int) rank;
```

```
30          double factor;
31          double my_ln2=0.0;
32          long int i;
33          long int my_n=n/thread_count;
34          long int my_first_i=my_n * my_rank;
35          long int my_last_i=my_first_i+my_n;
36          if( my_first_i % 2 = = 0)
37              factor=1.0;
38          else
39              factor=-1.0;
40          for(i=my_first_i; i<my_last_i; i++, factor=-factor)
41          {
42                  my_ln2+=factor/(i+1);
43          }
44          while (flag! =my_rank);
45          ln2+=my_ln2;
46          flag=(flag+1)% thread_count;
47          return NULL;
48  }
```

忙等待不是控制临界区的最好方法。假设用两个线程来执行这个程序，线程 1 在进入临界区前要进行循环条件测试。如果线程 0 由于操作系统出现延迟，那么线程 1 只会浪费 CPU 周期，不停地进行循环条件测试，这对性能有极大的影响。

因为临界区中的代码一次只能由一个线程运行，所以对临界区访问控制，都必须串行地执行其中的代码。为了提高性能，执行临界区的次数应该最小化。一个方法是给每个线程配置私有变量来存储各自的部分和，然后用 for 循环一次性将所有部分和加在一起算出总和，这样能够大幅度提高性能。

## 9.2.2　互斥锁

访问临界区更好的方法是使用互斥锁和信号量。互斥锁又称互斥量，它是一个特殊类型的变量，通过某些特殊类型的函数，互斥量可以用来限制每次只有一个线程能进入临界区。互斥量保证了一个线程独享临界区，其他线程在有线程已经进入该临界区的情况下，不能同时进入。

互斥锁用来保证一段时间内只有一个线程在执行一段代码。其必要性显而易见：假设各个线程向同一个文件顺序写入数据，最后得到的结果一定是灾难性的。

POSIX 标准为互斥量提供了一个特殊类型：pthread_mutex_t。在使用 pthread_mutex_t 类型的变量前，必须对其进行初始化。有静态和动态两种初始化方式，静态方式使用 PTHREAD_MUTEX_INITIALIZER 常量进行初始化：

```
pthread_ mutex _t mutex = PTHREAD_MUTEX_INITIALIZER;
```

动态方式由 pthread_mutex_init( ) 函数对其进行初始化, pthread_mutex_init( ) 函数原型如下:

int pthread_mutex_init( pthread_mutex_t * mutex_p, const pthread_mutexattr_t * attr_p) ;

第二个参数赋值 NULL 即可。当一个 POSIX 程序使用完互斥量后, 应调用 pthread_mutex_destroy( ) 函数删除互斥锁。pthread_mutex_destroy( ) 函数原型如下:

int pthread_mutex_destroy( pthread_mutex_t * mutex_p) ;

pthread_mutex_destroy( ) 函数在执行成功后返回 0, 否则返回错误码。

要获得临界区的访问权, 线程需调用 pthread_mutex_lock( ) 函数。pthread_mutex_lock( ) 函数原型如下:

int pthread_mutex_lock( pthread_mutex_t * mutex_p) ;

当线程退出临界区后, 应该调用 pthread_mutex_unlock( ) 函数。pthread_mutex_unlock( ) 函数原型如下:

int pthread_mutex_unlock( pthread_mutex_t * mutex_p) ;

调用 pthread_mutex_lock( ) 函数会使线程等待, 直到没有其他线程进入临界区。调用 pthread_mutex_unlock( ) 函数则通知系统该线程已经完成了临界区中代码的执行。

通过声明一个全局的互斥锁, 可以在求全局和的程序中用互斥锁代替忙等待方法。主线程对互斥锁进行初始化。在线程进入临界区前调用 pthread_mutex_lock( ) 函数, 在执行完临界区中的所有操作后再调用 pthread_mutex_unlock( ) 函数。

第一个调用 pthread_mutex_lock( ) 函数的线程会为临界区"锁区", 其他线程如果也想要进入临界区, 也需要先调用 pthread_mutex_lock( ) 函数, 这些调用了 pthread_mutex_lock( ) 函数的线程都会阻塞并等待, 直到第一个线程离开临界区。所以只有当第一个线程调用了 pthread_mutex_unlock( ) 函数后, 系统才会从那些阻塞的线程中选取一个线程使其进入临界区。这个过程反复执行, 直到所有的线程都完成临界区的操作。

在使用互斥锁的多线程程序中, 多个线程进入临界区的顺序是随机的, 第一个调用 pthread_mutex_lock ( ) 函数的线程率先进入临界区, 接下来的线程顺序则由系统负责分配。POSIX 无法保证线程按其调用 pthread_mutex_lock( ) 函数的顺序获得进入临界区的锁。只有有限个线程在尝试获得锁的所有权, 最终每一个线程都会获得锁。

需要注意的是, 在使用互斥锁的过程中很有可能会出现死锁。两个线程试图同时占用两个资源, 并按不同的次序锁定相应的互斥锁。此时可以使用函数 pthread_mutex_trylock( ), 它是 pthread_mutex_lock( )函数的非阻塞版本，当它发现死锁不可避免时，会返回相应的信息，程序员可以针对死锁做出相应的处理。pthread_mutex_trylock( )函数原型如下：

int pthread_mutex_trylock( pthread_mutex_t * mutex );

**例 9.4** 利用如下公式：

$$\ln 2 = \left[ 1 - \frac{1}{2} + \frac{1}{3} - \frac{1}{4} + \cdots \right] = \sum_{k=0}^{\infty} \frac{(-1)^k}{k+1}$$

编写一个 Pthreads 程序，使用互斥锁计算 ln 2 值。

程序 9.7 为使用互斥锁计算 ln 2 值。

程序 9.7 使用互斥锁计算 ln 2 值

```
1   #include "stdio. h "
2   #include "stdlib. h "
3   #include "pthread. h"
4   #define NUM_THREADS 8
5   long int thread_count;
6   pthread_mutex_t mutex;
7   long int n = 1000000;
8   double ln2 = 0. 0;
9   void * Compute_ln2(void * rank);
10  int main(int argc, char * argv[ ])
11  {
12      long int thread;
13      pthread_t thread_handles[NUM_THREADS ];
14      thread_count = NUM_THREADS;
15      pthread_mutex_init(&mutex, NULL);
16      for(thread = 0; thread<thread_count; thread++)
17      {
18          pthread_create(&thread_handles[thread], NULL, Compute_ln2, (void * )thread);
19      }
20      for(thread = 0;thread<thread_count;thread++)
21      {
22          pthread_join(thread_handles[thread], NULL);
23      }
24      printf("Approxmation of ln2:%15. 13f\n", ln2);
25      pthread_mutex_destroy(&mutex);
26      pthread_exit(NULL);
27      return 0;
28  }
29  void * Compute_ln2(void * rank)
```

```
30      {
31          long int my_rank=(long int) rank;
32          double factor;
33          long int i;
34          long int my_n=n/thread_count;
35          long int my_first_i=my_n * my_rank;
36          long int my_last_i=my_first_i+my_n;
37          double my_ln2=0.0;
38          if( my_first_i %2==0)
39              factor=1.0;
40          else
41              factor=-1.0;
42          for(i=my_first_i; i<my_last_i; i++, factor=-factor)
43          {
44              my_ln2+=factor/(i+1);
45          }
46          pthread_mutex_lock(&mutex);
47          ln2+=my_ln2;
48          pthread_mutex_unlock(&mutex);
49          return NULL;
50      }
```

程序9.7第6行声明一个全局互斥锁mutex，第15行主线程对互斥锁mutex进行初始化。各线程计算完自己的my_ln2值后，在第46行更新全局变量ln2前调用pthread_mutex_lock()。如果没有其他线程在临界区内，线程立即进入临界区，并更新ln2变量，否则线程阻塞并等待。进入临界区的线程更新完ln2变量后，在第48行调用pthread_mutex_unlock()，并离开临界区。如果有其他线程在临界区前阻塞，系统会从那些阻塞的线程中选取一个线程使其进入临界区。

**例9.5**　编写一个采用蒙特·卡罗方法使用互斥锁Pthreads程序估计π值。蒙特·卡罗方法估计π值的基本思想是利用圆与其外接正方形面积之比为π/4的关系，通过产生大量均匀分布的二维点，计算落在单位圆和单位正方形的二维点数量之比再乘以4便得到π的近似值。程序9.8为采用蒙特·卡罗方法使用互斥锁估计π值。

**程序9.8　采用蒙特·卡罗方法使用互斥锁估计π值**

```
1   #include" stdio. h"
2   #include" stdlib. h"
3   #include" time. h"
4   #include" pthread. h"
5   #define NUM_THREADS 8
6   long int thread_count;
```

```
7   long int num_in_circle, num_point;
8   pthread_mutex_t mutex;
9   void * Compute_pi(void * rank);
10  int main(int argc, char * argv[])
11  {
12      double pi;
13      long int thread;
14      pthread_t * thread_handles;
15      thread_count = NUM_THREADS;
16      num_point = 10000000;
17      srand(time(NULL));
18      thread_handles = (pthread_t * )malloc(thread_count * sizeof(pthread_t));
19      pthread_mutex_init(&mutex, NULL);
20      for(thread = 0; thread<thread_count; thread++)
21      {
22          pthread_create(&thread_handles[thread], NULL, Compute_pi, (void * )thread);
23      }
24      for(thread = 0; thread<thread_count; thread++)
25      {
26          pthread_join(thread_handles[thread], NULL);
27      }
28      pthread_mutex_destroy(&mutex);
29      pi = 4 * (double)num_in_circle/(double) num_point;
30      printf("The esitimate value of pi is %lf\n", pi);
31      pthread_exit(NULL);
32      return 0;
33  }
34  void * Compute_pi(void * rank)
35  {
36      long int i, local_num_point, local_ num_in_circle = 0;
37      local_num_point = num_point/thread_count;
38      double x, y, distance;
39      for(i = 0; i<local_num_point; i++)
40      {
41          x = (double)rand( )/(double)RAND_MAX;
42          y = (double)rand( )/(double)RAND_MAX;
43          distance = x * x+y * y;
44          if(distance< = 1)
45          {
46              local_ num_in_circle++;
47          }
48      }
```

```
49        pthread_mutex_lock(&mutex);
50        num_in_circle+=local_ num_in_circle;
51        pthread_mutex_unlock(&mutex);
52        return NULL;
53   }
```

程序 9.8 第 7 行定义了两个全局变量 num_in_circle 和 num_point。num_in_circle 用来对落在圆内的点进行计数，而 num_point 表示产生的点的个数。由于全局变量被所有线程所共享，因此，在程序第 49 行线程对 num_in_circle 变量更新前必须获得互斥锁。线程更新完 num_in_circle 变量后释放所获得的互斥锁，使其他线程能够获得互斥锁更新 num_in_circle 变量。

### 9.2.3 条件变量

条件变量是利用线程间共享的全局变量进行同步的一种机制。互斥锁一个明显的缺点是它只有两种状态：锁定和非锁定。条件变量通过允许线程阻塞和等待另一个线程发送信号的方法弥补了互斥锁的不足，它常和互斥锁一起使用。条件变量被用来阻塞一个线程，当条件不满足时，线程往往解开相应的互斥锁并等待条件发生变化。一旦其他的某个线程改变了条件变量，它将通知相应的条件变量唤醒一个或多个正被此条件变量阻塞的线程。这些线程将重新锁定互斥锁并重新测试条件是否满足。一般说来，条件变量被用来进行线程间的同步。

条件变量类型为 pthread_cond_t。条件变量和互斥锁一样，都有静态和动态两种创建方式。静态方式使用 PTHREAD_COND_INITIALIZER 常量进行初始化：

pthread_cond_t cond = PTHREAD_COND_INITIALIZER;

动态方式调用 pthread_cond_init() 函数进行初始化。pthread_cond_init() 函数原型如下：

int pthread_cond_init ((pthread_cond_t * _cond,   _const pthread_condattr_t  * _cond_attr));

其中 cond 是一个指向结构 pthread_cond_t 的指针，cond_attr 是一个指向结构 pthread_condattr_t 的指针。结构 pthread_condattr_t 是条件变量的属性结构。和互斥锁一样，我们可以用它来设置条件变量是进程内可用还是进程间可用，默认值是 PTHREAD_ PROCESS_ PRIVATE，即此条件变量被同一进程内的各个线程使用。注意初始化条件变量只有未被使用时才能重新初始化或被释放。

释放一个条件变量的函数为 pthread_cond_ destroy()，只有当没有线程在该条件变量上等待的时候，才能注销这个条件变量，否则返回 EBUSY。pthread_cond_destroy() 函数原型如下：

```
int pthread_cond_destroy(pthread_cond_t * cond);
```

条件变量允许线程在某个特定条件或事件发生前都处于挂起状态。当事件或条件发生时，另一个线程可以通过信号来唤醒挂起的线程。一个条件变量总是与一个互斥锁相关联。

函数 pthread_cond_signal( ) 的作用是解锁一个阻塞的线程。pthread_cond_signal( ) 函数原型如下：

```
int pthread_cond_signal(othread_cond_t * cond_var_p);
```

pthread_cond_broadcast( ) 函数用来唤醒所有被阻塞在条件变量 cond_var_p 上的线程。这些线程被唤醒后将再次竞争相应的互斥锁，所以必须小心使用这个函数。pthread_cond_broadcast( ) 函数原型如下：

```
int pthread_cond_broadcast(pthread_cond_t * cond_var_p);
```

pthread_cond_wait( ) 函数的作用是通过互斥量 mutex_p 来阻塞线程，直到其他线程调用 pthread_cond_signal( ) 函数或者 pthread_cond_broadcast( ) 函数来解锁它。当线程被解锁后，它重新获得互斥量。pthread_cond_wait( ) 函数原型如下：

```
int pthread_cond_wait(pthread_cond_t * cond_var_p, pthread_cond_t * mutex_p);
```

线程可以被 pthread_cond_signal( ) 函数和 pthread_cond_broadcast( ) 函数唤醒。但是要注意的是，条件变量只是起阻塞和唤醒线程的作用，具体的判断条件还需程序员给出。线程被唤醒后，它将重新检查判断条件是否满足，如果还不满足，一般说来线程应该仍阻塞，等待被下一次唤醒。

另一个用来阻塞线程的函数是 pthread_cond_timedwait( )。pthread_cond_timedwait( ) 函数原型如下：

```
int pthread_cond_timedwait((pthread_cond_t * _cond, pthread_mutex_t * _mutex, _const struct
timespec * _abstime));
```

pthread_cond_timedwait( ) 函数比 pthread_cond_wait( ) 函数多了一个时间参数，经历 abstime 段时间后，即使条件变量不满足，阻塞也被解除。

pthread_cond_signal( ) 函数用来释放被阻塞在条件变量 cond 上的一个线程。多个线程阻塞在此条件变量上时，哪一个线程被唤醒是由线程的调度策略所决定的。要注意的是，必须用保护条件变量的互斥锁来保护这个函数，否则条件满足信号又可能在测试条件和调用 pthread_cond_wait( ) 函数之间被发出，从而造成无限制的等待。pthread_cond_signal( ) 函数原型如下：

```
int pthread_cond_signal ( pthread_cond_t * _cond ) ;
```

程序 9.9 为使用条件变量的 Pthreads 程序。在第 9 行定义了全局变量 $i$，线程 Thread1 和线程 Thread2 共享资源 $i$。在第 5 行和第 6 行分别声明了互斥变量和条件变量并初始化。线程 Thread1 对 $i$ 进行循环加 1 操作，并输出所有非 3 倍数的 $i$ 值。在第 46 行当 $i$ 的值不为 3 的倍数时线程 Thread2 被阻塞。当 $i$ 的值为 3 的倍数时，在第 31 行线程 Thread1 通过条件变量机制通知线程 Thread2，线程 Thread2 被唤醒，并输出此时的 $i$ 值。

**程序 9.9 使用条件变量**

```
1    #include "stdio. h"
2    #include "stdlib. h"
3    #include "pthread. h"
4    #include "unistd. h"
5    pthread_mutex_t mutex = PTHREAD_MUTEX_INITIALIZER;
6    pthread_cond_t cond = PTHREAD_COND_INITIALIZER;
7    void * Thread1( void * rank) ;
8    void * Thread2( void * rank) ;
9    int i = 1;
10   int main( int argc, char * argv[ ])
11   {
12       long int thread;
13       pthread_t thread_handles[ 2];
14       pthread_create( &thread_handles[ 0], NULL, Thread1, NULL);
15       pthread_create( &thread_handles[ 1], NULL, Thread2, NULL);
16       for ( thread = 0; thread<2; thread++)
17       {
18          pthread_join( thread_handles[ thread], NULL);
19       }
20       pthread_mutex_destroy( &mutex);
21       pthread_cond_destroy( &cond);
22       pthread_exit( NULL);
23       return 0;
24   }
25   void * Thread1( void * rank)
26   {
27       for ( i=1; i<=9; i++)
28       {
29          pthread_mutex_lock( &mutex);
30          if ( i%3 = = 0)
```

```
31              pthread_cond_signal(&cond);
32           else
33          printf("Thread1, i=%d\n", i);
34          pthread_mutex_unlock(&mutex);
35          sleep(1);
36       }
37       return NULL;
38   }
39   void * Thread2(void * rank)
40   {
41       while (i<9)
42       {
43         pthread_mutex_lock(&mutex);
44         if (i%3! =0)
45         {
46           pthread_cond_wait(&cond, &mutex);
47           printf("Thread2, i=%d\n", i);
48         }
49         pthread_mutex_unlock(&mutex);
50         sleep(1);
51       }
52       return NULL;
53   }
```

程序 9.9 输出结果如下:

Thread1, i=1

Thread1, i=2

Thread2, i=3

Thread1, i=4

Thread1, i=5

Thread2, i=6

Thread1, i=7

Thread1, i=8

Thread2, i=9

从程序输出结果可以看出,在 $i=3$,6,9 时线程 Thread2 满足条件,产生输出。

**例 9.6**　假设系统有一个输入线程,两个输出线程。输入线程随机产生整数,并放入只能容纳一个数的缓冲区。如果缓冲区放入是一个奇数,由输出奇数的输出线程输出,否则由输出偶数的输出线程输出。编写一个 Pthreads 程序使用条件变量实现输出奇数和偶数功能。

程序 9.10 为使用条件变量输出奇数和偶数。

程序 9.10　使用条件变量输出奇数和偶数

```c
1   #include "stdio. h"
2   #include "stdlib. h"
3   #include "time. h"
4   #include "unistd. h"
5   #include "pthread. h"
6   int num_odd=0;
7   int num_even=0;
8   int buffer;
9   pthread_mutex_t mutex;
10  pthread_cond_t is_empty, is_odd, is_even;
11  void * Producer(void * rank);
12  void * Consumer_odd(void * rank);
13  void * Consumer_even(void * rank);
14  int main(int argc, char * argv[])
15  {
16      long int thread;
17      srand(time(NULL));
18      pthread_t thread_handles[3];
19      pthread_mutex_init(&mutex, NULL);
20      pthread_cond_init(&is_empty, NULL);
21      pthread_cond_init(&is_odd, NULL);
22      pthread_cond_init(&is_even, NULL);
23      pthread_create(&thread_handles[0], NULL, Producer, NULL);
24      pthread_create(&thread_handles[1], NULL, Consumer_odd, NULL);
25      pthread_create(&thread_handles[2], NULL, Consumer_even, NULL);
26      for(thread=0; thread<3; thread++)
27      {
28          pthread_join(thread_handles[thread], NULL);
29      }
30      pthread_mutex_destroy(&mutex);
31      pthread_cond_destroy(&is_odd);
32      pthread_cond_destroy(&is_even);
33      pthread_cond_destroy(&is_empty);
34      pthread_exit(NULL);
35      return 0;
36  }
37  void * Producer(void * rank)
38  {
39      int k;
40      for(int i=0; i<10; i++)
41      {
42          pthread_mutex_lock(&mutex);
```

```
43          if((num_odd+num_even)！＝0)
44            pthread_cond_wait(&is_empty, &mutex);
45          k＝rand()%100;
46          printf("Producer puts %d\n", k);
47          buffer＝k;
48          if(k %2 ！＝ 0)
49          {
50            num_odd++;
51            pthread_cond_signal(&is_odd);
52          }
53          else
54          {
55            num_even++;
56            pthread_cond_signal(&is_even);
57          }
58          pthread_mutex_unlock(&mutex);
59          sleep(1);
60        }
61      printf("Producer has finished. \n");
62      return NULL;
63  }
64  void * Consumer_odd(void * rank)
65  {
66      int k;
67      while(1)
68        {
69          pthread_mutex_lock(&mutex);
70          if(num_odd＝＝0)
71            pthread_cond_wait(&is_odd, &mutex);
72          num_odd--;
73          k＝buffer;
74          printf("Consumer_odd gets %d\n", k);
75          pthread_cond_signal(&is_empty);
76          pthread_mutex_unlock(&mutex);
77          sleep(1);
78        }
79      return NULL;
80  }
81  void * Consumer_even(void * rank)
82  {
83      int k;
84      while(1)
85        {
```

```
86          pthread_mutex_lock(&mutex);
87          if(num_odd==0)
88            pthread_cond_wait(&is_even, &mutex);
89          num_even--;
90          k=buffer;
91          printf("Consumer_odd gets %d\n",k);
92          pthread_cond_signal(&is_empty);
93          pthread_mutex_unlock(&mutex);
94          sleep(1);
95        }
96      return NULL;
97   }
```

### 9.2.4 信号量

信号量(semaphore)是由计算机科学家 Edsger Dijkstra 提出的,被用来控制对共享资源的访问。信号量不是 POSIX 线程库的一部分,线程中使用的信号量函数都声明在头文件 semaphore. h 中。信号量有两种:未命名(内存)信号量和命名信号量。

sem_init()函数用于初始化未命名信号量。sem_init()函数原型如下:

```
#include "semaphore. h"
int sem_init(sem_t * sem, in tpshared, unsigned int value);
```

sem_init()函数初始化由 sem 指向的信号量,value 参数指定信号量的初始值,pshared 参数指明信号量是由进程内线程共享还是进程之间共享。如果 pshared 的值为 0,那么信号量将被进程内的线程共享,否则信号量就可以在多个进程之间共享。

sem_wait()函数用于以原子操作的方式将信号量的值减 1。sem_wait()函数原型如下:

```
#include "semaphore. h"
int sem_wait(sem_t * sem);
```

sem 指向的对象是由 sem_init()函数调用初始化的信号量。调用成功时返回 0,失败返回-1。

sem_post()函数用于以原子操作的方式将信号量的值加 1。sem_post()函数原型如下:

```
#include "semaphore. h"
int sem_post(sem_t * sem);
```

与 sem_wait()函数一样,sem 指向的对象是由 sem_init()函数调用初始化的信号量。调用成功时返回 0,失败返回-1。

sem_destroy( )函数用于对用完的信号量的清理。sem_destroy( )函数的原型如下：

```
#include "semaphore.h"
int sem_destroy(sem_t * sem);
```

sem_destroy( )函数调用成功时返回 0，失败时返回−1。

sem_trywait( )函数是 sem_wait( )函数的非阻塞版本。如果信号量的当前值为 0，则调用 sem_wait( )函数的线程被阻塞，直到信号量的值大于 0。sem_trywait( )函数和 sem_wait( )函数有一点不同，即如果信号量的当前值为 0，则返回错误而不是阻塞调用。sem_trywait( )函数原型如下：

```
#include "semaphore.h"
int sem_sem_trywait(sem_t * sem);
```

sem_timedwait( )函数与 sem_wait( )函数类似，只不过用 abs_timeout 指定一个阻塞的时间上限。sem_timedwait( )函数原型如下：

```
#include "semaphore.h"
int sem_timedwait(sem_t * sem, const struct timespec * abs_timeout);
```

sem_getvalue( )函数把 sem 指向的信号量当前值放置在 sval 指向的整数上。但是信号量的值可能在 sem_getvalue( )函数返回时已经被更改。sem_getvalue( )函数原型如下：

```
#include "semaphore.h"
int sem_getvalue(sem_t * sem, int * sval);
```

信号量数据类型和函数如表 9.5、表 9.6 所示。

表 9.5　信号量数据类型( #include "semaphore.h" )

| 数据类型 | 功能 |
| --- | --- |
| sem_t | 信号量数据类型 |

表 9.6　信号量函数( #include "semaphore.h" )

| 函数原型 | 功能 |
| --- | --- |
| int sem_init(sem_t * sem, int pshared, unsigned int value) | 初始化未命名(内存)信号量 |
| int sem_wait(sem_t * sem) | 将信号量的值减 1 |

**续表9.6**

| 函数原型 | 功能 |
|---|---|
| int sem_post(sem_t *sem) | 将信号量的值加 1 |
| int sem_destroy(sem_t *sem) | 撤销信号量 |
| int sem_sem_trywait(sem_t *sem) | 将信号量的值减 1，但非阻塞 |
| int sem_timedwait(sem_t *sem, const struct timespec *abs_timeout) | 将信号量的值减 1，但是指定阻塞的时间上限 |
| int sem_getvalue(sem_t *sem, int *sval) | 取信号量值 |
| sem_t *sem_open(const char *name, int oflag, mode_t mode, unsigned int value) | 创建并初始化命名信号量 |
| int sem_close(sem_t *sem) | 关闭命名信号量 |
| int sem_unlink(const char *name) | 从系统中删除命名信号量 |

**例 9.7**　利用 $\pi = \int_0^1 \dfrac{4}{1+x^2}\mathrm{d}x$，使用信号量法计算 $\pi$ 值。

程序 9.11 为使用信号量法计算 $\pi$ 值。

### 程序 9.11　使用信号量法计算 $\pi$ 值

```
1    #include "stdio. h"
2    #include "stdlib. h"
3    #include "pthread. h"
4    #include "semaphore. h"
5    #define NUM_THREADS 8
6    long int thread_count;
7    long int n = 10000000;
8    double pi = 0.0;
9    sem_t bin_sem;
10   void * Compute_pi(void * rank);
11   int main(int argc, char * argv[])
12   {
13       long int thread;
14       pthread_t thread_handles[NUM_THREADS];
15       thread_count = NUM_THREADS;
16       sem_init(&bin_sem, 0, 1);
17       for(thread=0; thread<thread_count; thread++)
18       {
19         pthread_create(&thread_handles[thread], NULL, Compute_pi, (void * )thread);
20       }
21       for(thread=0; thread<thread_count; thread++)
```

```
22          {
23              pthread_join(thread_handles[thread], NULL);
24          }
25          printf("Approxmation of pi:%15.13f\n", pi);
26          sem_destroy(&bin_sem);
27          pthread_exit(NULL);
28          return 0;
29      }
30      void * Compute_pi(void * rank)
31      {
32          long int my_rank = (long int)rank;
33          long int i;
34          long int my_n = n/thread_count;
35          long int my_first_i = my_n * my_rank;
36          long int my_last_i = my_first_i + my_n;
37          double my_pi = 0.0;
38          double h = 1.0/(double)n;
39          double x;
40          for(i = my_first_i; i<my_last_i; i++)
41          {
42              x = (i+0.5) * h;
43              my_pi += 4.0/(1.0+x * x);
44          }
46          sem_wait(&bin_sem);
47          pi += my_pi * h;
48          sem_post(&bin_sem);
49          return NULL;
50      }
```

并行化计算 $\pi$ 值的方法是将 for 循环分块后交给各个线程处理，程序 9.11 第 8 行并将 pi 设为全局变量。假设线程数为 *thread_count*，整个任务数为 $n$，每个线程的任务为 $l=n/thread\_count$。因此，对于线程 0，循环变量 $i$ 的范围是 $0 \sim l-1$。线程 1 循环变量的范围是 $l \sim 2l-1$。更一般化地，对于线程 $q$，循环变量的范围是 $ql \sim (q+1)l-1$。第 9 行声明一个全局信号量 bin_sem，第 16 行主线程对信号量 bin_sem 进行初始化。各线程计算完自己的 my_pi 值后，在第 46 行更新全局变量 pi 前调用 sem_wait()。如果没有其他线程在临界区内，线程立即进入临界区，并更新 pi 变量，否则线程阻塞并等待。进入临界区的线程更新完 pi 变量后，在第 48 行调用 sem_post()，并离开临界区。如果有其他线程在临界区前阻塞，系统会从那些阻塞的线程中选取一个使其进入临界区。

**例 9.8**　假设系统中有一个输入线程，两个输出线程。输入线程随机产生整数，并放入只能容纳一个数的缓冲区。如果缓冲区放入是一个奇数，由输出奇数的输出线程输出，否则由输出偶数的输出线程输出。编写一个 Pthreads 程序使用信号量实现输出奇数和偶数功能。

程序 9.12 为使用信号量输出奇数和偶数。

### 程序 9.12 使用信号量输出奇数和偶数

```
1    #include "stdio. h"
2    #include "stdlib. h"
3    #include "time. h"
4    #include "unistd. h"
5    #include "pthread. h"
6    #include "semaphore. h"
7    int thread_finished = 0;
8    long int buffer;
9    sem_t empty,odd_full,even_full;
10   void * Producer(void * rank);
11   void * Consumer_odd(void * rank);
12   void * Consumer_even(void * rank);
13   int main(int argc, char * argv[])
14   {
15       long int thread;
16       srand(time(NULL));
17       pthread_t thread_handles[3];
18       sem_init(&empty,0,1);
19       sem_init(&odd_full,0,0);
20       sem_init(&even_full,0,0);
21       pthread_create(&thread_handles[0], NULL, Producer, NULL);
22       pthread_create(&thread_handles[1], NULL,Consumer_odd, NULL);
23       pthread_create(&thread_handles[2], NULL, Consumer_even, NULL);
24       for(thread=0; thread<3; thread++)
25       {
26           pthread_join(thread_handles[thread], NULL);
27       }
28       sem_destroy(&empty);
29       sem_destroy(&odd_full);
30       sem_destroy(&even_full);
31       pthread_exit(NULL);
32       return 0;
33   }
34   void * Producer(void * rank)
35   {
36       int k;
37       for(int i=0; i<10; i++)
38       {
39           k = rand()%100;
```

```
40        sem_wait(&empty);
41        printf("Producer puts %d\n",k);
42        buffer = k;
43        if(k %2 ! = 0)
44          sem_post(&odd_full);
45        else
46        sem_post(&even_full);
47        sleep(1);
48      }
49      thread_finished = 1;
50      sem_post(&odd_full);
51      sem_post(&even_full);
52      printf("Producer is finished. \n");
53      return NULL;
54  }
55  void * Consumer_odd(void * rank)
56  {
57      int k;
58      while(1)
59      {
60        sem_wait(&odd_full);
61        if(thread_finish = = 1)
62          break;
63        k = buffer;
64        printf("Consumer_odd gets %d\n",k);
65        sem_post(&empty);
66        sleep(1);
67      }
68      printf("Consumer_odd has finished. \n");
69      return NULL;
70  }
71  void * Consumer_even(void * rank)
72  {
73      int k;
74      while(1)
75      {
76        sem_wait(&even_full);
77        if(thread_finished = = 1)
78          break;
79        k = buffer;
80        printf("Consumer_even gets %d\n",k);
81        sem_post(&empty);
```

```
82          sleep(1);
83        }
84        printf("Consumer_even has finished. \n");
85        return NULL;
86   }
```

### 9.2.5   路障

通过保证所有线程在程序中处于同一个位置来同步线程。这个同步点又称为路障（barrier），只有所有线程都抵达此路障，线程才能继续运行下去，否则会阻塞在路障处。

pthread_barrier_t 是路障数据类型，是一个计数锁。通过函数 pthread_barrier_init( )初始化，参数 count 指定等待的个数。pthread_barrier_init( )函数原型如下：

int pthread_barrier_init(pthread_barrier_t * restrict barrier, const pthread_barrierattr_t * restrict attr, unsigned count);

pthread_barrier_wait ( )函数将在路障上同步参与线程。调用线程将阻塞，直到所需的线程数调用了指定路障。pthread_barrier_wait( )函数原型如下：

int pthread_barrier_wait(pthread_barrier_t * barrier);

pthread_barrier_destroy( )函数用于清理用完的路障变量。pthread_barrier_destroy( )函数原型如下：

int pthread_barrier_destroy(pthread_barrier_t * barrier);

程序 9.13 为两个任务使用路障进行等待。

**程序 9.13   两个任务使用路障进行等待**

```
1    #include "stdio. h"
2    #include "stdlib. h"
3    #include "unistd. h"
4    #include "pthread. h"
5    #include "time. h"
6    pthread_barrier_t barrier;
7    void * Task1(void * rank);
8    void * Task2(void * rank);
9    int main(int argc, char * argv[])
```

```
10    {
11        pthread_t thread_handles[2];
12        pthread_barrier_init(&barrier, NULL, 2);
13        pthread_create(&thread_handles[0], NULL, Task1, NULL);
14        pthread_create(&thread_handles[1], NULL, Task2, NULL);
15        for(thread=0; thread<2; thread++)
16        {
17            pthread_join(thread_handles[thread], NULL);
18        }
19        pthread_barrier_destroy(&barrier);
20        pthread_exit(NULL);
21        return 0;
22    }
23    void  * Task1(void  * rank)
24    {
25        printf("Task1 is blocked. \n");
26        pthread_barrier_wait(&barrier);
27        printf("Task1 is running. \n");
28        sleep(1);
29        return NULL;
30    }
31    void  * Task2(void  * rank)
32    {
33        printf("Task2 is blocked. \n");
34        pthread_barrier_wait(&barrier);
35        printf("Task2 is running. \n");
36        sleep(1);
37        return NULL;
38    }
```

程序 9.13 输出结果如下：

Task1 is blocked.

Task2 is blocked.

Task2 is running.

Task1 is running.

在 POSIX 中条件变量可以实现路障。程序 9.14 为使用条件变量实现路障。

**程序 9.14　使用条件变量实现路障**

```
1    / *  Shared  */
2    int counter = 0;
3    pthread_mutex_ mutex;
```

```
 4    pthread_cond_t cond_var;
 5    ...
 6    void * Thread_work(...)
 7    {
 8        ...
 9        /* Barrier */
10        pthread_mutex_lock(&mutex);
11        counter++;
12        if(counter == thread_count)
13        {
14            counter = 0;
15            pthread_cond_brocast(&cond_var);
16        }
17        else
18        {
19            while(pthread_cond_wait(&cond_var, &mutex) != 0);
20        }
21        pthread_mutex_unlock(&mutex);
22        ...
23    }
```

除了调用 pthread_cond_broadcast() 函数，其他的某些事件也可能将挂起的线程解锁。因此，函数 pthredd_cond_wait() 一般被放置于 while 循环内，如果线程不是被 pthread_cond_broadcast() 或 pthread_cond_signal() 函数，而是被其他事件解除阻塞，那么能检查到 pthread_cond_waitt() 函数的返回值不为 0，被解除阻塞的线程还会再次执行该函数。

如果一个线程被唤醒，那么在继续运行后面的代码前最好检查一下条件是否满足。在我们的例子中，如果调用 pthread_cond_signal() 函数从路障中解除阻塞的线程后，在继续运行之前，应该首先查看 counter 是否等于 0。使用广播唤醒线程，某些先被唤醒的线程会运行超前并改变竞争条件的状态。如果每个线程在唤醒后都能检查条件，它就能发现条件已经不再满足，然后又进入睡眠状态。

为了路障的正确性，必须调用 pthread_cond_wait() 函数来解锁。如果没有用这个函数对互斥量进行解锁，那么只有一个线程能进入路障，所有其他的线程将阻塞在对 pthread_mutex_lock() 函数的调用上，而第一个进入路障的线程将阻塞在对 pthread_cond_wait() 函数的调用上，从而程序将挂起。

互斥量的语义要求从 pthread_cond_wait() 调用返回后，互斥量要被重新加锁。当从 pthread_mutex_lock() 调用中返回，就能获得锁。因此，应该在某一时刻通过调用 pthread_mutex_unlock() 函数释放锁。

在 POSIX 中信号量也可以实现路障。程序 9.15 为使用信号量实现路障。

**程序 9.15　使用信号量实现路障**

```
 1    /* shared variables */
 2    int counter;/* Initialize to 0 */
 3    int count_sem;/* Initialize to 1 */
 4    int barrier_sem;/* Initialize to 2 */
 5    ...
 6    void Thread_work(...)
 7    {
 8        ...
 9        /* Barrier */
10        sem_wait(&count_sem);
11        if(counter == thread_count-1)
12        {
13            counter = 0;
14            sem_post(&count_sem);
15            for(j = 0; j < thread_count-1; j++)
16            sem_post(&barrier_sem);
17        }
18        else
19        {
20            counter++;
21            sem_post(&count_sem);
22            sem_wait(&barrier_sem);
23        }
24        ...
25    }
```

在忙等待的路障中，使用一个计数器来判断有多少线程进入了路障。在这里，我们采用两个信号量：count_sem，用于保护计数器；barrier_sem，用于阻塞已经进入路障的线程。count_sem 信号量初始化为 1(开锁状态)，第一个到达路障的线程调用 sem_wait( ) 函数，则随后的线程会被阻塞直到获取访问计数器的权限。当一个线程被允许访问计数器时，它检查 counter<thread_count-1 是否成立，如果成立，线程对计数器的值加 1 并"释放锁"(sem_post(&count_sem))，然后在调用 sem_wait(&barrier_sem) 后阻塞。另外，若 counter = thread_count-1，最后一个进入路障的线程重置计数器的值为 0，并通过调用 sem_post(&count_sem)来"解锁" count_sem。接着，它需要通知所有的线程继续运行，所以它为 pthread_count-1 个阻塞在 sem_wait(barrier_sem)的线程分别执行一次 sem_post(&barrier_sem)。

如果出现这种情况：线程开始循环执行 sem_post(barrier_sem)，在其他线程还未调用 sem_wait(&barrier_sem)解锁前，就已经多次调用 sem_post( )函数，这种情况是不要紧的。信号量是 unsigned int 类型的变量，调用 sem_post( )函数会将它的值加 1，调用 sem_wait( )函数时只要它的值不为 0 就减 1，当值为 0 时，调用该函数的线程会被阻塞直到信号量的值为正数。所以，在其他线程因调用 sem_wait(&barrier_sem)而阻塞前，循环执行 sem_post(&count_

sem)并不会影响程序的正确性, 因为最终被阻塞的线程会发现 barrier_sem 的值为正数, 然后它们会递减该值并继续运行下去。

线程被阻塞在 sem_wait() 不会消耗 CPU 周期, 所以用信号量实现路障的方法比用忙等待实现的路障性能更佳。

counter 是可以重用的, 因为在所有线程离开路障前, 已经小心重置它了。另外, count_sem 也可以重用, 因为线程离开路障前, 它已经重置为 1 了。剩下的 barrier_sem, 既然一个 sem_post() 对应一个 sem_wait(), 则当线程开始执行第二个路障时, barrier_sem 的值应该为 0。假设有两个线程, 线程 0 在第一个路障处因调用 sem_wait(&barrier_sem) 而阻塞, 此时线程 1 正循环执行 sem_post()。假设操作系统发现线程 0 处于空闲状态便将其挂起, 接着线程 1 继续执行至第二个路障, 因为 counter = 0, 所以它会执行 else 后面的语句。在递增 counter 值后, 它执行 sem_post(&barrier_sem), 然后执行 sem_wait(&barrier_sem)。

如果线程 0 仍然处于挂起状态, 那么它就不会递减 barrier_sem 值, 因此当线程 1 抵达 sem_wait(&barrier_sem) 时, barrier_sem 的值仍然为 1, 它只会简单地将 barrier_sem 减 1 并继续运行下去。这会导致线程 0 被重新调度运行时, 会被阻塞在第一个 sem_wait(&barrier_sem) 处, 而线程 1 在线程 0 进入第二个路障前就已经通过了该路障。可见重用 barrier_sem 导致了一个竞争条件。

**例 9.9**  设 $Ax = b$。其中, $A$ 是 $n \times n$ 矩阵, $b$ 是 $n \times 1$ 向量, $x$ 是 $n \times 1$ 未知向量, 编写一个 *POSIX* 使用高斯消元法求解线性方程组。高斯消元法算法由两个主要步骤组成: 第一步将组合矩阵 $[A \mid b]$ 转换为上三角形式, 然后通过回代法计算解向量 $x$。下面是并行高斯消元法算法。

```
for i = 0 to n
    // barrier
    forall j = i+1 to n in parallel
        temp = A[j, i]/A[i, i]
        for k = i+1 to n
            A[j, k] = A[j, k] - A[i, k] × temp
        endfor
    endforall
    A[j, i] = 0;
    // barrier
endfor
```

在并行高斯消元法中, 外层顺序 for 循环只有当上一次迭代完成, 下一次迭代才能开始, 即在当次迭代中的所有线程必须完成其计算才能开始下次迭代。因此, 必须在此插入路障, 使得当次迭代中的所有线程必须完成其计算才能开始下次迭代。程序 9.16 为使用高斯消元法解方程。

**程序 9.16　使用高斯消元法解方程**

```c
1   #include <stdio.h>
2   #include <stdlib.h>
3   #include <math.h>
4   #include <pthread.h>
5   #define N 4
6   double A[N][N+1];
7   pthread_barrier_t barrier;
8   int print_matrix()
9   {
10      int i, j;
11      printf("--------------------------------\n");
12      for(i=0; i<N; i++)
13      {
14        for(j=0;j<N+1;j++)
15        printf("%6.2f ", A[i][j]);
16        printf("\n");
17      }
18  }
19  void *ge(void *arg)
20  {
21      int i, j, prow;
22      int myid = (int)arg;
23      double temp, factor;
24      for(i=0; i<N-1; i++)
25      {
26        if (i==myid)
27        {
28          printf("partial pivoting by thread %d on row %d: ", myid, i);
29          temp = 0.0;
30          prow = i;
31          for (j=i; j<=N; j++)
32          {
33             if (fabs(A[j][i]) > temp)
34             {
35               temp = fabs(A[j][i]);
36               prow = j;
37             }
38          }
39          printf("pivot_row=%d pivot=%6.2f\n", prow, A[prow][i]);
40          if (prow ! = i)
41          {
```

```
42        for (j=i; j<N+1; j++)
43        {
44            temp = A[i][j];
45            A[i][j] = A[prow][j];
46            A[prow][j] = temp;
47        }
48     }
49   }
50   // wait for partial pivoting done
51   pthread_barrier_wait(&barrier);
52   for(j=i+1; j<N; j++)
53   {
54     if (j == myid)
55     {
56         printf("thread %d do row %d\n", myid, j);
57         factor = A[j][i]/A[i][i];
58         for (k=i+1; k<=N; k++)
59             A[j][k] -= A[i][k] * factor;
60         A[j][i] = 0.0;
61     }
62   }
63   // wait for current row reductions to finish
64   pthread_barrier_wait(&barrier);
65   if (i == myid)
66     print_matrix();
67   }
68 }
69 int main(int argc, char * argv[])
70 {
71     int i, j;
72     double sum;
73     pthread_t threads[N];
74     printf("main: initialize matrix A[N][N+1] as [A|B]\n");
75     for (i=0; i<N; i++)
76       for (j=0; j<N; j++)
77           A[i][j] = 1.0;
78     for (i=0; i<N; i++)
79       A[i][N-i-1] = 1.0 * N;
80     for (i=0; i<N; i++)
81     {
82       A[i][N] = 2.0 * N - 1;
83     }
```

```
84        print_matrix(); // show initial matrix [A| B]
85        pthread_barrier_init(&barrier, NULL, N);
86        printf("main: create N=%d working threads\n", N);
87        for (i=0; i<N; i++)
88        {
89            pthread_create(&threads[i], NULL, ge, (void *)i);
90        }
91        printf("main: wait for all %d working threads to join\n", N);
92        for (i=0; i<N; i++)
93        {
94            pthread_join(threads[i], NULL);
95        }
96        printf("main: back substitution : ");
97        for (i=N-1; i>=0; i--)
98        {
99          sum = 0.0;
100          for (j=i+1; j<N; j++)
101              sum += A[i][j] * A[j][N];
102          A[i][N] = (A[i][N] - sum)/A[i][i];
103        }
104        printf("The solution is :\n");
105        for(i=0; i<N; i++)
106        {
107            printf("%6.2f ", A[i][N]);
108        }
109        printf("\n");
110   }
```

### 9.2.6　读写锁

读写锁实际是一种特殊的自旋锁，它把对共享资源的访问者划分成读者和写者，读者只对共享资源进行读访问，写者则需要对共享资源进行写操作。这种锁相对于自旋锁而言，能提高并发性，因为在多处理器系统中，它允许同时有多个读者来访问共享资源，最大可能的读者数为实际的逻辑 CPU 数。写者是排他性的，一个读写锁同时只能有一个写者或多个读者，但不能同时既有读者又有写者。

如果读写锁当前没有读者，也没有写者，那么写者可以立刻获得读写锁，否则它必须一直自旋，直到没有任何写者或读者。如果读写锁没有写者，那么读者可以立即获得该读写锁，否则读者必须一直自旋，直到写者释放该读写锁。

一次只有一个线程可以占有写模式的读写锁，但是可以有多个线程同时占有读模式的读写锁。正是因为这个特性，当读写锁是写加锁状态时，在这个锁被解锁之前，所有试图对这个锁加锁的线程都会被阻塞。当读写锁在读加锁状态时，所有试图以读模式对它进行加锁的线程都可以得到访问权，但是如果线程希望以写模式对此锁进行加锁，它必须等到所有的线程释放锁。

通常，当读写锁处于读模式锁状态时，如果有其他线程试图以写模式加锁，读写锁通常会阻塞随后的读模式锁请求，这样可以避免读模式锁长期占用，而等待的写模式锁请求长期阻塞。

读写锁适合对数据结构的读次数比写次数多得多的情况。因为读模式锁定时可以共享，以写模式锁定时意味着独占，所以读写锁又叫共享-独占锁。

读写锁类型为 pthread_rwlock_t。读写锁变量和互斥锁一样，有静态和动态两种创建方式，静态方式使用 PTHREAD_RWLOCK_INITIALIZER 常量进行初始化：

    pthread_rwlock_t rwlock = PTHREAD_RWLOCK_INITIALIZER；

动态方式使用 pthread_rwlock_init() 函数进行初始化。pthread_rwlock_init() 函数原型如下：

    int pthread_rwlock_init(pthread_rwlock_t * rwlock, const pthread_rwlockattr_t * attr)；

参数 rwlock 是一个指向读写锁的指针，attr 是一个读写锁属性对象的指针。如果将 NULL 传递给它，则使用默认属性来初始化一个读写锁。如果成功，pthread_rwlock_init() 函数返回 0；否则返回一个非零的错误码。

销毁读写锁使用 pthread_rwlock_destroy() 函数。pthread_rwlock_destroy() 函数原型如下：

    int pthread_rwlock_destroy(pthread_rwlock_t * rwlock)；

获取读写锁的读锁操作分为阻塞式获取和非阻塞式获取。如果读写锁由一个写者持有，则读线程会阻塞直至写者释放读写锁。

阻塞式获取读锁为 pthread_rwlock_rdlock() 函数。pthread_rwlock_rdlock() 函数原型如下：

    int pthread_rwlock_rdlock(pthread_rwlock_t * rwlock)；

非阻塞式获取读锁为 pthread_rwlock_tryrdlock() 函数。pthread_rwlock_tryrdlock() 函数原型如下：

    int pthread_rwlock_tryrdlock(pthread_rwlock_t * rwlock)；

获取读写锁的写锁操作分为阻塞式和非阻塞式，如果对应的读写锁被其他写者持有，或者读写锁被读者持有，该线程都会被阻塞。

阻塞式获取写锁为 pthread_rwlock_wrlock( ) 函数。pthread_rwlock_wrlock( ) 函数原型如下：

```
int pthread_rwlock_wrlock(pthread_rwlock_t * rwlock);
```

非阻塞式获取写锁为 pthread_rwlock_trywrlock( ) 函数。pthread_rwlock_trywrlock( ) 函数原型如下：

```
int pthread_rwlock_trywrlock(pthread_rwlock_t * rwlock);
```

成功返回 0，出错则返回错误编号。

释放读写锁为 pthread_rwlock_unlock( ) 函数。pthread_rwlock_unlock( ) 函数原型如下：

```
int pthread_rwlock_unlock(pthread_rwlock_t * rwlock);
```

**例 9.10** 读者写者问题。读写的文件为一个字符串，读者线程一次可以将该字符串全部读出，然后打印读取信息。写者线程一次只能写入一个字符，该字符从一个字符串中取出，并打印写入信息。允许多个读者同时读取数据，只有一个写者可以写数据，写者在写时读者不能读，反之亦然。

程序 9.17 为使用读写锁解决读者写者问题。

**程序 9.17　使用读写锁解决读者写者问题**

```
1   #include "stdio. h"
2   #include "stdlib. h"
3   #include "unistd. h"
4   #include "pthread. h"
5   #define NUM_READER 2
6   #define NUM_WRITER 3
7   #define SIZE_PAPER 6
8   char paper[SIZE_PAPER] = "";
9   char string[] = "Hello!";
10  int read_index = 0;
11  int write_index = 0;
12  int thread_finished = 0;
13  pthread_rwlock_t rwlock;
14  void * Reader(void * rank);
```

```
15   void * Writer(void * rank);
16   int main(int argc, char * argv[])
17   {
18       long int thread;
19       pthread_t thread_readers[NUM_READER];
20       pthread_t thread_writers[NUM_WRITER];
21       pthread_rwlock_init(&rwlock, NULL);
22       for(thread=0; thread< NUM_READER; thread++)
23       {
24           pthread_create(&thread_readers[thread], NULL, Reader, (void *)thread);
25       }
26       for(thread=0; thread< NUM_WRITER; thread++)
27       {
28           pthread_create(&thread_writers[thread], NULL, Writer, (void *)thread);
29       }
30       for(thread=0; thread< NUM_READER; thread++)
31       {
32           pthread_join(thread_readers[thread], NULL);
33       }
34       for(thread=0; thread< NUM_WRITER; thread++)
35       {
36           pthread_join(thread_writers[thread], NULL);
37       }
38       pthread_rwlock_destroy(&rwlock);
39       pthread_exit(NULL);
40       return 0;
41   }
42   void * Reader(void * rank)
43   {
44       long int my_rank = (long int)rank;
45       while(1)
46       {
47           pthread_rwlock_rdlock(&rwlock);
48           printf("Reader %ld reads %s\n", my_rank, paper);
49           pthread_rwlock_unlock(&rwlock);
50           sleep(1);
51           if(thread_finished==1)
52               break;
53       }
54       return NULL;
55   }
56   void * Writer(void * rank)
```

```
57   {
58       long int my_rank = (long int) rank;
59       int i;
60       char ch;
61       while ( 1 )
62       {
63           pthread_rwlock_wrlock(&rwlock);
64           ch = string[ write_index ];
65           paper[ write_index ] = ch;
66           write_index++;
67           printf("Writer %ld writes %c\n", my_rank, ch);
68           pthread_rwlock_unlock(&rwlock);
69           sleep(1);
70           if( write_index = = 6 )
71           {
72               thread_finished = 1;
73               break;
74           }
75       }
76       return NULL;
77   }
```

## ▶ 9.3　生产者-消费者问题

生产者-消费者问题( producer-consumer problem)是一个多线程同步问题的经典案例。该问题描述了两个共享固定大小缓冲区的线程。在实际运行时会发生的问题。生产者的主要作用是生成一定量的数据放到缓冲区中,然后重复此过程。与此同时,消费者也在缓冲区消耗这些数据。该问题的关键就是要保证生产者不会在缓冲区满时加入数据,消费者不会在缓冲区中空时消耗数据。假设系统有若干生产者、消费者,共享 N 个数据单元的缓冲区,生产者每次产生一个数据,放入一个空缓冲区。若无空缓冲区,则阻塞。消费者每次从有数据的缓冲区取一个数据消费,若所有缓冲区皆为空,则阻塞。下面用生产者消费者的实例来说明线程同步与互斥。

### 9.3.1　使用条件变量解决生产者-消费者问题

这里使用两个互斥锁 mutex1 和 mutex2,以及两个条件变量 is_empty 和 is_full,其中互斥锁 mutex1 和条件变量 is_empty 用于生产者线程,而互斥锁 mutex2 和条件变量 is_fully 用于消费者线程。另设两个全局变量 num_empty 和 num_full 分别表示缓冲区空数据单元数和已放入数据的数据单元数,num_empty 初始化为缓冲区数据单元个数,num_full 初始化为 0。

程序 9.18 为使用条件变量解决生产者-消费者问题。

程序 9.18　使用条件变量解决生产者-消费者问题的 **Pthreads** 程序

```
1    #include "stdio. h"
2    #include "stdlib. h"
3    #include "time. h"
4    #include "unistd. h"
5    #include "pthread. h"
6    #define Max_size 10
7    #define NUM_PRODUCER 3
8    #define NUM_CONSUMER 3
9    long int buffer[Max_size];
10   int rear=0;
11   int front=0;
12   int num_empty=Max_size;
13   int num_full=0;
14   pthread_mutex_t mutex1, mutex2;
15   pthread_cond_t is_empty,is_full;
16   void * Producer(void * rank);
17   void * Consumer(void * rank);
18   int main(int argc, char * argv[])
19   {
20       long int thread;
21       srand(time(NULL));
22       pthread_mutex_init(&mutex1, NULL);
23       pthread_mutex_init(&mutex2, NULL);
24       pthread_cond_init(&is_empty, NULL);
25       pthread_cond_init(&is_full, NULL);
26       pthread_t thread_producers[NUM_PRODUCER];
27       pthread_t thread_consumers[NUM_CONSUMER];
28       for(thread=0; thread<NUM_PRODUCER; thread++)
29       {
30           pthread_create(&thread_producers[thread], NULL, Producer, (void * )thread);
31       }
32       for(thread=0; thread<NUM_CONSUMER; thread++)
33       {
34           pthread_create(&thread_consumers[thread], NULL, Consumer, (void * )thread);
35       }
36       for(thread=0; thread<NUM_PRODUCER; thread++)
37       {
38           pthread_join(thread_producers[thread], NULL);
39       }
40       for(thread=0; thread<NUM_CONSUMER; thread++)
41       {
```

```
42          pthread_join(thread_consumers[thread], NULL);
43          }
44      pthread_mutex_destroy(&mutex1);
45      pthread_mutex_destroy(&mutex2);
46      pthread_cond_destroy(&is_empty);
47      pthread_cond_destroy(&is_full);
48      pthread_exit(NULL);
49      return 0;
50  }
51  void * Producer(void * rank)
52  {
53      long int my_rank = (long int)rank;
54      int item;
55      for(int i=0; i<3; i++)
56          {
57          item = rand()%100;
58          pthread_mutex_lock(&mutex1);
59          if(num_empty==0)
60              pthread_cond_wait(&is_empty,&mutex1);
61          printf("Producer %ld puts %d\n",my_rank,item);
62          buffer[rear] = item;
63          rear=(rear+1)%Max_size;
64          num_full++;
65          pthread_cond_signal(&is_full);
66          pthread_mutex_unlock(&mutex1);
67          sleep(1);
68          }
69      return NULL;
70  }
71  void * Consumer(void * rank)
72  {
73      long int my_rank = (long int)rank;
74      int item;
75      for(int i=0; i<3; i++)
76          {
77          pthread_mutex_lock(&mutex2);
78          if(num_full==0)
79              pthread_cond_wait(&is_full,&mutex2);
80          item=buffer[front];
81          printf("Consumer %ld gets %d\n",my_rank,item);
82          front=(front+1)%Max_size;
83          pthread_cond_signal(&is_empty);
```

```
84          pthread_mutex_unlock(&mutex2);
85          sleep(1);
86      }
87      return NULL;
88 }
```

### 9.3.2 使用信号量解决生产者-消费者问题

这里使用 4 个信号量,其中 is_empty 和 is_full 分别用于解决生产者和消费者线程之间的同步问题,mutex1 用于多个生产者之间的互斥问题,mutex2 是用于多个消费者之间的互斥问题的。其中 is_empty 初始化为缓冲区空间个数 $N$,is_full 初始化为 0,mutex1 和 mutex2 初始化为 1。程序 9.19 为使用信号量解决生产者-消费者问题。

**程序 9.19 使用信号量解决生产者-消费者问题**

```
1   #include "stdio. h"
2   #include "stdlib. h"
3   #include "time. h"
4   #include "unistd. h"
5   #include "pthread. h"
6   #include "semaphore. h"
7   #define Max_size 10
8   #define NUM_PRODUCER 3
9   #define NUM_CONSUMER 3
10  long int buffer[Max_size];
11  int rear = 0;
12  int front = 0;
13  sem_t mutex1, mutex2, is_empty, is_full;
14  void * Producer(void * rank);
15  void * Consumer(void * rank);
16  int main(int argc, char * argv[])
17  {
18      long int thread;
19      srand(time(NULL));
20      pthread_t thread_producers[NUM_PRODUCER];
21      pthread_t thread_consumers[NUM_CONSUMER];
22      sem_init(&mutex1, 0, 1);
23      sem_init(&mutex2, 0, 1);
24      sem_init(&is_empty, 0, Max_size);
25      sem_init(&is_full, 0, 0);
26      for(thread = 0; thread<NUM_PRODUCER; thread++)
27      {
```

```
28          pthread_create(&thread_producers[thread], NULL, Producer, (void *)thread);
29      }
30      for(thread=0; thread<NUM_CONSUMER; thread++)
31      {
32          pthread_create(&thread_consumers[thread], NULL, Consumer, (void *)thread);
33      }
34      for(thread=0; thread<NUM_PRODUCER; thread++)
35      {
36          pthread_join(thread_producers[thread], NULL);
37      }
38      for(thread=0; thread<NUM_CONSUMER; thread++)
39      {
40          pthread_join(thread_consumers[thread], NULL);
41      }
42      sem_destroy(&mutex1);
43      sem_destroy(&mutex2);
44      sem_destroy(&is_empty);
45      sem_destroy(&is_full);
46      pthread_exit(NULL);
47      return 0;
48  }
49  void * Producer(void * rank)
50  {
51      long int my_rank;
52      int item;
53      my_rank = (long int)rank;
54      for(int i=0; i<3; i++)
55      {
56          item = rand()%100;
57          sem_wait(&is_empty);
58          sem_wait(&mutex1);
59          printf("Producer %ld puts %d\n",my_rank,item);
60          buffer[rear] = item;
61          rear=(rear+1)%Max_size;
62          sem_post(&is_full);
63          sem_post(&mutex1);
64          sleep(2);
65      }
66      return NULL;
67  }
68  void * Consumer(void * rank)
69  {
```

```
70        long int my_rank;
71        int item;
72        my_rank = (long int)rank;
73        for(int i=0; i<3; i++)
74        {
75            sem_wait(&is_full);
76            sem_wait(&mutex2);
77            item = buffer[front];
78            printf("Consumer %ld gets %d\n", my_rank, item);
79            front = (front+1)%Max_size;
80            sem_post(&is_empty);
81            sem_post(&mutex2);
82            sleep(1);
83        }
84        return NULL;
85    }
```

## ▶ 9.4   线程优先级

Linux 内核的有四种调度策略, 分别为:
- SCHED_OTHER: 分时调度策略(默认的)。
- SCHED_FIFO: 实时调度策略, 先到先服务。
- SCHED_RR: 实时调度策略, 时间片轮转。
- SCHED_DEADLINE: 实时调度策略, 最早截止时间优先。

SCHED_FIFO、SCHED_RR 和 SCHED_DEADLINE 是实时调度策略。它们实现了 POSIX 标准指定的固定优先级实时调度。具有这些策略的任务会抢占所有其他线程 CPU。当采用 SHCED_RR 策略的线程的时间片用完, 系统将重新分配时间片, 并置于就绪队列尾。SCHED_FIFO 一旦占用 CPU 则一直运行, 一直运行直到有更高优先级任务到达或自己放弃。SCHED_DEADLINE 策略实现了最早截止时间优先的实时调度算法。此策略下的每个线程都分配了一个截止时间, 并执行最早截止时间的线程。

pthread_attr_setschedparam()函数设置线程调度策略。pthread_attr_setschedparam()函数原型如下:

int pthread_attr_setschedpolicy(pthread_attr_t * attr, int policy);

POSIX 提供了 pthread_attr_getschedpolicy()函数获取当前线程使用的调度策略。pthread_attr_getschedpolicy()函数原型如下:

```
int pthread_attr_getschedpolicy(const pthread_attr_t * attr, int * policy);
```

这两个函数有两个参数，第 1 个参数是指向属性对象的指针，第 2 个参数是调度策略或指向调度策略的指针。调度策略的值是 SCHED_FIFO、SCHED_RR、SCHED_OTHER。这两个函数若调用成功，返回 0；否则返回-1。

使用 sched_get_priority_max( ) 函数和 sched_get_priority_min( ) 函数获取系统设置的线程最大和最小的优先级值。sched_get_priority_max( ) 函数原型如下：

```
int sched_get_priority_max(int policy);
```

sched_get_priority_min( ) 函数原型如下：

```
int sched_get_priority_min(int policy);
```

如果调用成功，这两个函数分别返回最大和最小的优先级值，否则返回-1。

固定优先级调度可能会导致优先级倒置问题。优先级倒置是指低优先级线程阻塞高优先级线程。例如一个低优先级线程获得互斥资源，并且被一个随后在同样资源阻塞的高优先级线程抢占时，优先级发生倒置。

如果不是编写实时程序，不建议修改线程的优先级。因为调度策略是一件非常复杂的事情，如果不正确使用会导致程序错误，从而导致死锁等问题。例如在多线程应用程序中为线程设置不同的优先级，有可能因为共享资源而导致优先级倒置。

## 9.5　Unix/Linux 多进程

UNIX 操作系统可以同时运行多个进程，并且让进程共享 CPU、内存和其他的资源。多进程编程的主要优点是一个进程发生故障不会导致所有进程死掉，因此，系统可以从故障中恢复。UNIX 的进程创建模型是分叉-执行(fork-exec)模型。fork( ) 函数生成一个完全复制父进程内存的子进程。exec( ) 函数以一个新的可执行文件替换当前进程。这两个函数通常一起使用，应用程序可以调用 fork( ) 函数创建一个新进程，然后子进程直接调用 exec( ) 函数以一个新的可执行文件替换自身。

fork( ) 函数的神奇之处在于它仅仅被调用一次，但是父进程和子进程都会从此调度返回。可以通过返回值来区分父、子进程，返回值为 0 时表示子进程；返回值大于 0 时表示父进程，且返回值为新创建的子进程的标识符；返回值小于 0 时，表示 fork( ) 调用出现错误。

程序 9.20 为使用 fork( ) 函数创建一个新的子进程。当 fork( ) 函数调用在第 6 行返回时，在父进程和子进程中 x 的值都为 1。子进程在第 9 行加 1 并输出它的 x 副本。而父进程在第 13 行减 1 并输出它的 x 副本。

程序 9.20　使用 fork( )创建一个新的子进程

```
1    #include "stdio. h"
2    #include "unistd. h"
3    int main( )
4    {
5        int x = 1;
6        pid_t pid = fork( );
7        if ( pid == 0 )
8        { /*  Child process  */
9            printf("Child : x=%d\n", ++x);
10           exit(0);
11       }
12       /*  Parent process  */
13       printf("Parent : x=%d\n", --x);
14       exit(0);
15   }
```

程序 9.20 输出结果如下：

Child : x=2

Parent : x=0

一个进程可以通过调用 waitpid( ) 函数来等待它的子进程终止。waitpid( ) 函数原型如下：

#include <sys/types. h>

#include <sys/wait. h>

pid_twaitpid( pid_t pid, int *statusp, int options);

如果在调用 waitpid( ) 函数时子进程已经结束，则 waitpid( ) 函数会立即返回子进程结束状态值。子进程的结束状态值由参数 statusp 返回，而子进程的进程标识符也会一起返回。如果不在意结束状态值，则参数 statusp 可以设成 NULL。参数 pid 为预等待的子进程标识符。pid<-1 时等待进程组标识符为 pid 绝对值的任何子进程。pid = -1 时等待任何子进程，相当于 wait( ) 函数。pid>0 时等待任何子进程识别码为 pid 的子进程。参数 options 提供了一些额外的选项来控制 waitpid( )，它可以为 0 或可以用"|"运算符把它们连接起来使用，比如：

waitpid(-1, NULL, WNOHANG | WUNTRACED);

如果不想使用它们，也可以把 options 设为 0，如：

waitpid(-1, NULL, 0);

WNOHANG：若 pid 指定的子进程没有结束，则 waitpid( ) 函数返回 0，不予等待。若结束，则返回该子进程的 ID。

WUNTRACED：若子进程进入暂停状态，则马上返回，但子进程的结束状态不予理会。宏 WIFSTOPPED( status) 确定返回值是否对应于一个暂停子进程。

如果我们不想使用它们，也可以把 options 设为 0，如：

在程序 9.21 中子进程将执行参数为 1 的 sleep 命令，使其睡眠 1 s。父进程将等待子进程终止，然后报告退出子进程的状态。

程序 9.21　父进程等待子进程终止并报告退出子进程的状态

```
1    #include "stdio. h"
2    #include "unistd. h"
3    #include "sys/wait. h"
4    int main( )
5    {
6        int status;
7        pid_t pid = fork( );
8          if ( pid = = 0)
9        { / * Child process * /
10          sleep(1);
11       }
12       else
13       {
14           waitpid(pid, &status, 0);
15           printf("Status = %i\n", status);
16       }
17   }
```

### 9.5.1　在进程之间共享内存

共享内存是 UNIX 下多进程之间的通信方法，这种方法通常用于一个程序的多进程间通信，实际上多个程序间也可以通过共享内存来传递信息。共享内存是针对其他通信机制运行效率较低而设计的。往往与其他通信机制如信号量结合使用，来达到进程间的同步及互斥。共享内存的使用大大降低了在大规模数据处理过程中内存的消耗，但是共享内存的使用中有很多陷阱，一不注意就很容易导致程序崩溃。共享内存函数包含在头文件 sys/mman. h 中。

mmap( )函数将一个文件或者其他对象映射进内存。文件被映射到多个页上，如果文件的大小不是所有页的大小之和，最后一个页不被使用的空间将会清零。mmap( )函数在用户空间映射调用系统中作用很大。

mmap( )函数原型如下：

```
#include "sys/mman. h"
void * mmap(void * start, size_t length, int prot, int flags, int fd, off_t offset);
```

shm_open( )函数创建并打开一个新的或现有的 POSIX 共享内存对象。POSIX 共享内存对象实际上是一个句柄。shm_open( )函数原型如下：

```
#include "sys/stat. h"
#include "fcntl. h"
shm_open(const char * name, intoflag, mode_t mode);
```

ftruncate( )函数把文件大小于设置为共享内存大小。ftruncate( )函数原型如下：

```
#include "unistd. h"
int ftruncate(int fd, off_t length);
```

shm_unlink( )函数用于删除共享内存。shm_unlink( )函数原型如下：

```
#include <sys/mman. h>
#include <sys/stat. h>
#include <fcntl. h>
int shm_unlink(const char * name);
```

其中，参数 name 为共享内存区的名字。如果调用成功返回 0，否则返回 −1。

程序 9.22 为创建、使用和删除共享内存。

#### 程序 9.22　创建、使用和删除共享内存

```
1   #include <stdio. h>
2   #include <sys/mman. h>
3   #include <sys/types. h>
4   #include <sys/stat. h>
5   #include <fcntl. h>
6   #include <unistd. h>
7   int main( )
8   {
9       int handle = shm_open( "/shm", O_CREAT|O_RDWR, 0777 );
10      ftruncate( handle, 1024 * 1024 * sizeof(int) );
11  char * mem = (char * ) mmap( 0, 1024 * 1024 * sizeof(int),PROT_READ|PROT_WRITE, MAP_
    SHARED, handle, 0 );
12      for( int i=0; i<1024 * 1024; i++ )
13      {
14          mem[i] = 0;
15      }
```

```
16        munmap( mem, 1024 * 1024 * sizeof( int ) );
17        shm_unlink( "/shm" );
18   }
```

## 9.5.2　在进程之间使用互斥量

互斥量可在多个进程之间共享。默认情况下，互斥量为进程私有。要创建一个能在进程间共享的互斥量，必须使用 pthread_mutex_init( ) 函数为互斥量设置属性，如程序 9.23 所示。

**程序 9.23　创建可以在进程间共享互斥量**

```
1    #include <pthread. h>
2    int main( )
3    {
4        pthread_mutexattr_t attributes;
5        pthread_mutex_t mutex;
6        …
7        pthread_mutexattr_init( &attributes );
8        pthread_mutexattr_setpshared( &attributes, PTHREAD_PROCESS_SHARED );
9        pthread_mutex_init( &mutex, &attributes );
10       pthread_mutexattr_destroy( &attributes );
11       …
12   }
```

通过调用 pthread_mutexattr_init( ) 函数将属性对象 pthread_mutexattr_t 初始化为默认值。pthread_mutexattr_init( ) 函数原型如下：

```
#include <pthread. h>
int pthread_mutexattr_init( pthread_mutexattr_t * attr );
```

pthread_mutexattr_setpshared( ) 函数设置互斥量的范围。pthread_mutexattr_setpshared( ) 函数原型如下：

```
#include <pthread. h>
int pthread_mutexattr_setpshared( pthread_mutexattr_t * attr, int pshared );
```

该函数的第 2 个参数 pshared 取值为 PTHREAD_PROCESS_PRIVATE 或 PTHREAD_PROCESS_SHARED。调用 pthread_mutexattr_setpshared( ) 函数时，所带参数为指向属性对象

的指针和值 PTHREAD_PROCESS_SHARED，此调用将设置属性，以创建一个共享的互斥量。默认情况下，互斥量不在进程间共享，调用 pthread_mutexattr_setpshared() 函数时传入 PTHREAD_PROCESS_PRIVATE 会使属性恢复为默认值。

将这些属性传入 pthread_mutex_init() 函数，可设置已经初始化的互斥量的属性。属性对象可在使用后通过调用 pthread_mutexattr_destroy() 函数删除。pthread_mutexattr_destroy() 函数原型如下：

```
#include <pthread. h>
int pthread_mutexattr_destroy(pthread_mutexattr_t * attr);
```

互斥量可通过相同的机制设置其他属性。

- 互斥量的类型。互斥量可以是普通互斥量，也可以是检测错误(如多个进程尝试锁定互斥量等)的互斥量，或是可以多次锁定并需要相同次数解锁的递归互斥量。
- 当另一个进程等待互斥量时要遵循的协议。可以是默认未改变的进程优先级，也可以规定持有互斥量的进程可继承任何具有更高优先级的等待进程的优先级，或者规定进程可获得与其持有的互斥量相关的最高优先级。
- 互斥锁的优先级上限。这是低优先级的进程在持有互斥锁时能提升到的最高优先级。

对于任何持有互斥量的进程，管理其优先级的属性旨在避免优先级反转问题，即高优先级进程等待低优先级进程释放互斥量。

共享内存可以用于存放进程间共享的互斥量。程序 9.24 说明了父进程如何与子进程共享互斥量。

**程序 9.24　在进程之间共享互斥量**

```
1   #include <sys/mman. h>
2   #include <sys/wait. h>
3   #include <fcntl. h>
4   #include <unistd. h>
5   #include <stdio. h>
6   #include <pthread. h>
7   int main( )
8   {
9       pthread_mutex_t * mutex;
10      pthread_mutexattr_t attributes;
11      pthread_mutexattr_init(&attributes);
12      pthread_mutexattr_setpshared(&attributes, PTHREAD_PROCESS_SHARED);
13      int handle = shm_open("/shm", O_CREAT | O_RDWR, 0777);
14      ftruncate(handle, 1024 * sizeof(int));
15      char * mem = mmap(0, 1024 * sizeof(int), PROT_READ|PROT_WRITE, MAP_SHARED,
        handle,0);
```

```
16        mutex=(pthread_mutex_t * )mem;
17        pthread_mutex_init(mutex, &attributes);
18        pthread_mutexattr_destroy(&attributes);
19        int ret=0;
20        int * pcount=(int * )(mem+sizeof(pthread_mutex_t));
21         * pcount=0;
22        pid_t pid=fork();
23        if (pid==0)
24        {
25          pthread_mutex_lock(mutex);
26          ( * pcount)++;
27          pthread_mutex_unlock(mutex);
28          ret=100;
29        }
30        else
31        {
32          int status;
33          waitpid(pid, &status, 0);
34          printf("Child returned %i\n", WEXITSTATUS(status));
35          pthread_mutex_lock(mutex);
36          ( * pcount)++;
37          pthread_mutex_unlock(mutex);
38          printf("Count=%i\n", * pcount);
39          pthread_mutex_destroy(mutex);
40        }
41        munmap(mem, 1024 * sizeof(int));
42        shm_unlink("/shm");
43        return ret;
44    }
```

程序 9.24 输出结果如下：

Child returned 100

Count=2

父进程首先设置一个在父进程和子进程之间共享的互斥量。父进程派生出一个子进程，然后，父进程等待子进程完成。

父进程派生出一个子进程时，子进程会收到父进程内存的副本，从而能够访问共享内存段，以及共享内存段中包含的互斥量和变量。子进程获取该互斥量，递增共享变量，并释放互斥量，然后取消映射，结束与共享内存段的连接并退出。

子进程退出后，父进程将继续执行，并通过 waitpid() 函数获取子进程的返回值。宏 WEXITSTATUS 将 waitpid() 函数的退出状态转换为子进程的返回值。

父进程也获取互斥量，并在递增共享变量后释放互斥量。接着父进程输出共享变量的值

2，这个值说明父进程和子进程都递增了共享变量。最后父进程删除互斥量，再取消映射并断开与共享内存段的连接。

### 9.5.3 在进程之间共享信号量

创建由多个进程共享的命名信号量，用于进程之间的同步。sem_open( )函数创建并初始化命名信号量。sem_open( )函数原型如下：

sem_t * sem_open(const char * name, int oflag, mode_t mode, unsigned int value);

sem_close( )函数关闭命名信号量。sem_close( )函数原型如下：

int sem_close(sem_t * sem);

sem_unlink( )函数从系统中删除命名信号量。sem_unlink( )函数原型如下：

int sem_unlink(const char * name);

程序9.25为父进程创建子进程，父进程和子进程打开同一个命名信号量，此信号量确保子进程在父之前完成。

**程序 9.25　共享命名信号量**

```
1   #include <stdio. h>
2   #include <se maphore. h>
3   #include <sys/mman. h>
4   #include <sys/wait. h>
5   #include <fcntl. h>
6   #include <unistd. h>
7   int main( )
8   {
9       int status;
10      pid_t pid = fork( );
11      sem_t * semaphore;
12      semaphore = sem_open("/my_semaphore", O_CREAT, 0777, 1);
13      if (pid = = 0)
14      {
15          printf("Child process completed\n");
16          sem_post(semaphore);
```

```
17          sem_close(semaphore);
18      }
19      else
20      {
21          sem_wait(semaphore);
22          printf("Parent process completed\n");
23          sem_close(semaphore);
24          sem_unlink("/my_semaphore");
25      }
26  }
```

### 9.5.4　消息队列

消息队列是在线程或进程之间传递消息的一种方法。消息队列可以认为是一个消息链表，某个进程往一个消息队列中写入消息之前，不需要另外某个进程在该队列上等待消息的达到。每个消息均有一个优先级，消息可置于队列中，并按先进先出方式读出。

mq_open()函数用于创建一个新的消息队列或打开一个已存在的消息的队列。mq_open()函数调用成功时返回消息队列描述字，出错时返回-1。mq_open()函数原型如下：

```
#include <fcntl.h>
#include <sys/stat.h>
#include <mqueue.h>
mqd_t mq_open(const char * name, int oflag, mode_t mode, struct mq_attr * attr);
```

参数 name 为消息队列的名称，消息队列名称最多由 255 个字符组成，以/开头且不再包含/；oflag 应为 O_RDONLY、O_WRONLY 和 O_RDWR 之一，分别对应只读、只写和读写消息队列；attr 为消息队列的属性结构体 mq_attr 指针。在结构体 mq_attr 中，字段 mq_maxmsg 为消息队列能够保存的最多消息条数，字段 mq_msgsize 为消息队列中可存储的消息的最大字节数。

通过这种指定的方式将打开现有的消息队列，如果消息队列不存在，则打开失败。打开时如果传递了附加标志 O_CREAT，则消息队列不存在便会创建消息队列。如果希望仅当消息队列不存在时打开消息队列调用才成功，则可以传递附加标志 O_EXCL。如果传递了标志 O_CREAT，则 mq_open()函数还需要两个参数，一个是用于设置消息队列的访问权限的模式设置参数，另一个是指向消息队列属性指针。如果属性指针为空，则消息队列属性为默认值。

另一个可以传递给 mq_open()函数的参数是 O_NONBLOCK。如果设置了此标志，任何试图写入已满消息队列或读取空消息队列的尝试都将失败，并立刻返回。默认情况下，线程将被阻塞，直到消息队列有空间发送额外的消息，或者消息队列有消息。

mq_send()函数用于发送消息。mq_send()函数调用成功时返回 0，出错时返回-1。mq_send()函数原型如下：

```
#include <mqueue. h>
int mq_send( mqd_t mqdes, const char * msg_ptr, size_t msg_len, unsigned int msg_prio) ;
```

函数 mq_timedsend( )用于消息队列限时发送。mq_timedsend( )函数原型如下:

```
#include <time. h>
#include <mqueue. h>
int mq_timedsend( mqd_t mqdes, const char * msg_ptr, size_t msg_len, unsigned int msg_prio,
const struct timespec * abs_timeout) ;
```

mq_receive( )函数用于接受消息。函数 mq_receive( )调用成功时返回消息中的字节数,出错返回 -1。mq_receive( )函数原型如下:

```
#include <mqueue. h>
ssize_t mq_receive( mqd_t mqdes, char * msg_ptr, size_t msg_len, unsigned * msg_prio) ;
```

mq_timedreceive( )函数用于消息队列限时接受。mq_timedreceive( )函数原型如下:

```
#include <time. h>
#include <mqueue. h>
ssize_t mq_timedreceive( mqd_t mqdes, char * msg_ptr, size_t msg_len, unsigned * msg_prio,
const struct timespec * abs_timeout) ;
```

mq_notify( )函数用于给指定队列建立或删除异步事件通知。mq_notify( )函数调用成功时返回 0,出错时返回 -1。mq_notify( )函数原型如下:

```
#include <mqueue. h>
int mq_notify( mqd_t mqdes, const struct sigevent * sevp) ;
```

mq_close( )函数用于关闭已打开的消息队列。mq_close( )函数调用成功时返回 0,出错时返回 -1。mq_close( )函数原型如下:

```
#include <mqueue. h>
int mq_close( mqd_t mqdes) ;
```

mq_unlink( )函数用于从系统中删除消息队列。mq_unlink( )函数调用成功时返回 0,出错时返回 -1。mq_unlink( )函数原型如下:

```
#include <mqueue. h>
int mq_unlink(const char * name);
```

程序 9.26 为父进程和子进程之间传递消息。

**程序 9.26　在父进程和子进程之间传递消息**

```
1    #include <stdio. h>
2    #include <sys/mman. h>
3    #include <sys/wait. h>
4    #include <fcntl. h>
5    #include <sys/stat. h>
6    #include <unistd. h>
7    #include <mqueue. h>
8    #include <string. h>
9    int main( )
10   {
11       int status;
12       pid_t pid=fork( );
13       if (pid==0)
14       {
15         mqd_t queue;
16         char message[20];
17         queue=mq_open("/messages", O_WRONLY+O_CREAT, 0777, 0);
18         strncpy(message, "Hello", 6);
19         printf("Send message %s\n", message);
20         mq_send(queue, message, strlen(message)+1, 0);
21         mq_close(queue);
22         printf("Child process completed\n");
23       }
24       else
25       {
26         mqd_t * queue;
27         char message[2000];
28         queue = mq_open("/messages", O_RDONLY+O_CREAT, 0777, 0);
29         mq_receive(queue, message, 2000, 0);
30         printf("Receive message %s\n", message);
31         mq_close(queue);
32         mq_unlink("/messages");
33         printf("Parent process completed\n");
34       }
35   }
```

程序 9.26 输出结果如下：

Receive message

Parent process completed

Send message Hello

Child process completed

### 9.5.5 管道

管道是两个过程之间的连接，可以是两个进程的未命名管道，也可以是使用文件系统中的实体进行进程或线程之间通信的命名管道。管道是先进先出的流式结构。

pipe( )函数用来创建未命名管道。管道调用创建两个文件描述符，一个用于从管道读取内容，另一个用于将内容写入管道。pipe( )函数原型如下：

```
#include <unistd. h>
int pipe (int fd[2]);
```

参数 fd 返回两个文件描述符，fd[0]指向管道的读端，fd[1]指向管道的写端。fd[1]的输出是 fd[0]的输入。

管道可用于具有亲缘关系进程间的通信。父进程创建管道，得到两个文件描述符指向管道的两端。父进程 fork 出子进程，子进程也有两个文件描述符指向同一管道。通常情况下，一个管道用于父进程和子进程之间的单向通信。对管道的读写可以使用将文件描述符作为参数的函数。父进程可以往管道中写，子进程可以从管道中读。管道是用环形队列实现的，数据从管道的写端流入，从管道的读端流出，这样就实现了进程间通信。程序 9.27 为使用匿名管道在子进程和父进程之间进行通信。

程序 9.27　使用匿名管道在父进程和子进程之间进行通信

```
1   #include <unistd. h>
2   #include <stdio. h>
3   int main( )
4   {
5       int status;
6       int pipes[2];
7       pipe( pipes );
8       pid_t pid = fork( );
9       if ( pid = = 0 )
10      {
11          close( pipes[0] );
12          write( pipes[1], "a", 1);
13          printf("Child sent a\n" );
14          close( pipes[1] );
```

```
15          }
16      else
17          {
18          char buffer[11];
19          close( pipes[1] );
20          int len = read( pipes[0], buffer, 10 );
21          buffer[len] = 0;
22          printf("Parent received %s\n", buffer );
23          close (pipes[0] );
24          }
25      return 0;
26  }
```

程序 9.27 输出结果如下：

Parent received a

Child sent a

程序 9.27 在分叉之前创建了两个管道文件描述符。父进程关闭 pipes[1] 指示的描述符，然后等待从 pipes[0] 接收数据。子进程关闭描述符 pipes[0]，然后将字符发送到 pipes[1]，等待父进程读取。接着，子进程关闭其写文件描述符的副本。父进程输出子进程发送的字符，然后关闭管道并退出。

命名管道克服了未命名管道没有名字的限制，因此，除具有未命名管道所具有的功能外，它还允许无亲缘关系进程间的通信。命名管道是通过 mknod( ) 函数创建的。mknod( ) 函数原型如下：

```
#inclu de <sys/types. h>
#include <sys/stat. h>
#include <fcntl. h>
#include <unistd. h>
int mknod(const char * pathname, mode_t mode, dev_t dev);
```

参数 pathname 为用作管道的标识符的文件路径；mode 为模式，命名管道该值为 S_FIFO；dev 为文件的访问权限。mknod( ) 函数调用后，两个进程就可以调用 open( ) 函数打开文件。进程使用命名管道后，可以通过 unlink( ) 函数将其删除。unlink( ) 函数原型如下：

```
#include<unistd. h>
int unlink(const char * pathname);
```

程序 9.28 实现了使用命名管道在子进程和父进程进行通信。

**程序 9.28    父进程和子进程使用命名管道进行通信**

```
1    #include <unistd. h>
2    #include <stdio. h>
3    #include <sys/stat. h>
4    #include <fcntl. h>
5    int main( )
6    {
7        int status;
8        mknod("/tmp/pipefile", S_IFIFO|S_IRUSR|S_IWUSR, 0 );
9        pid_t pid = fork( );
10       if ( pid = = 0)
11          {
12          int mypipe=open("/tmp/pipefile", O_WRONLY );
13          write( mypipe, "a", 1);
14          printf("Child sent a\n" );
15          close(mypipe);
16          }
17       else
18          {
19          int mypipe=open("/tmp/pipefile", O_RDONLY );
20          char buffer[11];
21          int len=read( mypipe, buffer, 10 );
22          buffer[len] = 0;
23          printf("Parent received %s\n", buffer );
24          close( mypipe );
25          }
26       unlink("/tmp/pipefile" );
27       return 0;
28   }
```

父进程调用 mknod( ) 函数创建管道，然后分叉。子进程和父进程都打开管道，子进程向管道写入，父进程从管道读取。子进程写管道，关闭文件描述符，解除与管道的连接，然后退出。父进程从管道中读取数据，断开与管道的连接，并退出。

**例 9.11**    利用 $\pi = \int_0^1 \frac{4}{1 + x^2}\mathrm{d}x$，使用管道计算 $\pi$ 值。

程序 9.29 为使用管道计算 $\pi$ 值。

程序 9.29　使用管道计算 $\pi$ 值

```
1   #include <unistd.h>
2   #include <stdio.h>
3   #include <stdlib.h>
4   #define NUM_PROCESS 8
5   int n = 100000000;
6   double h;
7   int main()
8   {
9       int numprocs;
10      int mypipe[2];
11      pipe(mypipe);
12      pid_t pid;
13      numprocs = NUM_PROCESS;
14      h = 1.0/(double) n;
15      for(int i = 0; i < numprocs; ++i)
16      {
17        pid = fork();
18        if(pid == 0)
19         {
20          double mysum = 0.0, x;
21          int my_first_i, my_last_i;
22          my_first_i= i * (n/numprocs);
23          my_last_i= (i+1) * (n/numprocs);
24          for(int j = my_first_i ; j < my_last_i ; j++)
25          {
26            x=(j+0.5) * h;
27            mysum += 4.0/(1.0+x * x);
29              }
30          write(mypipe[1], &mysum, sizeof(double));
31          exit(0);
32          }
33      }
34      double pi = 0.0;
35      double sum;
36      for(int i = 0; i < numprocs ; ++i)
37      {
38        read(mypipe[0], &sum, sizeof(double));
39        pi += sum;
40        }
41        pi * =h;
42      printf("Appromxation of pi is %.15lf\n", pi);
```

```
43        return 0;
44  }
```

程序 9.29 输出结果如下：

Appromxation of pi is 3.141592653589815

**例 9.12** 利用如下公式：

$$\pi = 4\left[1 - \frac{1}{3} + \frac{1}{5} - \frac{1}{7} + \cdots\right] = 4\sum_{k=0}^{\infty} \frac{(-1)^k}{2k+1}$$

编写一个使用管道通信计算 $\pi$ 值。

程序 9.30 为使用管道通信计算 $\pi$ 值。

**程序 9.30　使用管道通信计算 $\pi$ 值**

```
1   #include <unistd.h>
2   #include <stdio.h>
3   #include <stdlib.h>
4   #define NUM_PROCESS 8
5   int n = 10000000;
6   double h;
7   int main()
8   {
9       int numprocs;
10      int mypipe[2];
11      pipe(mypipe);
12      pid_t pid;
13      numprocs = NUM_PROCESS;
14      for(int i = 0; i < numprocs; ++i)
15      {
16          pid = fork();
17          if(pid == 0)
18          {
19              double factor, mysum = 0.0, x;
20              int my_first_i, my_last_i;
21                  my_first_i = i * (n/numprocs);
22                  my_last_i = (i+1) * (n/numprocs);
23              if(my_first_i % 2 == 0)
24                  factor = 1.0;
25              else
26      factor = -1.0;
27              for(int j = my_first_i; j < my_last_i; j++)
29              {
30                  mysum += factor/(2*j+1.0);
```

```
31                    factor = -factor;
32             }
33         mysum  * = 4.0;
34                write(mypipe[1], &mysum, sizeof(double));
35                exit(0);
36         }
37     }
38     double pi = 0.0;
39       double sum;
40     for(int i=0; i<numprocs ; ++i)
41     {
42         read(mypipe[0], &sum, sizeof(double));
43           pi += sum;
44     }
45         printf("Appromxation of pi is %.15lf\n", pi);
46         return 0;
47     }
```

程序 9.30 输出结果如下：

Appromxation of pi is 3.141592653589815

## ▶ 9.6　实时设施

在实时系统中，大多数任务都是周期任务。为了实现这些任务，需要一个有效的追踪时间的方法。这对确保任务不会错过截止时间同样重要。

### 9.6.1　实时信号

与互斥锁、条件变量、信号量、消息队列和共享内存类似，信号是许多实时内核多任务的组成部分。信号有多种不同的用途，如异常处理、因异常导致的进程终止，以及任务间通信。

POSIX 信号相当于软中断。信号是发送一个进程或者同一进程中的指定线程的异步通知，告知其发生了一个事件。这里，异步的意思是该事件随时可发生，与进程执行无关。一个例子是"Ctrl-C"的点击。信号可以由内核、设备驱动程序或其他进程发出。

信号由其编号标识。每个符合 POSIX 标准的系统都支持一系列信号编号。通常，头文件 signal.h 定义了信号的符号名。每个信号编号都有特别的意义并影响接收信号的进程。例如，点击"Ctrl-C"键，操作系统就会产生一个 SIGINT 信号。当进程进行了一个非法内存引用时，该事件将受到操作系统的关注，操作系统将立即停止该进程并发送一个 SIGSEGV 信号。该信号被 SIGSEGV 默认的信号处理函数接收，并打印一条错误消息，然后使得该进程退出。

用户进程可以通过调用 kill() 或 sigqueue() 函数给其他进程发送信号。在接收到信号后,进程可以忽略、阻塞或处理该信号。某些信号,如 SIGKILL(结束一个进程)和 SIGSTOP(暂停一个进程),是不能被忽略的。

当一个 POSIX 定时器由于异步 I/O 竞争、空消息队列有消息到达等产生实时信号时,没有服务器进程发送这些信号。利用数据结构 sigevent 可以将需要发布的信息设置为定时器、异步 I/O 或消息队列初始化的一部分。

```
union sigval { / * data passed with notification */
    int     sigval_int;     /* integer value */
    void * sigval_ptr;      /* points to timer_id */
}


    int sigev_notify;       /* notification method */
    int sigev_signo;        /* notification signal */
    union sigval sigev_value;   /* data to pass with notification */
};
```

结构体 sigevent 中 sigev_notify 参数用于指明通知如何被执行。若被设置为 SIGEV_NONE,则当事件发生时,没有信号发送。若被设置为 SIGEV_SIGNAL,进程会被提示发送由 sigev_signo 参数中指明的信号。当定时器溢出时,信号应为 SIGALRM。参数 sigev_value 是定义的值,在信号发送时发送给特定的信号处理函数。当定时器溢出时,我们只需要设置结构中的前两个参数。

如果要将一个进程挂起至某个预期的未决信号出现,可以调用 sigwait() 函数:

```
int sigwait(const sigset_t * set, int * sig);
```

sigwait() 函数的第 1 个参数是一个信号集,第 2 个参数存储接收到的信号。如果调用成功,将返回 0;否则它返回一个正的错误编号。

信号也能用于进程之间的通信。程序 9.31 为父进程发送信号到子进程。

**程序 9.31　父进程发送信号到子进程**

```
1    #include <unistd.h>
2    #include <stdio.h>
3    #include <signal.h>
4    #include <sys/wait.h>
5    volatile int go = 0;
6    void handler( int sig )
7    {
8        go = 1;
```

```
9      write( 1, "Signal arrived\n", 16 );
10    }
11    int main( )
12    {
13        signal( SIGRTMIN+4, handler );
14        pid_t f = fork( );
15        if ( f == 0 )
16        { /* Child process */
17          while ( ! go ){}
18          printf( "Child completed\n" );
19        }
20        else
21        {
22          kill( f, SIGRTMIN+4 );
23            waitpid( f, 0, 0 );
24            printf( "Parent completed\n" );
25        }
26    }
```

程序 9.31 输出结果如下：

Signal arrived

Child completed

Parent completed

一个进程向另一个进程发送信号时可以利用 signaction( ) 函数传递数据，如程序 9.32 所示。此程序还使用 sihqueue( ) 函数发送包含数据的信号。在 Solaris 上，这包含在实时扩展库中，应用程序需要使用编译器标志-lrt 链接到该库。

程序 9.32 使用信号传输信息

```
1    #include <unistd.h>
2    #include <stdio.h>
3    #include <signal.h>
4    #include <sys/wait.h>
5    volatile int go = 0;
6    struct sigaction oldhandler;
7    void handler( int sig, siginfo_t * info, void * context )
8    {
9        go = ( int )info->si_value.sival_int;
10        write( 1, "Signal arrived\n", 16 );
11    }
12    int main( )
```

```
13    {
14        struct sigaction newhandler;
15        newhandler. sa_sigaction = handler;
16        newhandler. sa_flags = SA_SIGINFO;
17        sigemptyset( &newhandler. sa_mask );
18        sigaction( SIGRTMIN+4, &newhandler, &oldhandler );
19        pid_t f = fork( );
20        if ( f == 0 )
21        { /* Child process */
22            while ( ! go ){}
23        printf( "Child completed go=%i\n", go );
24        }
25        else
26    {
27        union sigval value;
28        value. sival_int = 7;
29        sigqueue( f, SIGRTMIN+4, valuc );
30          waitpid( f, 0, 0 );
31          printf( "Parent completed\n" );
32        }
33    }
```

程序 9.32 输出结果如下：

Signal arrived

Child completed go=7

Parent completed

编写信号处理程序时要设置包括 SA_SIGINFO 在内的 sa_flags。此标志会使信号处理程序接收 siginfo_t 数据。如果不指定该标志，信号处理程序将不会接收上述数据。父进程通过调用 sigqueue( ) 函数发送该信号，需要一个 sigval union 类型的参数。当子进程接收到信号后，就可以从传递它的 sigval union 类型的参数中提取此字段的值。

父进程创建一个子进程，然后发送一个 SIGRTMIN+4 信号到子进程。子进程循环直到变量 go 变为非零。子进程接收到信号后将变量 go 设置为非零，这使进程输出消息并退出。在此期间，父进程一直在等待子进程退出。当子进程最终退出后，父进程输出一条消息后也退出。

阻塞一个信号是指将其放入队列中，并在稍晚的时间发布。阻塞信号的目的是避免竞争条件。当信号处理函数返回后，队列中最前的信号解除阻塞。

POSIX 信号系统提供了一些函数用于创建、修改、检验信号集。

sigemptyset( ) 函数用来将参数 set 信号集初始化并清空，执行成功返回 0，如果有错误则返回 -1。

```
#include "signal.h"
int sigemptyset(sigset_t * set);
```

sigfillset()函数初始化 set 所指向的信号集，使其中所有信号的对应标志位置 1，表示该信号集的有效信号包括系统支持的所有信号，执行成功返回 0，如果有错误则返回-1。

```
#include "signal.h"
int sigfillset(sigset_t * set);
```

sigaddset()函数把某个特定信号加入信号集，执行成功返回 0，如果有错误则返回-1。

```
#include "signal.h"
int sigaddset(sigset_t * set, int signo);
```

sigdelset()函数把某个特定信号去掉，执行成功返回 0，如果有错误则返回-1。

```
#include "signal.h"
int sigdelset(sigset_t * set, int signo);
```

sigismember()函数是判断某个信号是否在该信号集中，执行成功返回 0，如果有错误则返回-1。

```
#include "signal.h"
int sigismember(const sigset_t * set, int signo);
```

当前被阻塞的信号集称为信号掩码。每个进程在内核中都有自己的信号掩码。当一个新的进程创建时，它将继承其父进程的信号掩码。可以通过修改信号掩码来阻塞或解除阻塞。信号掩码屏蔽由 igprocmask()函数来操纵和查询：

```
#include "signal.h"
int sigprocmark(int iHow, const sigset_t * psSet, sigset_t * psOldSet);
```

函数中，参数 psSet 指向某个信号集合。第一个参数 iHOW 修改信号掩码，可以将其设置为以下三个值之一：
- SIG_BLOCK：添加 psSet 指向的信号集中的所有信号到当前信号掩码。
- SIG_UNBLOCK：从当前信号掩码中删除 psSet 指向的信号集中的所有信号。
- SIG_SETMARK：安装 psSet 指向的信号集中的所有信号作为信号掩码。

参数 psSet 指向某个信号集。参数 psOldSet 用于存储旧的进程信号掩码。

sigprocmask( )函数仅用于单线程的进程。对于多线程的进程，应该用 pthread_sigmask ( )函数。

信号可以按默认的方式处理，也可以用户自定义处理程序来处理。如果采用用户自定义的处理程序处理某些类型的信号，需要设计一个函数，并在一个特定编号的信号到来时调用它。进程需要如何处理接收到信号的细节定义在结构体 sigaction 中：

```
#include "signal. h"
struct sigaction {
    void  ( * sa_handler)(int);    / * address of signal handler * /
    sigset_t sa_mask;              / * signals * /
    int   sa_flags;                / * signals options * /
    void ( * sa_sigaction)(int,  siginfo_t *, void * );   / * alternate signal handler * /
};
```

指针 sa_handler 指向一个用作信号处理程序的函数。信号处理程序的唯一参数（整数）是信号。指针 sa_sigaction 指向一个用作替代信号的函数。通常不会同时分配 sa_handler 和 sa_sigaction。要更改流程在收到特定信号时采取的操作，需要调用 sigaction( )函数。sigaction ( )函数原型如下：

```
#include "signal. h"
int sigaction (int signum, const struct sigaction * act, struct sigaction * oldact);
```

其中，signum 指向信号，可以是除 SIGKILL 和 SIGSTOP 之外的任何有效信号。如果 act 为 non-NULL，则信号 signum 新的处理动作会从 act 中安装。如果 oldact 不为 NULL，则上一个操作将保存在 oldact 中。

程序 9.33 为处理由键入 CTRL-C 和 CTRL-Z 产生的信号。

#### 程序 9.33  处理由键入 CTRL-C 和 CTRL-Z 产生的信号

```
1   #include <stdio. h>
2   #include <signal. h>
3   #include <unistd. h>
4   void my_handler( int signo)
5   {
6       / * handling Ctrl-C * /
7       if (signo = = SIGINT)
8         printf("You hit Ctrl-C. \n");
9       / * handling Ctrl-Z * /
10      if (signo = = SIGTSTP)
11        printf("You hit Ctrl-Z. \n");
```

```
12  }
13  int main(void)
14  {
15      struct sigaction action;
16      /* set up signal handler */
17      action.sa_handler = my_handler;
18      /* initialize signal set */
19      sigemptyset(&action.sa_mask);
20      /* set signal option to 0 that makes no change tosignal behavior */
21      action.sa_flags = 0;
22      /* specify signals to be handled by action */
23      sigaction(SIGINT, &action, NULL);
24      sigaction(SIGTSTP, &action, NULL);
25      /* wait forever */
26      while(1)
27        sleep(1);
28      return 0;
29  }
```

### 9.6.2  定时器

为了对一个进程的执行进行计时，使其按照一定的频率运行，实时时钟和定时器是必需的。

所有类 UNIX 系统都使用 Unix 时间，也就是 POSIX 时间或 Epoch 时间。该系统用自 1970 年 1 月 1 日 00：00AM 以来经过的秒数来描述时间瞬间。time( )函数返回当前时间。

```
#include "time.h"
time_t time(time_t * what_time_it_is)
```

若调用时传递指针，返回的时间会保存在指针指向的内存中。clock_gettime( )函数可以返回纳秒级精度的时间。

```
#include "time.h"
int clock_gettime(clockid_t c_id, struct timespec * current_time)
```

调用后，当前时间被保存于由 current_time 指向的 timespec 对象中。timespec 结构体定义如下：

```
#include "time.h"
structure timespec{
    time_t   tv_sec;      /* seconds */
    time_t   tv_nsec;     /* nanoeconds */
}
```

我们也可以调用 clock_getres( )函数来获得时钟分辨率。

实时系统经常利用间隔定时器来调度。间隔定时器有两种类型：单次触发或周期性。单次触发定时器是已经配置完参数的定时器( armed timer)，用来确定时间是否已经到达( 相对于当前时间或绝对时间)。当时间到达，则该定时器失效。这样的定时器可用于单次执行的任务。周期性定时器会配置一个初始的溢出时间( 绝对值或相对值)和重复间隔。每次间隔定时器溢出，时间间隔和配置将会重新装载。这个定时器可用于周期任务。

POSIX 定义了一系列使用 UNIX 时钟的定时器函数，最为基础的一个是 timer_create( )函数。timer_create( )函数原型如下：

```
#include "time.h"
int timer_create(clock_id clockid, struct sigfevent sigev, timer_t * timerid)
```

调用它可以创建新的每个进程间隔定时器。参数 clockid 指明了新定时器用于计时的时钟。所有符合 POSIX 标准的 RTOS 必须支持 CLOCK_REALTIME，这是可设置的全系统实时时钟。当该定时器成功创建，新定时器的 id 将返回到 timerid 指向的缓冲区，timerid 必须是非空指针。这个 id 在进程中是唯一的，直到定时器被删除，新的定时器创建时未配置。

参数 sigev 是一个指向 struct sigfevent 数据结构的指针。该数据结构用于通知内核，定时器在触发时应该传递什么类型的事件。

当定时器创建后，需要设置定时器。timer_settime( )函数用于设置定时器，timer_settime( )函数原型如下：

```
#include "time.h"
int timer_settime(timer_t timerid, int flags, const struct itimerspec * new_setting, itimerspec * old_setting);
```

该函数将 timerid 指向的定时器设定为周期性溢出或单次溢出。最后两个参数是 itimerspec 结构体指针，定义如下：

```
#include "time.h"
struct itimerspec{
    struct timespec it_interval;    /* Timer interval */
    struct timespec it_value;       /* Initial experiation */
};
```

设置计时器时，需要将 new_setting->it_value 设置为定时器第一次溢出的时间间隔，并将 new_setting->it_interval 设置为后续定时器溢出时间间隔。如果 new_setting->it_value 设置为 0，则定时器永不溢出。如果 new_setting->it_interval 设置为 0，则定时器仅在 it_value 指示的时间溢出一次。

如果 flags 设置为 0，则 new_setting->it_value 字段将被视为相对于当前时间的时间。如果设置为 TIMER_ABSTIME，则时间是绝对的。

其他与定时器相关的 POSIX 函数包括以下几个。

timer_delete( ) 函数删除 id 为 timerid 指向的定时器。

```
#include "time. h"
int timer_delete(timer_t timerid);
```

timer_GetOverload( ) 函数返回 timerid 指向的定时器的溢出次数。

```
#include "time. h"
int timer_GetOverload(timer_t timerid);
```

在调用间隔计时器函数时，时间值小于系统硬件周期计时器的分辨率向上舍入到下一个周期硬件定时器间隔的倍数。例如，如果时钟分辨率为 10 ms，计时器到期时间设置为 95 ms，则计时器将在 100 ms 后过期，而不是 95 ms。

### 9.6.3　周期任务的实现

当我们实现一个周期任务时，需要确保任务在每个周期起始处开始重复执行，且在每个周期循环内执行后会被挂起直到下一个循环开始。任务的实时控制通过两个动作实现：第一个动作是设置一个定时器以在指定的周期唤醒任务；第二个动作是使得任务等待直到下一个周期开始。

使得任务周期性运行的简单方法是在一个任务的实例运行完成后调用 sleep( ) 函数或类似函数使得该任务休眠到下一周期开始。使用这种方法，不需要设置定时器这个动作。但是，这种方法是不可靠的。如果进程或线程在休眠时间已完成计算且在未调用 sleep( ) 函数前被抢占，则该进程将会"过度休眠"。例如，若计算得到的休眠时间为 5 ms，并且从进程被抢占到恢复的时间跨度是 3 ms，那么该进程应该只休眠 2 ms，而不是 5 ms。

实现周期任务的另一个方法是使用实时定时器。此方法中，创建定时器并在设置定时器动作中配置该定时器，然后在等待下一个周期动作中等待定时器溢出信号。程序 9.34 给出了周期任务的实现。

程序 9.34  周期任务的实现

```
1   #include <signal. h>
2   #include <time. h>
3   #include <stdlib. h>
4   #include <stdint. h>
5   #include <string. h>
6   #include <stdio. h>
7   #define ONE_THOUSAND 1000
8   #define ONE_MILLION 1000000
9   / *  offset and period are in microseconds.  * /
10  #define OFFSET 1000000
11  #define PERIOD 500000
12  sigset_t sigst;
13  static void wait_next_activation( void)
14  {
15         int dummy;
16         / *  suspend calling process until a signal is pending  * /
17         sigwait( &sigst, &dummy);
18  }
19  int start_periodic_timer( uint64_t offset, int period)
20  {
21         struct itimerspec timer_spec;
22         struct sigevent sigev;
23         timer_t timer;
24         const int signal = SIGALRM;
25         int res;
26         / *  set timer parameters  * /
27         timer_spec. it_value. tv_sec = offset / ONE_MILLION;
28         timer_spec. it_value. tv_nsec = ( offset % ONE_MILLION) * ONE_THOUSAND;
29         timer_spec. it_interval. tv_sec = period / ONE_MILLION;
30         timer_spec. it_interval. tv_nsec = ( period % ONE_MILLION) * ONE_THOUSAND;
31         sigemptyset( &sigst); / *  initialize a signal set  * /
32         sigaddset( &sigst, signal); / *  add SIGALRM to the signal set  * /
33         sigprocmask( SIG_BLOCK, &sigst, NULL); / *  block the signal  * /
34         / *  set the signal event at timer expiration  * /
35         memset( &sigev, 0, sizeof( struct sigevent));
36         sigev. sigev_notify = SIGEV_SIGNAL;
37         sigev. sigev_signo = signal;
38         / *  create timer  * /
39         res = timer_create( CLOCK_MONOTONIC, &sigev, &timer);
40         if ( res < 0)
41         {
42                perror( "Timer Create");
```

```
43              exit(-1);
44      }
45          /* activiate the timer */
46          return timer_settime(timer, 0, &timer_spec, NULL);
47      }
48  static void task_body(void)
49  {
50          static int cycles = 0;
51          static uint64_t start;
52          uint64_t current;
53          struct timespec tv;
54          if (start == 0)
55      {
56              clock_gettime(CLOCK_MONOTONIC, &tv);
57              start = tv.tv_sec * ONE_THOUSAND + tv.tv_nsec / ONE_MILLION;
58      }
59          clock_gettime(CLOCK_MONOTONIC, &tv);
60          current = tv.tv_sec * ONE_THOUSAND + tv.tv_nsec / ONE_MILLION;
61          if (cycles > 0)
62      {
63              printf("Ave interval between instances: %f milliseconds\n",(double)(current -
                start)/cycles);
64      }
65          cycles ++;
66      }
67  int main(int argc, char * argv[])
68  {
69      int res;
70      /* set and activate a timer */
71          res = start_periodic_timer(OFFSET, PERIOD);
72          if (res < 0)
73          {
74              perror("Start Periodic Timer");
75              return -1;
76      }
77      while(1)
78          {
79              wait_next_activation(); /* wait for timer expiration */
80              task_body(); /* executes the task */
81      }
82          return 0;
83      }
```

在程序 9.34 中定时器每隔 500 ms 溢出一次，偏移量设置为 1000 ms，意味着定时器的第一次溢出将发生在定时器激活后 1500 ms。在 main( ) 函数中，首先调用 start_periodic_timer( ) 函数设置和激活定时器。然后进程进入一个无限循环，在循环中调用 wait_next_activation( ) 函数等待下一次定时器溢出信号。当信号到达时，调用返回，并调用 task_body( ) 函数，该函数只是计算并输出自定时器首次溢出后连续两个函数实例之间的平均时间间隔。

## 9.7 本章小结

本章介绍 UNIX/Linux 中的线程和进程管理。Pthreads 是线程的 POSIX 标准，该标准定义了创建和操纵线程的一整套 API。在类 UNIX 操作系统( UNIX、Linux、Mac OS X 等)中，都使用 POSIX 作为操作系统的线程。POSIX 具有很好的可移植性，属于共享存储器并行技术。程序调用 API 启动多个线程，同步方式有互斥量、信号量、条件变量，可用于所有线程的同步。本章使用编程示例来说明多任务处理、上下文切换和进程的原理和技术。介绍了进程创建、进程终止和进程同步方法，以及进程之间通信、实时设施和周期任务的实现。

 **习 题**

1. 利用如下公式：

$$\pi = 4\left[1 - \frac{1}{3} + \frac{1}{5} - \frac{1}{7} + \cdots\right] = 4\sum_{k=0}^{\infty} \frac{(-1)^k}{2k+1}$$

编写一个 Pthreads 程序，分别使用忙等待、互斥锁、条件变量和信号量方法计算 $\pi$ 值。

2. 利用如下公式：

$$e = 1 + \frac{1}{1!} + \frac{1}{2!} + \cdots + \frac{1}{n!} + \cdots$$

编写一个 Pthreads 程序，分别使用忙等待、互斥锁、条件变量和信号量方法计算 $e$ 值。

3. 辛普森(Simpson)法则是一个比矩形法更好的数值积分算法。因为收敛速度更快。辛普森法则求积公式

$$\int_a^b f(x)\,\mathrm{d}x \approx \frac{1}{3n}\left[f(x_0) - f(x_n) + \sum_{i=1}^{n/2}(4f(x_{2i-1}) + 2f(x_{2i}))\right]$$

其中，$n$ 为将区间 $[a, b]$ 划分的子区间数，且 $n$ 是偶数，$1 \leq i \leq n$；$x_i$ 表示第 $i$ 个区间的 $x$ 轴坐标。利用 $\pi = \int_0^1 \frac{4}{1+x^2}\mathrm{d}x$，使用辛普森法则计算 $\pi$ 值的 C 语言程序如下( 程序 9.35)：

程序 9.35　使用辛普森法则求 $\pi$ 的串行程序

```
1    #include "stdio.h"
2    static long n = 100000;
3    double f( int i)
4    {
5        double x;
6        x = (double)i / (double)n;
7        return 4.0 / (1.0+x*x);
8    }
9    int main( )
10   {
11       long int i;
12       double pi;
13       pi = f(0) - f(n);
14       for (i = 1; i<= n/2; i++)
15           pi += 4.0 * f(2*i-1) + 2.0 * f(2*i);
16       pi /= (3.0*n);
17       printf("Appromxation of pi:%15.13f\n", pi);
18       return 0;
19   }
```

使用辛普森法则编写一个 Pthreads 程序计算 $\pi$ 值。

4. 编写一个 Pthreads 程序计算下列二重积分值。

$$I = \int_{-1}^{1}dx\int_{x}^{1}y\sqrt{1 + x^2 - y^2}\,dy$$

5. 考虑线性方程组

$$Ax = b$$

其中 $A$ 是 $n×n$ 非奇异矩阵，右端向量 $b\neq0$，因而方程组有唯一的非零解向量。设系数矩阵 $A$ 严格行对角占优，即

$$|a_{i,i}| > \sum_{n}|a_{i,j}|,\ i = 1,\ 2,\ \cdots,\ n$$

解 $Ax = b$ 的 Jacobi 迭代法的计算公式为

$$\begin{cases} x^{(0)} = (x_1^{(0)},\ x_2^{(0)},\ \cdots,\ x_n^{(0)})^{\mathrm{T}} \\ x_i^{(k+1)} = \dfrac{1}{a_{i,i}}(b_i - \sum_{n}a_{i,j}x_j^{(k)}) \\ i = 1,\ 2,\ \cdots,\ n\ \text{为迭代次数} \end{cases}$$

Jacobi 迭代法很适合并行化，即使用 $n$ 个线程，每个线程处理矩阵的一行。如果线程数 $t<n$，则每个线程处理矩阵 $n/t$ 相邻行。编写一个 Pthreads 程序实现 Jacobi 迭代法。

6. 使用 Pthreads 程序实现生产者–消费者程序，其中一些线程是生产者，另外一些线程是消费者。在文件集合中，每个产生者针对一个文件，从文件中读取文本。把读出的文本行

插入到一个共享的队列中。消费者从队列中取出文本行，并对文本行进行分词。符号是被空白符分开的单词。当消费者发现一个单词后，将该单词输出。

7. 一个素数是一个只能被正数 1 和它本身整除的正整数。求素数的一个方法是筛选法。筛选法计算过程是创建一自然数 2，3，5，…，$n^2$ 的列表，其中所有的自然数都没有被标记。令 $k=2$，它是列表中第一个未被标记的数。把 $k^2$ 和 $n$ 之间的是 $k$ 倍数的数都标记出来，找出比 $k$ 大的未被标记的数中最小的那个，令 $k$ 等于这个数，重复上述过程直到 $k^2 > n$ 为止。列表中未被标记的数就是素数，使用筛选法编写 Pthreads 程序求小于 1000000 的所有素数。

8. 最小的 5 个素数是 2、3、5、7、11。有时两个连续的奇数都是素数。例如，在 3、5、11 后面的奇数都是素数，但是 7 后面的奇数不是素数。编写一个 Pthreads 程序，对所有小于 1000000 的整数，统计连续奇数都是素数的情况的次数。

9. 在两个连续的素数 2 和 3 之间的间隔是 1，而在连续素数 7 和 11 之间的间隔是 4。编写一个 Pthreads 程序，对所有小于 1000000 的整数，求两个连续素数之间间隔的最大值。

10. 水仙花数(Narcissistic number)是指一个 $n$ 位数($n \geq 3$)，它的每个位上的数字的 $n$ 次幂之和等于它本身，例如：$1^3 + 5^3 + 3^3 = 153$。编写一个 Pthreads 程序求 $3 \leq n \leq 24$ 所有水仙花数。

11. 所谓梅森数，是指形如 $2^p - 1$ 的一类数，其中指数 $p$ 是素数，常记为 $M_p$。如果梅森数是素数，就称为梅森素数。第一个梅森素数 $M_2 = 3$，第二个梅森素数 $M_3 = 7$。编写一个 Pthreads 程序求前 10 个梅森素数。

12. 编写一个 Pthreads 程序，开启 3 个线程，第一个线程输出 1，第二个线程输出 2，第三个线程输出 3，要求这 3 个线程按顺序输出，每个线程输出 10 次，其结果为 123123…。

13. 完全数(perfect number)是一些特殊的自然数，它所有的真因子(即除了自身以外的约数)的和恰好等于它本身。自然数中的第一个完全数是 6，第二个完全数是 28。

$$6 = 1 + 2 + 3$$
$$28 = 1 + 2 + 4 + 7 + 14$$

编写一个多进程程序求前 8 个完全数。

14. 哥德巴赫猜想是任何不小于 4 的偶数，都可以写成两个质数之和的形式。它是近代三大数学难题之一，至今还没有完全证明。编写一个多进程程序验证 10000000 以内整数哥德巴赫猜想是对的。

15. 弱哥德巴赫猜想是任何一个大于 7 的奇数都能被表示成 3 个奇素数之和。编写一个多进程程序验证 10000000 以内整数弱哥德巴赫猜想是对的。

16. 开发一个有两个周期任务的工程，任务 1 打开一个共享内存空间，存入一个有 1000 个整型数的数组，并将所有数组元素初始化为 0，它每隔 500 ms 向数组写入一个在 [0，100] 内的随机生成的整数。任务 2 每隔 400 ms 计算一次添加到数组中的数值个数，并显示该数值。

# 第 10 章　Java 并发编程

Java 语言内置对多线程的支持使得其比同一时期的其他语言具有明显的优势。线程作为操作系统调度的最小单元，多个线程能够同时执行，这将显著提升程序性能，在多核环境中表现得更加明显。本章将着重介绍 Java 并发编程的方法和技术。

## ▶ 10.1　Java 线程

操作系统在运行一个程序时，会为其创建一个进程。例如，启动一个 Java 程序，操作系统就会创建一个 Java 进程。操作系统调度的最小单元是线程，也叫轻量级进程（light weight process），在一个进程里可以创建多个线程，这些线程都拥有各自的计数器、堆栈和局 部变量等属性，并且能够访问共享的内存变量。处理器在这些线程上高速切换，极大提高了线程的并发执行能力。

Java 语言的一个重要特点就是内置对多线程的支持，它使得编程人员可以很方便地开发出具有多线程功能、能同时处理多个任务的功能强大的应用程序。

一个 Java 程序从 main( )方法开始执行，实际上 Java 程序就是多线程程序，因为执行 main( )方法的是一个名称为 main 的线程。

随着处理器上的核数量越来越多，以及超线程技术的广泛运用，现在大多数计算机都比以往更加擅长并行计算，而处理器性能的提升方式，也从更高的主频向更多的核发展。如何利用好处理器上的多个核也成了现在的主要问题。

线程是大多数操作系统调度的基本单元，一个程序作为一个进程来运行，程序运行过程中能够创建多个线程，而一个线程在一个时刻只能运行在一个处理器核上。程序使用多线程技术将计算逻辑分配到多个处理器核上，就会显著减少程序的处理时间，并且随着更多处理器核的加入而变得更有效率。

### 10.1.1　创建线程

Java 中创建多线程有两种途径：继承 Thread 类，或者实现 Runnable 接口。实现 Runnable 接口非常简单，就定义了一个方法 run( )，继承 Runnable 并实现这个方法就可以实现多线程了。但是这个 run( )方法必须由系统来调用。程序 10.1 为通过实现 Runnable 接口创建多线程。

**程序 10.1　实现 Runnable 接口创建多线程**

```
1   public class MultiThread implements Runnable{
2     public static void main(String[ ] args){
3       for(int i=0;i<8;i++){
4         new Thread(new MultiThread()).start();
5       }
6     }
7     public void run(){
8       System.out.println(Thread.currentThread().getName());
9     }
10  }
```

程序 10.1 输出结果如下：

Thread-0

Thread-2

Thread-1

Thread-3

Thread-4

Thread-5

Thread-6

Thread-7

程序 10.2 为通过继承 Thread 类创建多线程。

**程序 10.2　继承 Thread 类创建多线程**

```
1   public class MyThread extends Thread{
2     public MyThread(String name) {
3       super(name);
4     }
5     public void run() {
6       System.out.println(this.getName());
7     }
8     public static void main(String[ ] args) {
9       new MyThread("Thread-1").start();
10      new MyThread("Thread-2").start();
11      new MyThread("Thread-3").start();
12      new MyThread("Thread-4").start();
13    }
14  }
```

程序 10.2 输出结果如下：

Thread-1

Thread-2

Thread-3

Thread-4

从程序输出结果可以看到，一个 Java 程序的运行不是只运行 main( ) 方法，而是 main 线程和多个其他线程的同时运行。

表 10.1 列出了 Thread 类常用方法。

表 10.1 Thread 类常用方法

| 方法 | 功能 |
| --- | --- |
| static Thread currentThread( ) | 返回对当前正在执行的线程对象的引用 |
| static void sleep(long millis) | 在指定的毫秒数内让当前正在执行的线程休眠 |
| static void sleep(long millis, int nanos) | 在指定的毫秒数加指定的纳秒数内让当前正在执行的线程休眠 |
| static void yield( ) | 使当前运行的线程放弃执行，切换到其他线程 |
| boolean isAlive( ); | 测试线程是否处于活动状态 |
| void start( ); | 使该线程开始执行，Java 虚拟机调用该线程的 run( ) 方法 |
| run( ) | 该方法由 start( ) 方法自动调用 |
| setName(String s) | 赋予线程一个名字 |
| long getId( ) | 返回该线程的标识符 |
| String getName( ); | 返回该线程的名称 |
| int getPriority( ); | 返回线程的优先级 |
| void setPriority(int newPriority) | 设置线程的优先级 |
| void join( ); | 等待该线程终止 |
| void join(long millis); | 等待该线程终止的时间最长为 millis 毫秒 |
| void join(long millis, int nanos); | 等待该线程终止的时间最长为 millis 毫秒+ nanos 纳秒 |
| void interrupt( ) | 中断线程 |
| void setDaemon(boolean on) | 将该线程标记为守护线程或用户线程 |

**例 10.1** 利用 $\pi = \int_0^1 \dfrac{4}{1 + x^2} \mathrm{d}x$ ，计算 $\pi$ 值。

程序 10.3 为使用矩形法中的中点法计算 $\pi$。

程序 10.3 使用矩形法中的中点法计算 $\pi$

```
1    public class pi_thread extends Thread {
2        private long my_start;
3        private long num_steps = 10000000;
```

```
4      double step, x, my_sum = 0.0;
5       public pi_thread(int start) {
6         this. my_start = start;
7       }
8      public void run() {
9         long i;
10        step = 1.0/(double)num_steps;
11         for(i = my_start;i<num_steps;i+=4) {
12            x = (i+0.5) * step;
13         my_sum = my_sum+4.0/(1.0+x * x);
14         }
15       }
16      public static void main(String[] args) throws InterruptedException {
17        double pi, sum = 0.0;
18        pi_thread thread1 = new pi_thread(1);
19        pi_thread thread2 = new pi_thread(2);
20        pi_thread thread3 = new pi_thread(3);
21        pi_thread thread4 = new pi_thread(4);
22        thread1. start();
23        thread2. start();
24        thread3. start();
25        thread4. start();
26        thread1. join();
27        thread2. join();
28        thread3. join();
29        thread4. join();
30        sum = thread1. my_sum+ thread2. my_sum+ thread3. my_sum+ thread4. my_sum;
31        pi  = thread1. step * sum;
32        System. out. println("Approximation of pi: "+pi);
33      }
34    }
```

程序 10.3 采用 4 线程计算, 那么有

Thread 0 计算第 1, 5, 9, …, 9999997 次循环;

Thread 1 计算第 2, 6, 10, …, 9999998 次循环;

Thread 2 计算第 3, 7, 11, …, 9999999 次循环;

Thread 3 计算第 4, 8, 12, …, 10000000 次循环;

最后, 将多个线程计算得到的结果相加算出最终结果。

例 **10.2**   利用如下公式:

$$\ln(1+x) = \left[ x - \frac{x^2}{2} + \frac{x^3}{3} - \frac{x^4}{4} + \cdots \right] = \sum_{k=0}^{\infty} (-1)^k \frac{x^{k+1}}{k+1} \quad (-1 < x \leq 1) \quad (10.1)$$

编写一个 Java 多线程程序计算 ln 2 值。

根据(10.1)式可知，

$$\ln 2 = \left[ 1 - \frac{1}{2} + \frac{1}{3} - \frac{1}{4} + \cdots \right] = \sum_{k=0}^{\infty} \frac{(-1)^k}{k+1} \tag{10.2}$$

利用式(10.2)计算 $\ln 2$ 值。并行化计算 $\ln 2$ 值的方法是将 for 循环分块后交给各个线程处理，并将 $\ln 2$ 设为全局变量。假设线程数为 $numprocs$，整个任务数为 $n$，则每个线程的任务为 $l = n/numprocs$。因此，对于进程 0，循环变量 $i$ 的范围是 $0 \sim l-1$。进程 1 循环变量的范围是 $l \sim 2l-1$。更一般化地，对于线程 $q$，循环变量的范围是 $ql \sim (q+1)l-1$，而且第一项 $ql$ 如果是偶数，符号为正，否则符号为负。程序 10.4 为计算 $\ln 2$ 值。

**程序 10.4　计算 $\ln 2$ 值**

```
1    public class ln2_thread extends Thread {
2      private long my_first_i;
3      private long my_last_i;
4      double factor, my_ln2 = 0.0;
5      public ln2_thread(long first_i, long last_i) {
6        this. my_first_i= first_i;
7        this. my_last_i=last_i;
8      }
9      public void run() {
10       long i;
11       if(my_first_i % 2 == 0)
12         factor=1.0;
13       else
14         factor=-1.0;
15       for(i=my_first_i; i<my_last_i; i++, factor=-factor) {
16         my_ln2 += factor/(i+1);
17       }
18     }
19     public static void main(String[] args) throws InterruptedException {
20       long n = 10000000;
21       final int THREAD_NUM = 4;
22       ln2_thread threads[] = new ln2_thread[THREAD_NUM];
23       long l;
24       double ln2=0.0;
25       l=n/THREAD_NUM;
26       for(int i=0; i<THREAD_NUM; i++) {
27         threads[i]=new ln2_thread(l*i, l*(i+1));
28         threads[i]. start();
29       }
30       for(int i=0; i<THREAD_NUM; i++) {
31         threads[i]. join();
```

```
32        }
33        for(int i=0;i<THREAD_NUM; i++) {
34          ln2 +=threads[i].my_ln2;
35        }
36        System.out.println("Approximation of ln2: "+ln2);
37      }
38  }
```

**例 10.3** 蒙特·卡罗方法估计 π 值的基本思想是利用圆与其外接正方形面积之比为 π/4 的关系，通过产生大量均匀分布的二维点，计算落在单位圆和单位正方形的数量之比再乘以 4 便得到 π 值。编写一个采用蒙特·卡罗方法的 Java 多线程程序估计 π 值。

程序 10.5 为使用蒙特·卡罗方法估计 π 值。

**程序 10.5  使用蒙特·卡罗方法估计 π 值**

```
1   public class pi_MonteCarlo_thread extends Thread {
2     private long i, mynum_point, mynum_in_cycle;
3     private double x, y, distance_point;
4     public pi_MonteCarlo_thread(long num_point) {
5       this.mynum_point = num_point;
6     }
7     public void run() {
8       mynum_in_cycle=0;
9       for (i =1; i <=mynum_point ; i ++)
10      {
11        x= Math.random();
12        y= Math.random();
13        distance_point =x * x+y * y;
14        if(distance_point <=1.0)
15          mynum_in_cycle +=1;
16      }
17    }
18    public static void main(String[] args) throws InterruptedException {
19      long total_num_point=10000000;
20      long total_num_in_cycle=0;
21      final int THREAD_NUM = 4;
22      pi_MonteCarlo_thread threads[] = new pi_MonteCarlo_thread [THREAD_NUM];
23      double pi;
24      for(int i=0; i<THREAD_NUM; i++) {
25        threads[i]=new pi_MonteCarlo_thread (total_num_point/THREAD_NUM);
26        threads[i].start();
27      }
```

```
28        for( int i=0; i<THREAD_NUM; i++) {
29          threads[i].join();
30        }
31        for( int i=0;i<THREAD_NUM; i++) {
32          total_num_in_cycle +=threads[i].mynum_in_cycle;
33        }
34        pi =( double) total_num_in_cycle/( double) total_num_point * 4;
35        System. out. println(" The estimate value of pi:"+pi);
36      }
37    }
```

## 10.1.2 线程优先级

操作系统基本采用时分的形式调度运行的线程,操作系统将处理器时间分成一个个时间片,线程会分配到若干时间片,当线程的时间片用完了就会产生线程调度,并等待下次分配。线程分配到的时间片多少决定了线程使用处理器资源的多少,而线程优先级就是决定线程需要多或者少分配一些处理器资源的线程属性。

Java 给每个线程指定一个优先级。默认情况下,线程继承生成它的进程优先级,可以用 setpriority( )方法来修改优先级,还能用 getpririty( )方法获取线程的优先级。优先级从 1 到 10 级。Thread 类的 int 型常量 MIN_PRIORITY、NORM_PRIORITY 和 MAX_PRIORIY 分别代表 1、5 和 10。主线程的优先级是 Thread. NORM_PRIORITY。

Java 虚拟机总是选择当前优先级最高的可运行线程。较低优先级的线程只有在没有比它更高的优先级的线程运行时才能运行。如果所有可运行线程具有相同的优先级,则使用循环调度( round-robin scheduling, RRS)。优先级高的线程分配时间片的数量要大于优先级低的线程。设置线程优先级时,对于频繁阻塞(休眠或者 I/O 操作)的线程需要设置较高的优先级,而偏重计算(需要较多 CPU 时间)的线程则设置较低的优先级,确保处理器不会被独占。

程序 10.6 为打印 main 线程的信息,包括线程名和优先级。

**程序 10.6 打印 main 线程的信息**

```
1    class getThreadInfo {
2      public static void main( String args[ ]) {
3        Thread mythread;
4        int num=8;
5        mythread =Thread. currentThread( );
6        mythread . setPriority( num);
7        System. out. println(" CurrentThread: " + mythread);
8        System. out. println(" ThreadName: " + mythread. getName( ));
9        System. out. println(" Priority:" + mythread. getPriority( ));
10     }
11   }
```

程序 10.6 输出结果如下：

CurrentThread：Thread[main，8，main]

ThreadName：main

Priority：8

### 10.1.3 线程的状态

Java 线程在运行的生命周期中可能处于表 10.2 所示的 5 种不同的状态，在给定的一个时刻，线程只能处于其中的一个状态。

**表 10.2　Java 线程的状态**

| 状态 | 说明 |
| --- | --- |
| New | 线程在已被创建但未执行这段时间内，线程对象已被分配内存空间，其私有数据已被初始化，但该线程还未被调度。此时线程对象可通过 start()方法调度，新创建的线程一旦被调度，就切换到 Runnable 状态 |
| Runnable | 表示线程正等待处理器资源，随时可被调用执行。处于就绪状态的线程事实上已被调度，已经被放到某一队列等待执行。处于就绪状态的线程何时可真正执行，取决于线程优先级及队列的当前状况。线程的优先级如果相同，将遵循先来先服务的调度原则 |
| Running | 表明线程正在运行，该线程已经拥有了对处理器的控制权，其代码目前正在运行。这个线程将一直运行直到运行完毕，除非运行过程的控制权被优先级更高的线程强占 |
| Blocked | 一个线程如果处于 Blocked 状态，那么这个线程将暂时无法进入就绪队列。处于 Blocked 状态的线程通常必须由某些事件才能唤醒。处于睡眠中的线程必须被堵塞一段固定的时间。被挂起或处于消息等待状态的线程则必须由一外来事件唤醒 |
| Dead | Dead 表示线程已退出运行状态，并且不再进入就绪队列。其原因可能是线程已执行完毕，也可能是该线程被另一线程所强行中断 |

线程在自身的生命周期中，并不是固定地处于某个状态，而是随着代码的执行在不同的状态之间进行切换(图 10.1)。线程创建之后，调用 start()方法开始运行。当线程执行 wait()方法之后，线程进入等待状态。进入等待状态的线程需要依靠其他线程的通知才能返回到运行状态，而超时等待状态相当于在等待状态的基础上增加了超时限制，也就是超时时间到达时将会返回到运行状态。当线程调用同步方法时，在没有获取到锁的情况下，线程将会进入阻塞状态。线程在执行 Runnable 的 run()方法之后将会进入终止状态。

### 10.1.4　Daemon Thread

在 Java 中有两类线程：User Thread(用户线程)和 Daemon Thread(守护线程)。只要当前(java virtual machine，Java 虚拟 JVM)实例中尚存在任何一个非 Daemon Thread 没有结束，Daemon Thread 就全部工作。只有当最后一个非 Daemon Thread 结束时，Daemon Thread 随着 Java 虚拟机一同结束工作。Daemon Thread 的作用是为其他线程的运行提供便利服务，

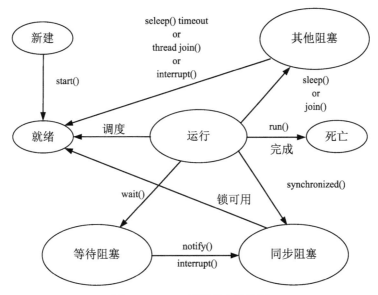

图 10.1　Java 线程状态转换图

Daemon Thread 最典型的应用就是垃圾回收器，它是一个很称职的守护者。

　　User Thread 和 Daemon Thread 两者几乎没有区别，唯一的不同之处在于 Java 虚拟机的离开。如果 User Thread 已经全部退出运行，只剩下 Daemon Thread 存在，Java 虚拟机也就退出了。因为没有了被守护者，Daemon Thread 也就没有工作可做了，也就没有继续运行的必要了。

　　Daemon Thread 是一种支持型线程，因为它主要用于程序中后台调度及完成支持性工作。这意味着当一个 Java 虚拟机中不存在非 Daemon Thread 的时候，Java 虚拟机将会退出。可以通过调用 Thread. setDaemon( true )方法将线程设置为 Daemon Thread。Daemon Thread 属性需要在启动线程之前设置，不能在启动线程之后设置。

　　Daemon Thread 被用于完成支持性工作，但是在 Java 虚拟机退出时 Daemon Thread 中的 finally 块并不一定会执行，如程序 10.7 所示。

程序 10.7　显示 Daemon Thread

```
1    public class Daemon{
2      public static void main( String[ ] args) {
3        Thread thread = new Thread( new DaemonRunner( ), "DaemonRunner" );
4        thread. setDaemon( true );
5        thread. start( );
6      }
7      static class DaemonRunner implements Runnable{
8        public void run( ){
9          try{
10           SleepUtils. second(10);
11         }
12         finally{
```

```
13        System. out. println("DaemonThread finally run." );
14      }
15     }
16   }
17  }
```

运行程序 10.7，可以看到在终端上没有任何输出。main 线程(非 Daemon Thread)在启动了线程 DaemonRunner 之后随着 main( )方法执行完毕而终止，而此时 Java 虚拟机中已经没有非 Daemon Thread，虚拟机需要退出。Java 虚拟机中的所有 Daemon Thread 都需要立即终止。因此，DaemonRunner 立即终止，但是 DaemonRunner 中的 finally 块并没有执行。

### 10.1.5 中断

中断可以理解为线程的一个标识位属性，它表示一个运行中的线程是否被其他线程进行了中断操作。中断是其他线程提醒一个线程，让它现在停止所做的工作来做些其他的事，其他线程通过调用 interrupt( )方法对其进行中断操作。

中断机制是使用中断状态(interrupt status)的内部标志实现的。线程通过检查自身是否被中断来进行响应，线程通过方法 isInterrupted( )来进行判断是否被中断，也可以调用静态方法 Thread. interrupted( )对当前线程的中断标识位进行复位。如果该线程已经处于终结状态，即使该线程被中断过，在调用该线程对象的 isInterrupted( )方法时依旧会返回 false。

许多声明抛出 InterruptedException 的方法，例如 Thread. sleep(long millis)方法，这些方法在抛出 InterruptedException 之前，Java 虚拟机会先将该线程的中断标识位清除，然后抛出 InterruptedException，此时调用 isInterrupted( )方法将会返回 false。

程序 10.8 首先创建了一个线程，然后对这个线程进行中断操作。

**程序 10.8　显示线程被中断**

```
1   public class Interrupted {
2     public static void main(String[ ] args) throws Exception {
3       Thread MyThread = new Thread(new MyRunner( ), "MyThread" );
4       MyThread. setDaemon(true);
5       MyThread. start( );
6       MyThread. interrupt( );
7       System. out. println("MyThread interrupted is " +MyThread. isInterrupted( ));
8     }
9     static class MyRunner implements Runnable {
10      public void run( ) {
11        while (true) {
12        }
13      }
14    }
15  }
```

程序 10.8 输出结果如下：

MyThread interrupted is true

中断操作是一种简便的线程间交互方式，而这种交互方式最适合用来取消或停止任务。

### 10.1.6　线程池

如果仅需要为一个任务创建一个线程，就使用 Thread 类。如果需要为多个任务创建线程，最好使用线程池。线程池是管理并发执行任务个数的理想方法，可以高效执行任务。线程池是一种多线程处理形式，处理过程中将任务添加到队列，然后在创建线程后自动启动这些任务。线程池中的线程都是后台线程，每个线程都使用默认的堆栈大小，以默认的优先级运行，并处于多线程单元中。

java. util. concurrent 包提供 Executor 接口执行线程池中的任务，提供 ExecutorService 接口来管理和控制任务。ExecutorService 是 Executor 的子接口，其常用方法如表 10.3 所示。

为了创建一个 Executor 对象，可以使用 Executors 类中的静态方法，newFixedThreadPool（int numberOfThreads）方法在线程池中创建固定数目的线程。如果线程完成了任务的执行，它可以被重新使用以执行另外一个任务。如果线程池中所有的线程都不是处于空闲状态，而且有任务在等待执行，那么在关闭之前，如果由于一个错误终止了一个线程，就会创建一个新线程来替代它。如果线程池中所有的线程都不是处于空闲状态，而且有任务在等待执行，那么 newCachedThreadPoo1（）方法就会创建一个新线程。

表 10.3　ExecutorService 接口的常用方法

| 方法 | 功能 |
| --- | --- |
| void execute( Runnable object) | 执行可运行任务 |
| void shutdown( ) | 关闭执行器，但是允许执行器中的任务执行完。一旦关闭，则不接受新任务 |
| List<Runnable>shutdown( ) | 立即关闭执行器，即使线程池中还有未完成的线程。返回一个未完成线程列表 |
| boolean isShutdown( ) | 如果执行器已关闭，则返回 true |
| boolean isTerminated( ) | 如果线程池中所有任务终止，则返回 true |

Callable 是类似于 Runnable 的接口，实现 Callable 接口的类和实现 Runnable 接口的类都是可被其他线程执行的任务。实现 Callable 接口相较于实现 Runnable 接口的方式，方法可以有返回值，并且可以抛出异常。Callable 规定的方法是 call（）。执行 Callable 方式，需要 FutureTask 实现类的支持，用于接收运算结果。

FutureTask 是 Future 接口的实现类。Future 是一个接口，代表了一个异步计算的结果。接口中的方法用来检查计算是否完成、等待完成和得到计算的结果。当计算完成后，只能通过 get（）方法得到结果，get（）方法会被阻塞直到结果准备好了。如果想取消，可以调用 cancel（）方法。

例 **10.4**  利用如下公式：

$$\ln 2 = \left[ 1 - \frac{1}{2} + \frac{1}{3} - \frac{1}{4} + \cdots \right] = \sum_{k=0}^{\infty} \frac{(-1)^k}{k+1}$$

采用线程池方法计算 ln 2 值。

程序 10.9 为利用线程池计算 ln 2 值。

**程序 10.9  利用线程池计算 ln 2 值**

```
1    import java. util. concurrent. * ;
2    public class ln2_ExecutorDemo{
3      public static void main(String[ ] args) throws InterruptedException, ExecutionException {
4        long n = 10000000;
5        double ln2 = 0. 0;
6        long l;
7        l= n/2;
8        ln2_compute thread1 = new ln2_compute(0, l);
9        ln2_compute thread2 = new ln2_compute(l, 2 *l);
10       FutureTask<Double> futureTask1 = new FutureTask<Double> (thread1);
11       FutureTask<Double> futureTask2 = new FutureTask<Double> (thread2);
12       ExecutorService executor = Executors. newFixedThreadPool(2);
13       executor. execute(futureTask1);
14       executor. execute(futureTask2);
15       ln2 += futureTask1. get( ) + futureTask2. get( );
16       System. out. println("Approximation of ln2: " + ln2);
17       executor. shutdown( );
18     }
19   }
20   class ln2_compute implements Callable<Double> {
21     private long my_first_i;
22     private long my_last_i;
23     double factor, my_ln2 = 0. 0;
24     public ln2_compute(long first_i, long last_i) {
25       this. my_first_i= first_i;
26       this. my_last_i= last_i;
27     }
28     public Double call( ) throws Exception {
29       long i;
30       if( my_first_i % 2 == 0)
31         factor = 1. 0;
32       else
33         factor = -1. 0;
34       for( i = my_first_i; i< my_last_i; i++, factor = -factor) {
35         my_ln2 += factor/(i+1);
36       }
```

```
37          return my_ln2;
38     }
39 }
```

## 10.2　线程间通信

线程开始运行时拥有自己的栈空间，就如同一个脚本一样，按照既定的代码一步一步地执行，直到终止。每个运行中的线程可以与其他线程相互通信，相互配合完成工作。

### 10.2.1　volatile 和 synchronized 关键字

Java 支持多个线程同时访问一个对象或者对象的成员变量，虽然对象及其成员变量分配的内存是在共享内存中的，但是每个执行的线程还可以拥有一份拷贝，这样做的目的是加速程序的执行，这是多核处理器的一个显著特性。由于每个线程可以拥有这个变量的拷贝，所以程序在执行过程中，一个线程看到的变量并不一定是最新的。

Java 语言允许线程访问共享变量，为了确保共享变量能被准确和一致地更新，线程应该确保通过排他锁单独获得这个变量。Java 语言提供了 volatile 关键字，在某些情况下比排他锁要更加方便。如果一个字段被声明成 volatile 关键字，则 Java 线程内存模型确保所有线程看到这个变量的值是一致的。

关键字 volatile 可以用来修饰成员变量，就是告知程序任何对该变量的访问均需要从共享内存中获取，而对它的改变必须同步刷新共享内存，它能保证所有线程对变量访问的可见性。

关键字 synchronized 可以修饰方法或者以同步块的形式来进行使用，它主要确保多个线程在同一个时刻只能有一个线程处于方法或者同步块中，它保证了线程对变量访问的可见性和排他性。synchronized 是一种同步锁。当 synchronized 用来修饰一个方法或者一个代码块的时候，能够保证在同一时刻最多只有一个线程执行该段代码。synchronized 修饰的对象有以下几种：

●代码块。被修饰的代码块称为同步语句块，其作用的范围是大括号{{}}括起来的代码，作用的对象是调用这个代码块的对象。

●方法。被修饰的方法称为同步方法，其作用的范围是整个方法，作用的对象是调用这个方法的对象。

●静态的方法。其作用的范围是整个静态方法，作用的对象是这个类的所有对象。

●类。其作用的范围是 synchronized 后面括号括起来的部分，作用的对象是这个类的所有对象。

一个线程访问一个对象中的 synchronized(this)同步代码块时，其他试图访问该对象的线程将被阻塞。使用 synchronized 关键字修饰的方法不能被子类继承。

在多线程并发编程中 volatile 和 synchronized 都扮演着重要的角色，volatile 是轻量级的 synchronized，它在多处理器开发中保证了共享变量的"可见性"。可见性的意思是当一个线程修改一个共享变量时，另外一个线程能读到这个修改的值。如果 volatile 关键使用恰当，它比 synchronized 的使用和执行成本更低，因为它不会引起线程上下文的切换和调度。

程序 10.10 为使用 synchronized(this) 修饰代码块。

**程序 10.10 使用 synchronized(this) 修饰代码块**

```
1   class SynchronizedThread implements Runnable {
2     private static int count;
3     public SynchronizedThread() {
4       count = 0;
5     }
6     public void run() {
7       synchronized(this) {
8         for (int i = 0; i < 5; i++) {
9           try {
10            count++;
11            System. out. println( Thread. currentThread(). getName() + ":" + count);
12            Thread. sleep(100);
13          } catch (InterruptedException e) {
14            e. printStackTrace();
15          }
16        }
17      }
18    }
19    public int getCount() {
20      return count;
21    }
22  }
23  public class SynchronizedTest {
24    public static void main(String[] args) throws Exception {
25      SynchronizedThread synchronizedThread1 = new SynchronizedThread();
26      SynchronizedThread synchronizedThread2 = new SynchronizedThread();
27      Thread thread1 = new Thread(synchronizedThread1, "SynchronizedThread1");
28      Thread thread2 = new Thread(synchronizedThread2, "SynchronizedThread2");
29      thread1. start();
30      thread2. start();
31      thread1. join();
32      thread2. join();
33    }
34  }
```

程序 10.10 输出结果如下：

SynchronizedThread2：1

SynchronizedThread1：0

SynchronizedThread1：3

SynchronizedThread2：2

SynchronizedThread1：4

SynchronizedThread2：5

SynchronizedThread1：6

SynchronizedThread2：7

SynchronizedThread2：8

SynchronizedThread1：9

**例 10.5**　利用 $\pi = \int_0^1 \dfrac{4}{1+x^2}\mathrm{d}x$ ，使用 synchronized 关键字编写 Java 多线程程序计算 $\pi$ 值。

程序 10.11 为使用 synchronized 关键字计算 $\pi$ 值。

**程序 10.11　使用 synchronized 关键字计算 $\pi$ 值**

```
1    public class Shared {
2      static double sum = 0;
3    }
4    public class pi_synchronized_thread extends Thread {
5      private long my_start;
6      private long num_steps = 10000000;
7      private double step, x, my_sum = 0.0;
8      private int threadCount;
9      public pi_ synchronized _thread(int start, int threadCount) {
10        this. my_start = start;
11        this. threadCount = threadCount;
12      }
13      public void run() {
14      long i;
15      step = 1.0/(double) num_steps;
16      for(i = my_start; i<num_steps; i+ = threadCount) {
17        x = (i+0. 5) * step;
18        my_sum = my_sum+4. 0/(1. 0+x * x);
19      }
20      my_sum = my_sum * step;
21      synchronized(this) {
22        System. out. println(Thread. currentThread(). getName()+"   enter th code block. ");
23          Shared. sum += my_sum;
24        }
25      }
26      public static void main(String[] args) throws InterruptedException {
27        final int THREAD_NUM = 4;
```

```
28        double   pi;
29        pi_ synchronized _thread threads[ ] = new pi_ synchronized _thread [THREAD_NUM];
30        for( int i = 0; i<THREAD_NUM; i++) {
31         threads[i] = new pi_ synchronized _thread(i,THREAD_NUM);
32         threads[i]. start( );
33        }
34        for( int i = 0; i<THREAD_NUM; i++) {
35         threads[i]. join( );
36        }
37        pi  =Shared. sum;
38        System. out. println("Approximation of pi: "+pi);
39      }
40    }
```

程序 10.11 输出结果如下:

Thread-3 enters the code block.

Thread-1 enters the code block.

Thread-2 enters the code block.

Thread-0 enters the code block.

Approximation of pi: 3.141592653589686

从程序运行结果可以看出 synchronized 关键字每次仅允许一个线程进入用 synchronized 修饰的代码块,从而保证了各线程正确将自己计算的结果加到总结果上。

### 10.2.2  wait( )、notify( )和 notifyAll( )方法

wait( )、notify( )和 notifyAll( )方法不属于 Thread 类,而是属于 Object 基础类。Java 中的类都是 Object 的子类。因此,在 Java 语言中任何类的对象都可以调用这些方法。

wait( )方法,等待对象的同步锁,需要获得该对象的同步锁才可以调用这个方法,否则编译可以通过,但运行时会收到一个异常:IllegalMonitorStateException。调用任意对象的 wait( )方法导致该线程阻塞,该线程不可继续执行,并且该对象上的同步锁被释放。

notify( )方法,唤醒在等待该对象同步锁的线程(如果有多个在等待,只唤醒一个)。需要注意的是在调用此方法的时候,并不能确切唤醒某一个等待状态的线程,而是由 JVM 确定唤醒哪个线程,而且不是按优先级唤醒。调用任意对象的 notify( )方法在因调用该对象的 wait( )方法而阻塞的线程中随机选择一个解除阻塞,但要等到获得同步锁后才真正可执行。

notifyAll( )方法,唤醒所有等待的线程,唤醒的是 notify( )之前 wait( )的线程,对于 notify( )之后的 wait( )线程是没有效果的。通常,多线程之间需要协调工作。如果条件不满足,则等待;当条件满足时,等待该条件的线程将被唤醒。在 Java 中,这个机制的实现依赖于 wait( )和 notify( )方法。等待机制与锁机制是密切关联的。

wait( )和 notify( )方法是 Java 同步机制中重要的组成部分,与结合 synchronized 关键字使用,可以建立很多优秀的同步模型。

### 10.2.3　管道机制

管道机制主要用于线程之间的数据传输，而传输的媒介为内存。管道机制主要包括如下 4 种具体实现：PipedOutputStream、PipedInputStream、PipedReader 和 PipedWriter。前两种面向字节，而后两种面向字符。对于 Piped 类型的流，必须先进行绑定，也就是调用 connect（）方法，如果没有将输入/输出流绑定起来，对于该流的访问将会抛出异常。

程序 10.12 为两个线程使用管道机制交换信息。

**程序 10.12　两个线程使用管道机制交换信息**

```
1    import java.io.IOException;
2    import java.io.PipedReader;
3    import java.io.PipedWriter;
4    public class PipedTest {
5      public static void main(String[ ] args) throws Exception {
6        PipedWriter out_thread = new PipedWriter();
7        PipedReader in_thread = new PipedReader();
8        out_thread.connect(in_thread);
9        Thread thread1 = new Thread(new thread2(in_thread), " thread1");
10       thread1.start();
11       int c = 0;
12       try {
13         String st = " Hello, The World!";
14           char[ ] stArray = st.toCharArray();
15           for(int i = 0; i<stArray.length; i++) {
16         c = stArray[i];
17         out_thread.write(c);
18         }
19       } finally {
20       out_thread.close();
21       }
22     }
23     static class thread2 implements Runnable {
24       private PipedReader in_thread;
25       public thread2(PipedReader in_thread) {
26         this.in_thread = in_thread;
27       }
28       public void run() {
29         int c = 0;
30         try {
31         while ((c = in_thread.read()) ! = −1) {
32           System.out.print((char) c);
```

```
33          }
34        } catch (IOException ex) {
35          e.printStackTrace();
36        }
37      }
38    }
39  }
```

程序 10.12 输出结果如下：

Hello, The World!

# 10.3  Java 线程同步

## 10.3.1  锁

为避免竞争状态，应该防止多个线程同时进入程序的某一特定部分，程序中的这部分称为临界区(critical region)。可以使用关键字 synchronized 来同步，以便一次只有一个线程可以访问临界区。另一个线程同步方法是加锁。锁是一种实现资源排他使用的机制。对于实例方法，要给调用该方法的对象加锁。对于静态方法，要给这个类加锁。如果一个线程调用一个对象上的同步实例方法(静态方法)，首先给该对象(类)加锁，然后执行该方法，最后解锁。在解锁之前，另一个调用该对象(类)中方法的线程将被阻塞，直到解锁。Java 可以显式地加锁，这给协调线程带来了更多的控制功能。

Lock 是 java.util.concurrent.locks 包下的接口，Lock 接口提供了比使用 synchronized 方法和语句可获得的更广泛的锁定操作，一个锁是一个 Lock 接口的实例。锁也可以使用 newCondition() 方法来创建任意个数的 Condition 对象，用来进行线程通信。

ReentrantLock 类是 Lock 接口的一个具体实现，用于创建相互排斥的锁(表 10.4)。它可以创建具有特定的公平策略的锁。公平策略值为真，确保等待时间最长的线程首先获得锁；否则将锁给任意一个在等待的线程。被多个线程访问的使用公正锁的程序，其整体性能可能比那些使用默认设置的程序差，但是在获取锁且避免资源缺乏时可以有更小的时间变化。

表 10.4  **ReentrantLock 类的常用方法**

| 方法 | 功能 |
| --- | --- |
| void lock() | 获得一个锁 |
| void unlock() | 释放锁 |
| Condition new Condition() | 返回一个绑定到 Lock 实例的 Condition 实例 |
| int getWaitQueueLength(Condition condition) | 返回与此锁相关联的条件 Condition 上的线程集合大小 |
| int getQueueLength() | 返回正等待获取此锁的集合 |

续表10.4

| 方法 | 功能 |
| --- | --- |
| int getHoldCount( ) | 查询当前线程保持此锁的个数，即调用 lock( )方法的次数 |
| boolean tryLock( ) | 尝试获得锁，如果锁没有被别的线程保持，则获取锁，即成功获取返回 true，否则返回 false |
| boolean tryLock ( long timeout, TimeUnit unit) | 尝试获得锁，如果锁没有被别的线程保持，则获取锁，即成功获取返回 true；如果没有获取锁，则等待指定的时间获得锁，返回 true，否则返回 false |
| void lockInterruptbly( ) | 如果当前线程未被中断，则获取锁；如果已中断，则抛出异常（InterruptedException） |
| boolean isHeldByCurrentThread( ) | 查询当前线程是否保持锁 |
| boolean isLocked( ) | 查询是否存在任意线程保持此锁 |

有时两个或多个线程需要在几个共享对象上获取锁，这可能会导致死锁。也就是说，每个线程已经获取了其中一个对象上的锁，而且正在等待另一个对象上的锁。一旦产生死锁，就会造成系统功能不可用。

一种简单避免死锁的方法是资源排序法，该方法是给每一个需要锁的对象指定一个顺序，确保每个线程都按这个顺序来获取锁。

**例 10.6**　利用 $\pi = \int_{0}^{1} \frac{4}{1 + x^{2}}dx$ ，使用锁计算 $\pi$ 值。

程序 10.13 为使用锁计算 $\pi$ 值。

### 程序 10.13　使用锁计算 $\pi$ 值

```
1    import java. util. concurrent. locks. Lock;
2    import java. util. concurrent. locks. ReentrantLock;
3    class Shared {
4        static double sum = 0;
5    }
6    public class pi_lock_thread extends Thread {
7        final Lock lock =  new ReentrantLock( );
8        private long my_start;
9        private long num_steps = 10000000;
10       private double step, x, my_sum = 0. 0;
11       private int threadCount;
12       public pi_lock_thread( int start, int threadCount) {
13           this. my_start = start;
14           this. threadCount = threadCount;
15       }
16       public void run( ) {
```

```
17        long i;
18        step=1.0/(double)num_steps;
19        for(i=my_start;i<num_steps;i+=threadCount) {
20          x=(i+0.5) * step;
21          my_sum=my_sum+4.0/(1.0+x * x);
22        }
23        my_sum=my_sum * step;
25        lock.lock();
26        try {
27          System.out.println(Thread.currentThread().getName()+"  holds the lock.");
28          Shared.sum +=my_sum;
29        }
30          finally {
31          lock.unlock();
32        }
33      }
34      public static void main(String[] args) throws InterruptedException {
35        final int THREAD_NUM = 4;
36        double   pi;
37        pi_lock_thread threads[] = new pi_lock_thread [THREAD_NUM];
38        for(int i=0; i<THREAD_NUM; i++) {
39          threads[i]=new pi_lock_thread(i,THREAD_NUM);
40          threads[i].start();
41        }
42        for(int i=0; i<THREAD_NUM; i++) {
43          threads[i].join();
44        }
45        pi =Shared.sum;
46        System.out.println("Approximation of pi: "+pi);
47      }
48    }
```

程序 10.13 输出结果如下：

Thread-2 holds the lock.

Thread-0 holds the lock.

Thread-1 holds the lock.

Thread-3 holds the lock.

Approximation of pi: 3.141592653589686

从程序运行结果可以看出，通过加锁每次仅允许一个线程进入代码块，保证了各线程正确将自己计算的结果加到总结果上。

### 10.3.2　读写锁

读写锁(ReadWriteLock)分为读锁和写锁,多个读锁不互斥,读锁与写锁互斥,由 JVM 控制。如果程序只读数据,可以很多用户同时读,但不能同时写,那就上读锁。如果程序修改数据,只能有一个用户在写,且不能同时读,那就上写锁。总之,读的时候上读锁,写的时候上写锁。线程进入读锁的前提条件是没有其他线程的写锁,没有写请求或者有写请求,但调用线程和持有锁的线程是同一个。线程进入写锁的前提条件是没有其他线程的读锁,没有其他线程的写锁。ReadWriteLock 也是一个接口,该接口只有两个方法 Lock readLock() 和 Lock writeLock()。该接口也有一个实现类 ReentrantReadWriteLock。读锁和写锁原型如下:

```
1   public interface ReadWriteLock {
2     Lock readLock();
3     Lock writeLock();
4   }
```

程序 10.14 为使用读写锁的实例。

#### 程序 10.14　使用读写锁

```
1   import java.util.Random;
2   import java.util.concurrent.locks.ReentrantReadWriteLock;
3   public class ReadWriteLockTest {
4     public static void main(String[] args) {
5       final Share share = new Share();
6       for(int i=0;i<2;i++) {
7       new Thread() {
8         public void run() {
9         for(int j=0; j<2; j++) {
10          share.read();
11         }
12        }
13       }.start();
14      }
15      for(int i=0;i<2;i++) {
16      new Thread() {
17        public void run() {
18        for(int j=0; j<2; j++) {
19          share.write(new Random().nextInt(1000));
20         }
21        }
22       }.start();
```

```
23      }
24    }
25  }
26  class Share {
27    private Object data = null;
28    private ReentrantReadWriteLock rwl = new ReentrantReadWriteLock();
29    public void read() {
30      rwl. readLock(). lock();
31      try {
32        Thread. sleep((long)(Math. random() * 1000));
33      } catch (InterruptedException e) {
34        e. printStackTrace();
35      }
36      System. out. println(Thread. currentThread(). getName() + " reads data :" + data);
37      rwl. readLock(). unlock();
38    }
39    public void write(Object data) {
40      rwl. writeLock(). lock();
41      try {
42        Thread. sleep((long)(Math. random() * 1000));
43      } catch (InterruptedException e) {
44        e. printStackTrace();
45      }
46      this. data = data;
47      System. out. println(Thread. currentThread(). getName() + " writes data: " + data);
48      rwl. writeLock(). unlock();
49    }
50  }
```

### 10.3.3 CountDownLatch 类

CountDownLatch 类是一个同步的辅助类, 它可以允许一个或多个线程等待, 直到一组在其他线程中的操作执行完成。

CountDownLatch 类位于 java. util. concurrent 包下, 利用它可以实现类似计数器的功能。比如有一个任务要等待其他 4 个任务执行完毕之后才能执行, 此时就可以利用 CountDownLatch 类来实现这个功能。CountDownLatch 类只提供了一个构造函数:

```
1   public CountDownLatch(int count) { };
```

然后下面这 3 个方法是 CountDownLatch 类中最重要的方法:

```
1    public void await( ) throws InterruptedException { };
2    public boolean await(long timeout, TimeUnit unit) throws InterruptedException { };
3    public void countDown( ) { };
```

await( )方法使线程被挂起，它会等待直到 count 值为 0 才继续执行。await(long timeout, TimeUnit unit) 方法使线程等待一定的时间后若 count 值还没变为 0 的话就继续执行。countDown( )方法将 count 值减 1。

CountDownLatch 类通过一个给定的 count 值来被初始化，其中 await( )方法会一直阻塞，直到当前的 count 值被减至 0，而这个过程是通过调用 countDown( )方法来实现的。当 await( )方法不再阻塞以后，所有等待的线程都会被释放，并且任何 await( )方法的子调用都会立刻返回。

程序 10.15 为使用 CountDownLatch 类的实例。

程序 10.15　使用 CountDownLatch 类

```
1    Import java. util. concurrent. CountDownLatch;
2    public class CountDownLatchTest {
3      public static void main(String[ ] args) {
4        final CountDownLatch latch = new CountDownLatch(2);
5        new Thread( ){
6         public void run( ) {
7          try {
8           System. out. println(Thread. currentThread( ). getName( )+" is running ");
9           Thread. sleep(100);
10          System. out. println(Thread. currentThread( ). getName( )+" has been completed");
11          latch. countDown( );
12          } catch (InterruptedException e) {
13              e. printStackTrace( );
14          }
15         };
16        }. start( );
17        new Thread( ){
18         public void run( ) {
19          try {
20           System. out. println(Thread. currentThread( ). getName( )+" is running. ");
21           Thread. sleep(100);
22           System. out. println(Thread. currentThread( ). getName( )+" has been completed. ");
23          latch. countDown( );
24          } catch (InterruptedException e) {
25           e. printStackTrace( );
26          }
27         };
```

```
28          }. start( );
29          try {
30              System. out. println( " Waiting for the completion of two subthreads… ");
31              latch. await( );
32              System. out. println( " Two subthreads have been completed. ");
33              System. out. println( " Continue to execute the main thread. ");
34          } catch (InterruptedException e) {
35              e. printStackTrace( );
36          }
37      }
38  }
```

程序 10.15 输出结果如下：

Thread-0 is running

Waiting for the completion of twosubthreads…

Thread-1 is running

Thread-1 has been completed

Thread-0 has been completed

Twosubthreads have been completed.

Continue to execute the main thread.

### 10.3.4 路障

路障(barrier)CyclicBarrier 类是一个同步辅助类，它允许一组线程互相等待，直到到达某个公共屏障点(common barrier point)。在涉及一组固定大小的线程的程序中，这些线程必须不时地互相等待，此时 CyclicBarrier 类很有用。因为该 barrier 在释放等待线程后可以重用，所以称它为循环的 barrier。CyclicBarrier 类支持一个可选的 Runnable 命令，在一组线程中的最后一个线程到达之后(但在释放所有线程之前)，该命令只在每个公共屏障点运行一次。若继续在所有参与线程之前更新共享状态，此路障操作很有用。

CyclicBarrier 类可以被重用，当调用 await( ) 方法之后，线程就处于 barrier 了。CyclicBarrier 类位于 java. util. concurrent 包下，CyclicBarrier 类提供 2 个构造函数：

```
1   public CyclicBarrier( int parties, Runnable barrierAction)
2   public CyclicBarrier( int parties)
```

参数 parties 为让多少个线程或者任务等待至 barrier 状态，参数 barrierAction 为当这些线程都达到 barrier 状态时会执行的内容。CyclicBarrier 类中最重要的方法就是 await( ) 方法，它有 2 个重载版本：

```
1   public int await( ) throws InterruptedException, BrokenBarrierException { };
```

```
2    public int await(long timeout, TimeUnit unit) throws InterruptedException, BrokenBarrierException,
     TimeoutException { };
```

第一个版本比较常用,用来挂起当前线程,直至所有线程都到达 barrier 状态再同时执行后续任务;第二个版本是让这些线程等待一定的时间,如果还有线程没有到达 barrier 状态就直接让到达 barrier 状态的线程执行后续任务。

程序 10.16 为使用屏障让两个线程都完成才继续往下运行。

**程序 10.16　使用屏障让两个线程都完成才继续往下运行**

```
1    import java.util.concurrent.BrokenBarrierException;
2    import java.util.concurrent.CyclicBarrier;
3    public class CyclicBarrierTest {
4      public static void main(String[] args) {
5        int THREAD_NUM = 2;
6        CyclicBarrier barrier = new CyclicBarrier(THREAD_NUM);
7        for(int i=0;i< THREAD_NUM ;i++)
8          new Writer(barrier).start();
9      }
10     static class Writer extends Thread{
11       private CyclicBarrier cyclicBarrier;
12       public Writer(CyclicBarrier cyclicBarrier) {
13         this.cyclicBarrier = cyclicBarrier;
14       }
15       public void run() {
16        System.out.println(Thread.currentThread().getName()+" is running…");
17        try {
18        Thread.sleep(100);
19         System.out.println(Thread.currentThread().getName()+" has compled and
20         waits for other threads to finish");
21           cyclicBarrier.await();
22        } catch (InterruptedException e) {
24        e.printStackTrace();
25        }catch(BrokenBarrierException e){
26            e.printStackTrace();
27        }
28        System.out.println("All threads have been run and continue to process other tasks.");
29       }
30     }
31  }
```

程序 10.16 输出结果如下:

Thread-0 is running···

Thread-1 is running···

Thread-0 hascompled and waits for other threads to finish.

Thread-1 hascompled and waits for other threads to finish.

All threads have been run and continue to process other tasks.

All threads have been run and continue to process other tasks.

从上面输出结果可以看出，两个线程执行完之后，就在等待其他线程执行完毕。当所有线程写入操作完毕之后，所有线程就继续进行后续的操作。

CountDownLatch 类和 CyclicBarrier 类都能实现线程之间的等待，只不过它们的侧重点不同。CountDownLatch 类一般用于某个线程等待若干个其他线程执行完任务之后，它才执行。而 CyclicBarrier 类一般用于一组线程互相等待至某个状态，然后这一组线程再同时执行。另外，CountDownLatch 类是不能重用的，而 CyclicBarrier 类是可以重用的。

### 10.3.5　条件变量

条件变量 Condition 就是表示条件的一种变量。条件变量都实现了 java. util. concurrent. locks. Condition 接口，条件变量的实例化是通过在一个 Lock 对象上调用 newCondition( )方法来获取的，这样，条件就和一个锁对象绑定起来了。因此，Java 中的条件变量只能和锁配合使用，来控制并发程序访问竞争资源的安全。

条件变量是为了更精细地控制线程等待与唤醒。一个锁可以有多个条件，每个条件下可以有多个线程等待，通过调用 await( )方法，可以让线程在该条件下等待。当调用 signalAll ( )方法，可以唤醒在该条件下等待的线程。Condition 常用方法如表 10.5 所示。

表 10.5　Condition 接口常用方法

| 方法 | 功能 |
| --- | --- |
| void await( ) | 使当前线程在接到信号或被中断之前一直处于等待状态 |
| boolean await( long time，TimeUnit unit) | 使当前线程在接到信号、被中断或到达指定等待时间之前一直处于等待状态 |
| long awaitNanos( long nanosTimeout) | 使当前线程在接到信号、被中断或到达指定等待时间之前一直处于等待状态 |
| void awaitUninterruptibly( ) | 使当前线程在接到信号之前一直处于等待状态 |
| boolean awaitUntil( Date deadline) | 使当前线程在接到信号、被中断或到达指定最后期限之前一直处于等待状态 |
| void signal( ) | 唤醒一个等待线程 |
| void signalAll( ) | 唤醒所有等待线程 |

程序 10.17 为使用锁和条件变量实现生产者和消费者问题。

**程序 10.17　使用锁和条件变量实现生产者和消费者问题**

```
1   import java.util.concurrent. * ;
2   import java.util.concurrent.locks. * ;
3   public class ConsumerProducer {
4       private static Buffer buffer = new Buffer( );
5       public static void main( String[ ] args) {
6       ExecutorService executor = Executors.newFixedThreadPool(4);
8           executor.execute( new ProducerTask( ));
9       executor.execute( new ConsumerTask( ));
10      executor.shutdown( );
11      }
12      private static class ProducerTask implements Runnable {
13          public void run( ) {
14            try {
15              int i = 1;
16          while( true) {
17                  System.out.println( "Producer writes "+i);
18                  buffer.write( i++);
19                  Thread.sleep( ( int) ( Math.random( ) * 100));
20            }
21          }
22            catch( InterruptedException e) {
23          e.printStackTrace( );
24            }
25          }
26      }
27      private static class ConsumerTask implements Runnable {
28          public void run( ) {
29          try {
30              int i = 1;
31              while( true) {
32              System.out.println( "Consumer reads "+buffer.read( ));
33              Thread.sleep( ( int) ( Math.random( ) * 100));
34          }
35          }
36            catch( InterruptedException e) {
37          e.printStackTrace( );
38            }
39          }
40      }
41      private static class Buffer {
42          private static final int CAPACITY = 1;
```

```
43        private java. util. LinkedList<Integer> queue = new java. util. LinkedList<>( );
44        private static Lock lock = new ReentrantLock( );
45        private static Condition notEmpty = lock. newCondition( );
46    private static Condition notFull = lock. newCondition( );
47    public void write( int value) {
48     lock. lock( );
49        try {
50           while( queue. size( ) = = CAPACITY) {
51              System. out. println( "wait for notFull condition" );
52              notFull. await( );
53           }
54        queue. offer( value);
55        notEmpty. signal( );
56        }
57        catch( InterruptedException e) {
58    e. printStackTrace( );
59        }
60        finally {
61           lock. unlock( );
62     }
63     }
64    public int read( ) {
65     int value = 0;
66     lock. lock( );
67        try {
68           while( queue. isEmpty( )) {
69              System. out. println( "wait for notRmpty condition" );
70              notEmpty. await( );
71           }
72           value = queue. remove( );
73           notFull. signal( );
74     }
75        catch( InterruptedException e) {
76    e. printStackTrace( );
77        }
78        finally {
79           lock. unlock( );
80           return value;
81     }
82     }
83    }
84  }
```

### 10.3.6　阻塞队列

阻塞队列(blocking queue)，当试图向一个满队列添加元素或者从空队列中删除元素时会导致线程阻塞。BlockingQueue 接口继承了 java. util. Queue，并且提供同步的 put( ) 和 take( )方法向队列尾部添加元素，以及从队列头部删除元素。

Java 支持的三个具体的阻塞队列是 ArrayBlockingQueue、LinkedBlockingQueue 和 PriorityBlockingQueue，它们都在 java. util. concurrent 包中。ArrayBlockingQueue 使用数组实现阻塞队列，必须指定一个容量或者可选的公平性策略来构造 ArrayBlockingQueue。LinkedBlockingQueue 使用链表实现阻塞队列，可以创建无边界的或者有边界的 LinkedBlockingQueue。PriorityBlockingQueue 是优先队列，可以创建无边界的或者有边界的 PriorityBlockingQueue。对于无边界的 LinkedBlockingQueue 或 PriorityBlockingQueue，put( )方法将永远不会阻塞。

程序 10.18 为使用 ArrayBlockingQueue 阻塞队列实现生产者和消费者问题。

**程序 10.18　使用 ArrayBlockingQueue 阻塞队列实现生产者和消费者问题**

```
1   import java. util. concurrent. * ;
2   public class ConsumerProducerUsingBlockingQueue {
3     private static ArrayBlockingQueue<Integer> buffer = new ArrayBlockingQueue<>(2);
4     public static void main(String [ ] args) {
5       ExecutorService executor = Executors. newFixedThreadPool(2);
6       executor. execute(new ProducerTask());
8       executor. execute(new ConsumerTask());
9       executor. shutdown();
10     }
11     private static class ProducerTask implements Runnable {
12       public void run() {
13         try {
14           int i = 1;
15           while(true) {
16             System. out. println("Producer writes " +i);
17             buffer. put(i++);
18             Thread. sleep((int)(Math. random() * 10000));
19           }
20         }
21         catch(InterruptedException ex) {
22           ex. printStackTrace();
23         }
24       }
25     }
26     private static class ConsumerTask implements Runnable {
27       public void run() {
```

```
28        try {
29          while(true) {
30            System. out. println("Consumer reads "+buffer. take());
31            Thread. sleep((int)(Math. random() * 10000));
32          }
33        }
34        catch(InterruptedException ex) {
35          ex. printStackTrace();
36        }
37      }
38    }
39  }
```

程序 10. 18 在第 3 行创建一个 ArrayBlockingQueue 来存储整数。在第 17 行生产者线程将一个整数放入队列中，而在第 30 行消费者线程从队列中取走一个整数。程序 10. 17 使用锁和条件变量同步生产者线程和消费者线程，而在程序 10. 18 中，因为同步已经在 ArrayBlockingQueue 中实现，所以无须使用锁和条件变量。

### 10. 3. 7 信号量

信号量(Semaphore)有时被称为信号灯，在多线程环境下使用，它负责协调各个线程，以保证它们能够正确、合理地使用公共资源。在进入临界区之前，线程必须获取一个信号量；出了临界区，该线程必须释放信号量。其他想进入临界区的线程必须等待直到第一个线程释放信号量。一个计数信号量，从概念上讲，信号量维护了一个许可集。通过信号量可以控制程序的被访问量。比如某一时刻，最多只能同时允许 10 个线程访问，如果超过了这个值，那么其他线程就需要排队等候。

Semaphore 有两个构造函数，一个构造函数默认为非公平的，也就是说可以插队，并非先来的先获取信号量。另一个构造函数可以设定是否为公平信号量。默认为非公平的构造函数如下：

```
1    public Semaphore(int permits) {
2      sync = new NonfairSync(permits);
3    }
```

其中，permits 指定了初始信号量计数大小，比如 permits = 1 则表示任意时刻只有一个线程能够访问资源。

可以设定是否为公平信号量的构造函数如下：

```
1    public Semaphore(int permits, boolean fair) {
2      sync = (fair)? new FairSync(permits) : new NonfairSync(permits);
3    }
```

其中，permits 指定了初始信号量计数大小，fair 设置为 true 时等待线程以它们要求的访问顺序获得信号量。

Semaphore 常用方法如表 10.6 所示。

表 10.6　Semaphore 常用方法

| 函数原型 | 功能 |
| --- | --- |
| Semaphore( int permits) | 创建具有给定的许可数和非公平的公平设置的 Semaphore |
| Semaphore( int permits, boolean fair) | 创建具有给定的许可数和给定的公平设置的 Semaphore |
| void acquire( ) | 从此信号量获取一个许可,在提供一个许可前一直将线程阻塞,否则线程被中断 |
| void acquire( int permits) | 从此信号量获取给定数目的许可,在提供这些许可前一直将线程阻塞,或者线程已被中断 |
| void acquireUninterruptibly( ) | 从此信号量中获取许可,在有可用的许可前将线程阻塞 |
| void acquireUninterruptibly( int permits) | 从此信号量中获取给定数目的许可,在提供这些许可前一直将线程阻塞 |
| int availablePermits( ) | 返回此信号量中当前可用的许可数 |
| int drainPermits( ) | 获取并返回立即可用的所有许可 |
| protected Collection < Thread > getQueuedThreads( ) | 返回一个 collection,包含可能等待获取的线程 |
| int getQueueLength( ) | 返回正在等待获取的线程的估计数目 |
| boolean hasQueuedThreads( ) | 查询是否有线程正在等待获取 |
| boolean isFair( ) | 如果此信号量的公平设置为 true,则返回 true |
| protected void reducePermits( int reduction) | 根据指定的缩减量减少可用许可的数目 |
| void release( ) | 释放一个许可,将其返回给信号量 |
| void release( int permits) | 释放给定数目的许可,将其返回到信号量 |
| String toString( ) | 返回标识此信号量的字符串,以及信号量的状态 |
| boolean tryAcquire( ) | 仅在调用时此信号量存在一个可用许可,才从信号量获取许可 |
| boolean tryAcquire( int permits) | 仅在调用时此信号量中有给定数目的许可时,才从此信号量中获取这些许可 |
| boolean tryAcquire ( int permits, long timeout, TimeUnit unit) | 如果在给定的等待时间内此信号量有可用的所有许可,并且当前线程未被中断,则从此信号量获取给定数目的许可 |
| boolean tryAcquire( long timeout, TimeUnit unit) | 如果在给定的等待时间内,此信号量有可用的许可并且当前线程未被中断,则从此信号量获取一个许可 |

程序 10.19 为线程持有和释放信号量示例，限定最多只允许 2 个线程持有信号量。

**程序 10.19　线程持有和释放信号量**

```
1    import java. util. concurrent. ExecutorService;
2    import java. util. concurrent. Executors;
3    import java. util. concurrent. Semaphore;
4    public class SemaphoreDemoTest {
5      public static void main( String[ ] args) {
6        final Semaphore semaphore = new Semaphore( 2, true);
8        ExecutorService service = Executors. newFixedThreadPool( 8);
9        for( int i = 0; i < 2; i++) {
10         service. execute( new Runnable( ) {
11           public void run( ) {
12             try {
13             semaphore. acquire( );
14             System. out. println( Thread. currentThread( ). getName( ) +" holds the semaphore. ");
15             Thread. sleep( 200);
16             System. out. println( "Currently available semaphore:" +semaphore. availablePermits( ));
17             System. out. println( Thread. currentThread( ). getName( ) +" releases semaphore. ");
18             semaphore. release( );
19             System. out. println( "Currently available semaphore:" +semaphore. availablePermits( ));
20             }
21             catch  ( InterruptedException e) {
22               e. printStackTrace( );
23             }
24           }
25         });
26       }
27       service. shutdown( );
28     }
29   }
```

程序 10.19 输出结果如下：

pool−1−thread−2 holds the semaphore.

pool−1−thread−1 holds the semaphore.

Currently available semaphore：0

pool−1−thread−2 releases semaphore.

Currently available semaphore：0

Currently available semaphore：1

pool−1−thread−1 releases semaphore.

Currently available semaphore：2

**例 10.7**　利用 $\pi = \int_0^1 \frac{4}{1+x^2}\mathrm{d}x$ ，使用信号量计算 $\pi$ 值。

程序 10.20 为使用信号量计算 $\pi$ 值。

**程序 10.20　使用信号量计算 $\pi$ 值**

```
1   import java. util. concurrent. Semaphore;
2   public class Shared {
3       static double sum = 0;
4   }
5   public class pi_semaphore_thread extends Thread {
6       final Semaphore semaphore = new Semaphore(1, true);
7       private long my_start;
8       private long num_steps = 10000000;
9       private double step, x, my_sum = 0.0;
10      private int threadCount;
11      public pi_semaphore_thread(int start,int threadCount) {
12          this. my_start = start;
13          this. threadCount = threadCount;
14      }
15      public void run() {
16      long i;
17      step = 1. 0/(double) num_steps;
18      for(i = my_start;i<num_steps;i+ = threadCount) {
19          x = (i+0. 5) * step;
20          my_sum = my_sum+4. 0/(1. 0+x * x);
21      }
22      my_sum = my_sum * step;
23      try {
24          semaphore. acquire();
25          System. out. println(Thread. currentThread(). getName()+" holds the semaphore. ");
26          Shared. sum + = my_sum;
27          semaphore. release();
28      } catch (InterruptedException e) {
29          e. printStackTrace();
30      }
31      }
32      public static void main(String[ ] args) throws InterruptedException {
33          final int THREAD_NUM = 4;
34          double  pi;
35          pi_semaphore_thread threads[ ] = new pi_semaphore_thread [THREAD_NUM];
36          for(int i = 0; i<THREAD_NUM; i++) {
37              threads[i] = new pi_semaphore_thread(i,THREAD_NUM);
```

```
38          threads[i].start();
39      }
40      for(int i=0; i<THREAD_NUM; i++) {
41          threads[i].join();
42      }
43      pi = Shared.sum;
44      System.out.println("Approximation of pi: "+pi);
45   }
46 }
```

程序 10.20 输出结果如下：

Thread-2 holds the semaphore.

Thread-0 holds the semaphore.

Thread-3 holds the semaphore.

Thread-1 holds the semaphore.

Approximation of pi：3.141592653589686

## ▶ 10.4　Fork/Join 框架

在 JDK7 之后，Java 增加了并行计算的框架 Fork/Join，以解决系统中大数据计算的性能问题。Fork/Join 框架采用的是分治法，Fork 将一个大任务拆分成若干个不重叠的子任务，子任务分别独立计算，而 Join 获取子任务的计算结果，然后进行合并(图 10.2)。Java 的 Fork/Join 框架是一个递归的过程，子任务被分配到不同的核上执行，效率最高。

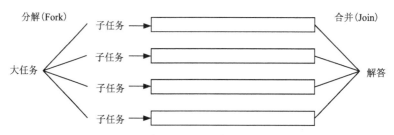

**图 10.2　Fork/Join 框架将问题分解成子问题进行并行解决**

Fork/Join 框架的核心类是 ForkJoinPool，ForkJoinPool 是 ExecutorService 的一个实例，它能够接收一个 ForkJoinTask，并得到计算结果。FortJoinTask 是用于任务的抽象基类。ForkJoinTask 是一个类似线程的实体，但是比普通的线程要轻量级得多，因为巨量的任务和子任务可以被 ForkJoinPool 中的少数真正的线程所执行。任务主要使用 fork()方法和 join()方法来协调，在一个任务上调用 fork()方法使用异步方式执行，然后调用 join()方法等待任务完成。invoke()方法和 invokeAll(tasks)方法都隐式地调用 fork()方法来执行任务，以及调用 join( )方法等待任务完成，如果有结果则返回结果。

ForkJoinTask 有两个子类：RecursiveAction 和 RecursiveTask。RecursiveAction 无返回结果，而 RecursiveTask 有返回结果。定义任务时，只要继承这两个类。任务类应该重写 compute( )方法来指定任务是如何执行的。

子类 RecursiveTask 继承时需要指明一个特定的数据类型，例如：

private static classMaxTask extends RecursiveTask<Integer> {}

获取返回值通过 get( )或者 join( )方法。

子类 RecursiveAction 没有返回值，例如：

private static classSortTask extends RecursiveAction {}

子类 RecursiveTask 常用方法如表 10.7 所示：

表 10.7　子类 RecursiveTask 常用方法

| 方法 | 功能 |
| --- | --- |
| boolean cancel( boolean interrupt) | 试图取消该任务 |
| boolean isDone( ) | 如果任务完成，则返回 true |

程序 10.21 为使用 Fork/Join 框架在线性表中查找最大数。由于该算法返回一个整数，因此通过继承 Recursive<Integer>为分解合并操作定义一个任务类，并重写了 compute( )方法实现在线性表中查找最大数。对于一个大的线性表，将其分为两半，任务 left 和 right 分别找到左半边和右半边的最大元素。在任务上调用 fork( )方法将使得任务被执行。join( )方法等待任务执行完，然后返回结果。

程序 10.21　使用 Fork/Join 框架在线性表中查找最大数

```
1    import java. util. concurrent. ForkJoinPool;
2    import java. util. concurrent. RecursiveTask;
3    public class ParallelMax {
4        public static void main( String[ ] args) {
5            final int NUM = 9000000;
6            int[ ] list = new int[ NUM];
7            java. util. Random r = new java. util. Random( );
8            for( int i = 0; i<list. length; i++)
9                list[ i] = r. nextInt( );
10           long startTime = System. currentTimeMillis( );
11           System. out. println( " \nThe maximal number is "+max(list) );
12           long endTime = System. currentTimeMillis( );
13           System. out. println("The number of processor is "+Runtime. getRuntime( ). availableProcessors( ));
14           System. out. println( "Time is "+( endTime−startTime) + " milliseconds" );
15       }
16       public static int max( int[ ] list) {
```

```
17        RecursiveTask<Integer>  task = new MaxTask(list, 0, list.length) |
18        ForkJoinPool pool = new ForkJoinPool( );
19        return pool.invoke(task);
20    |
21  private static class MaxTask extends RecursiveTask<Integer> |
22      private final static int THRESHOLD = 1000;
23      private int[] list;
24      private int low;
25    private int high;
26    public MaxTask(int[] list, int low, int high) |
27        this.list = list;
28        this.low = low;
29        this.high = high;
30    |
31    public Integer compute( ) |
32        if(high-low< THRESHOLD) |
33            int max = list[0];
34            for(int i = low; i<high; i++)
35              if(list[i]>max)
36                  max = list[i];
37            return new Integer(max);
38        |
39      else |
40          int mid = (low+high)/2;
41          RecursiveTask<Integer>  left = new MaxTask(list, low, mid);
42          RecursiveTask<Integer>  right = new MaxTask(list, mid, high);
43          right.fork( );
44          left.fork( );
45          return new Integer(Math.max(left.join( ).intValue( ), right.join( ).intValue( )));
46        |
47      |
48    |
49  |
```

程序 10.22 为使用 Fork/Join 框架并行归并排序。并行归并排序算法将数组分为两半，并且递归地对每一半都应用归并排序。当两部分排好序了，算法将它们合并。由于并行归并排序算法没有回值，因此定义一个继承自 RecursiveAction 的具体类 ForkJoinTask，并重写了 compute( ) 方法来实现递归的归并排序。

**程序 10.22 使用 Fork/Join 框架并行归并排序**

```
1    import java.util.concurrent.ForkJoinPool;
```

```
2   import java.util.concurrent.RecursiveAction;
3   public class ParallelMergeSort {
4       public static void main(String[] args) {
5           final int SIZE = 9000000;
6           int[] list = new int[SIZE];
7           java.util.Random r = new java.util.Random();
8           for(int i = 0; i < list.length; i++)
9           list[i] = r.nextInt();
10          long startTime = System.currentTimeMillis();
11          ParallelMergeSort(list);
12          long endTime = System.currentTimeMillis();
13      System.out.println("\nParallel time with "+Runtime.getRuntime().availableProcessors()+
14          " processors is "+(endTime-startTime)+ " milliseconds");
15          for(int i = 0; i < list.length; i++)
16              System.out.print(list[i]+ ",");
17      }
18      public static void ParallelMergeSort(int [] list) {
19          RecursiveAction mainTask = new SortTask(list);
20          ForkJoinPool pool = new ForkJoinPool();
21          pool.invoke(mainTask);
22      }
23      private static class SortTask extends RecursiveAction {
24          private final static int THRESHOLD = 1000;
25          private int[] list;
26          SortTask(int [] list) {
27          this.list = list;
28          }
29          protected void compute() {
30            if(list.length < THRESHOLD)
31                java.util.Arrays.sort(list);
32            else {
33                int [] firstHalf = new int [ list.length/2];
34                System.arraycopy(list, 0, firstHalf, 0, list.length/2);
35                int secondHalfLength = list.length - list.length /2;
36                int[] secondHalf = new int [secondHalfLength];
37                System.arraycopy(list, list.length/2, secondHalf, 0, secondHalf Length);
38                invokeAll(new SortTask(firstHalf), new SortTask(secondHalf));
39            }
40          }
41      }
42  }
```

## 10.5 Java 实时规范

Java 实时规范(real-time specification for Java，RTSJ)是 Java 为适应实时计算要求而开发的。RTSJ 在以下 6 个方面对 Java 做了增强：

（1）增加实时线程。实时线程提供了比普通线程更完善和细致的控制属性和操作内容，例如更大的优先级范围、控制内存分配等。

（2）增加了新的工具类和编程方式，比如内存工具类。利用这些工具类，可以完成不需要垃圾回收的 Java 程序。

（3）增加了异步事件处理器类和相应的机制。把异步事件和 JVM 外界发生的事件直接关联起来。

（4）增加了异步传输的控制机制，允许一个线程更改另一个线程中的控制流。也就是说，可以中断或者继续另一个线程的运行。

（5）增加一种机制，能够控制对象分配到内存的位置。

（6）增加一种机制，能够访问特定地址的内存。

RTSJ 对传统 Java 的增强，不改变原有 Java 的任何语法。这样做的目的就是保持原有 Java 的连续。也就是说，在普通 JVM 上能够运行的程序，理论上可以完全相同的在 RT JVM 上运行；反过来则不行。

### 10.5.1 实时线程

实时 Java 的实现必须包含 javax. realtime 包。程序 10.23 没有突出时间约束，仅仅在一个实时线程中运行标准的 Hello 程序。由于程序 10.23 在一个实时线程中输出"Hello RT Word"，在该部分的执行可以利用优先级继承和严格定义的固定优先级、可抢占调度。这些调度属性对输出一个短字符串来说没有多大差别，不过它们确实存在。不仅如此，非实时代码不会对实时代码造成干扰，除非它们共享了资源。

**程序 10.23   实时线程输出"Hello RT Word"**

```
1    import javax. realtime. * ;
2    public class Hello {
3      public static void main( String [ ] args) {
4        RealtimeThread rt = new RealtimeThread( ) {
5         public void run( ) {
6           System. out. println( "Hello RT Word") ;
7         }
8        } ;
9        if( ! rt. getScheduler( ). isFeasible( ))
10         System. out. println( " Printing hello is not feasible") ;
11       else
```

```
12        rt. start( );
13     }
14  }
```

RTSJ 中包含优先级调度，普通 Java 应用程序都使用优先级调度。在一般的 JVM 规范所要求的 10 个优先级之外，RTSJ 要求至少 28 个实时优先级。RTSJ 要求对这些实时优先级进行严格的固定优先级可抢占调度。这就是说，如果有高优先级线程就绪，低优先级线程就必须不能运行。RTSJ 还要求采用优先级继承协议来处理实时线程之间的互锁现象。

无论是采用优先级调度、周期调度还是截止时间调度，对实时计算来说，任务在处理器上被进行调度的方式是核心问题。

普通线程的优先级比起实时线程来说要受到更大的限制，不过 RTSJ 要求提供优先级提升以处理它们。实时线程可以做普通线程做的所有事情，而且它们提供了更好的实时行为。

RealtimeThread 类的设计使得它能够与来自 Thread 类的线程一起工作，普通的线程能够不加修改地运行在包含实时线程的系统中。与普通线程交互的实时线程将会产生性能问题，所以，要特别地小心设计，让实时线程不受到非实时线程的性能影响。

实时 Java 的作用在实时线程和异步事件处理器中得到发挥。javax. realtime. RealrimeThread 类扩充了 java. lang. thread，所以实时线程可以在任何需要线程的地方使用。不过 RTSJ 的很多功能特性只存在于实时线程中：

- 扩充的优先级。
- 领域内存。
- 为异步中断提供的异常服务。
- 周期性调度。
- 平台提供的任何非优先级调度。

此 RealtimeThread 类是由一个普通线程启动的，它是一种特殊情况。它无法从父线程那里继承到 RTSJ 的属性。由于在其构造函数中没有给出任何代码，所以新线程就使用没认证。默认的优先级是 NORM PRIORITY。如果新线程是由某个实时线程启动的，它将使用其父线程的调度参数的副本。

RealtimeThread 类的默认参数如下：

- 从父线程继承的值。
- 如果父线程没有为某参数提供数值，调度器将使用默认值来管理对象。

从普通线程中调用，并在默认优先级调度器下操作的 RealtimeThread 类的无参数构造器会创建一个线程，取值如表 10.8 所示。

**表 10.8　实时线程由普通线程创建时的默认状态**

| 字段 | 默认值 |
|---|---|
| memoryArea | 内存将从堆中分配 |
| memoryParameters | 内存分配没有预算，不受限制 |

续表10.8

| 字段 | 默认值 |
|------|--------|
| processingGroupParameters | 线程不是某个处理组的成员 |
| realeaseParameters | 没有释放参数，线程不是周期性的 |
| scheduler | 线程可以被默认调度器调度 |
| schedulingParameters | NORM PRIORITY |
| logic | 对象中的 run( ) 方法 |

实时线程由 RealtimeThread 类创建时有以下两个规则：

（1）如果构造器不包含取值参数，就从当前线程中继承，如表 10.9 所示。

（2）如果构造器为参数传递了值，那么当前线程将被忽略，该值就成了该新线程的调度器赋值。

表 10.9　实时线程由 RealtimeThread 类创建时的默认状态

| 字段 | 默认值 |
|------|--------|
| memoryArea | 包含线程对象的内存区域 |
| memoryParameters | 构造线程时一个有效的内存参数副本 |
| processingGroupParameters | 创建线程时有效的处理组 |
| realeaseParameters | 创建线程时有效的释放参数 |
| scheduler | 创建线程时有效的调度器 |
| schedulingParameters | 构造线程时一个有效的调度传输副本 |
| logic | 对象中的 run( ) 方法 |

程序 10.24 显示了如何构造和启动具有构造器的实时线程，在构造器中给出了除了处理组外的所有参数信息。

程序 10.24　构造并启动一个实时线程

```
1    import javax. realtime. * ;
2    public class FullConstruction {
3      public static void main( String [ ] args ) {
4        SchedulingParameters scheduling =
5          new PariorityParameters( PriorityScheduler. MIN_PARIORITY+20 );
6      ReleaseParameters release = new AperiodicParameters( null, null, null, null );
7      MemoyParameters memory = new MemoryParameters( MemoryParameters. NO_MAX, 0 );
8      MemoryArea area = HeapMemory. instance );
9      ProcessingGroupParameters group = null;
```

```
10      Runnable logic = new MyThread( );
11      RealtimeThread rt = new RealtimeThread(scheduling, release, memory, area, group, logic);
12      rt. start( );
13      try {
14       rt. join( );
15      } catch(Exception e) {};
16      }
17   }
```

RTSJ 允许使用其他调度器，要求使用固定优先级的、可抢占的。RTSJ 的每个实现都必须针对使用 synchronized(同步的)对象支持优先级继承协议。RTSJ 默认的固定优先级调度器可以重新排列线程的优先级顺等以避免优先级反转。线程可以修改它们自己的优先级，并且在 JVM 的安全机制控制下，线程也可以修改其他线程的优先级。线程的优先级受到与线程关联的 PriorityParameters 对象的控制。这样将有两种方式来修改线程的优先级：

（1）修改其 PriorityParameters 对象中的优先级值，如程序 10.25 所示。

#### 程序 10.25　通过修改优先级对象来更改线程优先级

```
1   public class RunMe implement Runnable {
2     public void run( ) {
3       RealtimeThread me = RealtimeThrerad. currentRealtimeThread( );
4       int initialPriority;
5       PriorityParameters pp;
6       pp = (PriorityParameters) me. getSchedulingParameters( );
7       System. out. println(" Initial priority = " +initialPriority);
8       pp. setPriority(initialParameter+1);
9       System. out. println(" New priority = " +pp. getPriority( ))'
```

（2）用另外一个对象替换其 PriorityParameters 对象，如程序 10.26 所示。

#### 程序 10.26　通过修改优先级对象来更改线程优先级

```
1   pp = new PriorityParameters(initialPriority+2);
2   me. setSchedulingParameters((SchedulingParameters)pp);
3   System. out. printlm(" New priority = " +pp. getPriority( ));
```

周期性线程具有一个标准的结构。周期性线程的多数调度特征都是通过释放参数传递给构造器的，如程序 10.27 所示。

**程序 10.27　设置一个简单的周期性线程**

```
1    import javax. realtime. * ;
2    public class PeriodicThread {
3      public static void main( String [ ] args) {
4        SchedulingParameters scheduling =
5          new PriorityParameters( PeriorityScheduler. MIN_PRIORITY+10) ;
6        ReleaseParameters release = new PeriodicParameters(
7        new RelativeTime( ) , // start at . start( )
8        new RelativeTime( 10000,0) , // 1 second period
9        null, // cost
10       new RelativeTime( 500,0) , // deadline = period/2
11       null, // no overrun handler
12       null) ; // no miss handler
13       RealtimeThread rt = new MyThread( scheduling, release) ;
14       rt. start( ) ;
15       try {
16       rt. join( ) ;
17       } catch( Exception e) {};
18     }
19   }
```

程序 10.28 显示了没有错误使用或过度运行处理器的任何简单的周期性线程的结构。控制在线程的释放参数中指定的开始时间进入线程，并开始它的第一次迭代。线程一直运行，直到得到 waitForNexPeriod 调用为止，这时线程停下来，直到到达下一周期进行计算的时间为止。

**程序 10.28　简单的周期性线程的主体**

```
1    import javax. realtime. * ;
2    public class MyThread extends RealtimeThread {
3        volatile double f;
4        public MyThread( SchedulingParameters sched, ReleaseParameters release) {
5          Super( sched, release) ;
6        }
7        public coid run( ) {
8          RealtimeThread me = CurrentRealtimeThread( ) ;
9          int bound;
10         bound = 0;
11         while( true) {
12           do {
13             for( f=0. 0; f<bound; f+=1. 0) ;
14             bound+=10000;
15             System. out. println( "Ding! " +bound) ;
```

```
16              } while( me. waitForNextPeriod( ) );
17          // Recovert from miss or overrun
18          System. out. println("Scheduling error");
19          bound-= 15000;
20          while( ! me. waitForNextPeriod( ) )
21              System. out. println(".");
22          System. out. println( );
23          }
24      }
25  }
```

### 10.5.2　异步事件

很多实时系统是由事件驱动的。事件发生时系统对它们做出响应，为每个事件提供一个专为其创建的线程提供服务。事件发生和为事件进行服务之间的时间是实时响应能力的额外开销。线程创建是缓慢的。线程创建是一种资源分配服务，因此，在对时间表示关注的时候要尽量避免资源分配。

异步事件处理器(asynchronous event handlers，AEH)试图在不带来性能损失的前提下利用线程来服务于事件。

异步控制传递(asynchronous transfer of control，ATC)是一种机制，可让一个线程向另一个线程抛入异常。ATC 非常重要，因为：

(1)它是取消线程的一种途径，而且是强制的、受控的方式进行。

(2)它是一种将线程从某种循环中解放出来的途径。

(3)它是一种通用的超时机制。

(4)它可以让复杂的运行时对执行进行调度器般的控制，非常适合分布式实时系统。

RTSJ 为将外部事件绑定到异步事件处理器指定了一种三层机制：

● 接口层(interface layer)：这是一种与平台相关的机制，将外部事件通知给 Java 运行时。在类似于 UNIX 的操作系统上，这可能会是一个信号截取处理器。在没有操作系统帮助的 JVM 上，事件可能是硬件中断服务例程。

● 异步事件层(asynchronous event layer)：AsyncEvent 类的对象可以同它的 binfTo( ) 方法绑定到外部事件。

● 外部事件处理器层(asynchronous event handler layer)：AsyncEventHandler 对象通过方法 setHandler 将自己与一个或者多个 AsyncEvent 对象连接起来。当事件被触发时，它会启动附加到上面的所有处理器。

异步事件会导致 AEH 中的 run( ) 方法得到执行。run( ) 方法在每次事件被激活的时候调用一次 handleAsyncEvent( ) 方法。handleAsyncEvent( ) 方法的内容就是实际的异步事件处理代码。

程序 10.29 说明了一个事件(UNIX 信号)的异步处理过程。

程序 10.29　一个信号的异步事件处理器

```
1    import javax. realtime. * ;
2    class SigHandler extends AsyncEventHandler {
3        public void handlerAsyncEvent( ) {
4          int pending;
5          while( ( pending = getAndDecrementPendingFireCount( ) ) >= 1 )
6            if( pending > 1 )
7              System. out. println("Signal.  " + pending + "pending" );
8            else
9              System. out. println("Signal" );
10       }
11   }
```

程序 10.30 创建了程序 10.29 中的 AEH，其流程如下：

（1）创建 SigHandler 的一个实例。

（2）创建一个异步事件。

（3）把第一步中创建的处理器加到新的异步事件上。

（4）通过使用 bindTo("25") 把事件连接到信号 25。

（5）现在每当 Java 运行时认为它接收到针对此异步事件的信号 25 时，事件就会自动激活。

（6）线程睡眠，让异步事件处理器影响。

（7）由于异步事件处理器拥有创建它的线程的调度参数，它不会抢占主线程，而是要到主线程睡眠的时候它才会运行。

程序 10.30　AEH 设置和信号激活

```
1    import javax. realtime. * ;
2    public class SigEvt extends RealtimeThread {
3        public void run( ) {
4        MemoryArea immortal = ImmortalMemoruy. instance( );
5        AsyncEventHandler handler = null;
6        AsyncEvent event = null;
7        try {
8          handler = ( AsyncEventHandler )immortal. newInstance( SigHandler. class );
9          event = ( AsyncEvent )immortal. newInstance( AsyncEvent. class );
10       } catch( InstantiationExveption e ) {
11         e. printAStackTrace( );
12       } catch( IllegalAccessException e ) {
13       e. printAStackTrace( );
14       }
15       event. addHandler( handler );
```

```
16        event. bindTo("25"); // Signal number 25
17        // Pretend to signal
18        event. fire(); event. fire(); event. fire();
19        try {
20          Thread. sleep(1000);    // Let the AEH run
21        } catch(Exception e) {}
22        event. removeHandler(handler);
23        System. exit(0);
24      }
25      public static void main(String [] args) {
26        SigEvt rt = new SigEvt();
27        rt. start();
28        try {
29          rt. join();
30        } catch(InterrubpedException e) {}
31        System. exit(0);
32      }
33    }
```

　　尽管异步事件主要是针对外部事件，对于完全发生在 Java 环境内部的事件来说，它也是一个有用的工具。任何事件，只要能够调用异步事件对象的 fire() 方法，就可以让该事件的处理器得到运行。激活一个异步事件只是对一组类似于线程的实体的释放，这些实体是为该事件而注册的。

　　很多实时系统都包含很多定时器或者警报计时器的软件等部份。RTSJ 把异步事件和 Timer 类组合在一起，满足了这种需要。RTSJ 提供了两种类型的计时器：OneShotTimer 和 PeriodicTimer。OneShotTimer 一旦到达指定的时间就会执行它的 handleAsyncEvent() 方法。而一个 PeriodicTimer 会在指定的时间间隔重复地执行其 handleAsyncEvent() 方法。

　　处理程序在每次计时器激活事件时运行一次。这种激活会以指定的步调频率出现，直到计时器被禁止（通过 disable 方法）。步调频率可以用 setInterva() 方法在计时器运行的时候进行修改。

　　程序 10.31 创建了一个异步事件处理器，该处理器输出打印"tick"。程序首先把处理器附加到一个每 1.5 秒嘀嗒一次的计时器上，然后启动该计时器，使主线程睡眠一段时间。如果主线程不睡眠，应用程序会立即退出，异步事件就根本不会运行。

**程序 10.31　周期性计时器触发的异步事件处理器**

```
1    import javax. realtime. *;
2    public class PTime {
3      public static void main(String [] args) {
4        AsyncEventHandler handler = new AsyncWEventHandler() {
5          public void handleAsyncEvent() {
```

```
6            System. out. println("tick");
7          }
8        };
9        PeriodicTimer timer = new PeriodicTimer(
10         nul, // Start now
11         new RelativeTime(1500, 0), // Tick every 1.5 seconds
12         handler);
13       timer. start();
14       try {
15         Thread. sleep(20000); // Run for 20 seconds
16       } catch(Exception e) {}
17       timer. removeHandler(handler);
18       System. exir(0);
19     }
20   }
```

### 10.5.3   高解析度时间

时间是很多实时系统的重要特性。与 java. util. Date 类相比，RTSJ 需要对时间概念提供更有力的支持。HightResolutionTime 类和它的三个子类 AbsoluteTime、RelationTime 和 RationalTime 提供了一种多态的时间表达式，这使得 ETSJ 的 API 能够使用时间间隔、时间点及频率表达方式。RTSJ 的时间为纳秒解析度。

每个 RTSJ 系统至少有一个时钟。通过下面的类方法可以得到对它的一个引用：

Clock. getRealTimeClock()

HightResolutionTime 类是一个抽象类，不能被实例化。但它未使用其他高解析时间类存储毫秒和纳秒字段，并为它的所有子类提供公共的方法。以下列出 HightResolutionTime 类的方法：

AbsoluteTime absolute(Clock clock)

AbsoluteTime absolute(Clock clock, AbsoluteTime dest)

int compareTo(HightResolutionTime time)

int compareTo(java. loang. Object object)

boolean equals(java. lang. Object object)

boolean equals(HighResolutionTime object)

long getMilliseconds()

int getNanoseconds()

int hasCode()

RelativeTime relative(Clock clock)

RelativeTime relative(Clock clock, RelativeTime time)

void set(HighResolutionTime time)

void set(long millis)

void set(long millis, int nanos)

ststic void waitForObject(java. lang. Object target,

　　　　　　　　　　HighResolutionTime time) throws

　　　　　　　　　　InterruptedException

HighResolutionTime 类和 RTSJ 中给出的任何派生类都不执行任何同步操作。如果这些对象要在多线程之间修改和共享，应用程序必须自行提供同步。

### 1. 绝对时间

绝对时间可以通过与任何固定开始的时间的相对关系给出，不过出于可行性目的，绝对时间是以偏移量的方式给出的，参考值是格林威治标准设计：1970 年 1 月 1 日 0：00：00.000。

AbsoluteTime 类向 HighResolutionTime 类中添加了如下方法：

AbsoluteTime add(long millis, int nanos)

AbsoluteTime add(long millis, int nanos, AbsoluteTime destination)

AbsoluteTime add(RelativeTime time)

AbsoluteTime add(RelativeTime time, AbsoluteTime destination)

java. util. Date. getDate( )

void set(java. util. Date date)

RelativeTime subtract(Absol；uteTime time)

RelativeTime subtract(AbsoluteTime time, RelativeTime destination)

java. long. String toString( )

### 2. 相对时间

相对时间总是一段持续的期限。它可以取正数、负数或者零。

RelativeTime 类向 HightResolutionTime 类中添加了如下方法：

RelativeTime add(long millis, int nanos)

RelativeTime add(long millis, int nanos, RelativeTime destination)

RelativeTime add(RelativeTime time)

RelativeTime add(RelativeTime time, RelativeTime destination)

void addInterrivalTo(AbsoluteTime destination)

RelativeTime getInterarrivalTime( )

RelativeTime getInterarrivalTime(RelativeTime destination)

RelativeTime subtract(RelativeTime time)

RelativeTime subtract(RelativeTime time, RelativeTime destination)

java. lang. String toString( )

### 3. 有理时间

RationalTime 类通过增加频率扩展了 RelativeTime 类。它表达的是每段时间间隔内容某事物发生的频率。只有 RealtiveTime 类中那些处理两次到达间隔时间的方法需要被重载。增加的方法如下：

int getFrequency( )

void setFrequency( int frequency )

如果希望某个计时器每 1/50 秒产生一次事件激活，那么可以使用 RelativeTime 对象，并设置其为 20 毫秒。如果要确保每秒某个事件发生 50 次，并且对事件之间的间隔是否发生微小的变化很在意，那就使用 RelativeTime 对象，并把时间间隔设置为 1 秒，频率设置为 50。

### 10.5.4　内存分配

RTSJ 创建了两个新的内存分配区域来为无堆栈实时线程提供对象的访问：不朽内存（immortal memory）和领域内存（scoped memory）。

不朽内存永远不会被垃圾收集，即使不存在约束内存的情况下也能够保证无堆栈实时线程完全可用。不朽内存适用于相当多类型的实时程序，这些程序在初始化阶段分配它们所需要的所有资源，然后一直运行下去，其间不必分配或者释放任何资源。

领域内存工作起来像一个对象堆栈。当线程进入某个领域时，在该领域中分配的对象。在线程从该领域中退出以后，它不会再访问在该领域中分配的对象，JVM 可以自由回收在该领域中使用过的内存。通过把对象创建和使用封装在某个领域中，程序员可以安全地使用方便的对象。使用领域的机制称为闭包（closure）。

RTSJ 为无堆栈实时线程提供了访问规则，也为管理在堆和领域内存中存储对象引用提供了规则。这些规则必须由类检查器或者执行引擎予以强制实施。

能够以加载和存储操作访问的特殊类型的内存、I/O 设备，以及通过共享内存进行的与其他任务的通信都是嵌入式实时系统的重要议题。

特殊类型的内存与性能密切相关，某些内存属性，例如高速缓存、可共享、可分页，对使用该内存的代码的可预测性有很大的影响。

对实时系统而言，垃圾收集是令人反感的。大多数垃圾收集器会导致系统在很难预测的时间间隔停止，并进行垃圾收集。

RTSJ 定义了两种不受垃圾收集限制的内存类型：

●不朽内存：包含永远不会被进行垃圾收集或者碎片整理（或者释放）的对象。RTSJ 平台中很多对象使用不朽内存，并且不朽内存也在所有线程之间共享。不朽内存的唯一缺点是其中的对象也不朽的。它应该仅仅用于那些实际上也是不朽的对象，即那些在 JVM 终止之前都会得到使用的对象。

●领域内存：具有预定义的生命时间。从某个内存领域分配的对象将一直留存到领域不再活跃为止。那时，领域中的所有对象都可以被释放。

如果线程在某些周期内只从不朽内存和领域内存中分配，那么它就不会导致请求式垃圾收集，这极大地减少了垃圾收集对该线程的影响。

●当由某个低优先级线程所导致的请求式垃圾收集被抢占时，线程可能会延迟执行。

这类抢占延迟的最坏情形取值可以从垃圾收集器得到：

RealtimeSystem. currenytGC( ). getPreemptionalLatency( )

●如果线程等待某个锁，而持有该锁的线程当前正在执行请求式垃圾收集，那么正常的优先级提升算法会起作用,不过无论如何垃圾收集都要完成于锁被释放之前。

●任何正在执行请求式垃圾收集的高优先级线程,或者被其他正在执行请求式垃圾收集的线程所阻塞的高优先级线程,都会影响到低优先级线程的执行。

●如果线程受到某个动态优先级调度器控制,该调度器就会提供线程之间交互方面的文档,不过对于那些不从堆中分配的线程而言,垃圾收集的影响是有限的。

既采用对实时线程守秩序的调度,又使用无堆的内存分配范围,所提供的确定性执行足以满足很多实时应用的需要。

任何线程都可以得到一个对不朽内存对象的引用,并使用 newInstance( )方法来分配内存。程序 10.32 为使用 newInstance( )方法创建不朽对象。

**程序 10.32　使用 newInstance( )方法创建不朽对象**

```
1   try {
2       e = (IllegalArgumentException)ImmortalMemory. instance( ). newInstance(
3       IllegalArgumentException class) ;
4   } catch(IllegalAccessException acces) {
5     System. out. println( access) ;
6   } catch(InstantiationException instance) {
7     System. out. println( instance) ;
8   }
```

程序 10.32 中 newInstance( )方法的形式是使用了它所创建的对象的无参数构造器。newInstance( )方法的另一种形式使用反射机制,并能够使用带有参数的构造器。程序 10.33 为使用 newInstance( )方法和反射机制创建对象。

**程序 10.33　使用 newInstance( )方法和反射机制创建对象**

```
1   try {
2       Class [ ] paramTypes = new Class[1] ;
3       paramTypes [0] = Class. forName( "java. lang. String") ;
4       Class cType = Class. forName( "java. lang. Integer") ;
5       Constructor constructor = new cType. getConstructor( paramTypes) ;l
6       Object [ ] params = new Object[1] ;
7       params[0] = new String( "314159") ;
8       n = (Integer)ImmortalMemory. instance( ). newInstance( constructor, params) ;
9   } catch(IllegalAccessException access) {
10      System. out. println( access) ;
11  } catch(InstantiationException instant) {
12      System. out. println( instant) ;
13  } catch(ClassNotFoundException cnf) {
14      System. out. println( cnf) ;
15  } catch( NoSuchMethodException nsm) {
```

```
16        System. out. println( nsm ) ;
17    }
```

newArray( )方法分配一个对象数组，如程序 10.34 所示。

**程序 10.34　使用 newArray( )方法创建对象数组**

```
1    try {
2      aeh =( AsynEventHandler [ ] ) ImmortalMemory. instance( ). newArray(
3        AsynEventHandler. class, 10) ;
4    } catch( IllegalAxxessException access) {
5        System. out. println( access) ;
6    } catch( InstantiationException instant) {
7        System. out. println( instant) ;
8    }
```

不朽对象的 enter( )方法允许线程临时性地将不朽内存作为它的所有内存分配操作的默认内存。程序 10.35 为使用 enter( )方法创建不朽对象。

**程序 10.35　使用 enter( )方法创建不朽对象**

```
1    ImmortalMemory. instance( ). enter {
2      new Runnable( ) {
3        public void run( ) {
4        // In this scope immortal is the default for memory allocation
5        o. new Object( ) ; // This Object is immortal
6        }
7      }
8    } ;
```

实时线程的初始默认内存分配区域可以在线程被构造的时候指定。程序 10.36 为创建默认使用不朽内存的线程。

**程序 10.36　创建默认使用不朽内存的线程**

```
1    Runnable logic = new Runnable( ) {
2      Object o;
3      public void run( ) {
4        o = new Object( ) ;
5      }
6    } ;
7    RealtimeThread rt = new RealtimeThread( null, null, null,
8        // This starts the thread in immortal
```

```
 9      null, logic);
10      rt. start();
```

领域内存可以称为临时不朽(temporary immortal)内存。它从来不会被进行垃圾收集，不过它的生命周期是有限的，只要有线程要访问它，它就活跃着。在可以使用某块领域内存之前，必须对其进程创建：

LTMenory mem＝new LTMenory(1024 * 16，1024 * 16)；

该语句创建了一个名为 mem 的 16 KB 的内存区域对象。可以在任何时候使用普通的 new 语句来创建领域内存，内存区域对象是一个普通对象。

领域内存的构造器要传递该区域的初始大小和最大尺寸信息，SizeEstimator 类可用来设置内存区域大小。程序 10.37 为使用 SizeEstimator 类来设置内存区域大小。

**程序 10.37　使用 SizeEstimator 类来设置内存区域大小**

```
 1      SizeEstimator sizeEst＝new SizeEstimator();
 2      // Reserve space for four realtime thread objects
 3      sizeEst. reserve(RealtimeThread. class，4);
 4      // and space for an Integer
 5      sizeEst. reserve(Integer. class，1);
 6      // and a RawMemoryAccess object
 7      sizeEst. reserve * RawMemoryAccess. class，1);
 8      LTMemory mem＝new LTMemory(sizeEst，sizeEst);
 9      System,out,println("Memory in scope "+mem. memoryRemaining());
10      // Add another rt thread
11      sizeEst. reserve(RealtimeThread. class，1);
12      mem＝new LTMemory(sizeEst，sizeEst);
13      // And see how much more memory it wants
14      System. out. println("Memory in scupe "+mem. memoryRemaining());
```

当线程调用了某个内存区域的 enter() 方法时，该线程的默认内存分配上下文就切换到该内存区域了。当控制从 enter() 方法返回时，上下文就会切换回来。

程序 10.38 显示了一种在循环中使用领域内存的方法。每次执行 for 循环的时候，控制就会调用 mem 的 enter() 方法。run() 方法中分配的新对象来自 mem。控制每次从 enter() 方法返回时，实现都会释放 mem 中分配的所有对象。

**程序 10.38　一种在循环体内使用 enter() 的方法**

```
 1      Class Action implements Runnable {
 2          int j;
 3          public void run() {
 4              Integer n＝new Integer. valueOf(aergs [j]);
```

```
5        intArhs[ j] = n. intValue( );
6     }
7    }
8    mem = new LTMemory(1024 * 8, 1024 * 8);
9    Action action = new Action
10   for( int i = 0; i<this. args. length; ++i) {
11       action. j = i;
12       mem. enter( action);
13       System. out. println( intArgs[ i]);
14   }
```

程序 10.39 和程序 10.38 几乎相同，只是它在构造内存区域的时候将其与 Runnable 做了关联。

**程序 10.39　在循环体内使用 enter( )方法的另一种模式**

```
1    Class Action implements Runnable {
2        int j;
3        public void run( ) {
4            Integer n = Integer. valueOf( args[ j]);
5            intArgs[ j] = n. intValue( );
6        }
7    }
8    // Give mem a Runnable when we create it
9    Axtion action = new Action( );
10   mem = new LTMemory(1024 * 8, 1024 * 8, action);
11   for( int i = 0; i<this. args. length; ++i) {
12       action. j = i;
13       mem. enter( );
14       System. out. println( intArgs [ i]);
15   }
```

将某个领域内存区域传递给一个新线程将其作为默认的内存区域。程序 10.40 创建了一个初始内存和最大内存都是 16 KB 的 LTMemory 区域。程序打印出所消耗的内存数量，然后创建一个新线程，该线程将使用此 LTMemory 区域。程序再次检查所消耗的内存。程序接着启动新线程，新线程创建了一个由 100 个 Integer 对象组成的数组，代码如下：

```
1    public void run( ) {
2        System. out. println( Running in a scope!);
3        Integer [ ]   x = new Integer[ 100];
4    }
```

新线程退出后，LTMmeory 领域中已经使用的字节直到领域即将被重用之前不会被清除。

**程序 10.40　共享的内存领域**

```
1    LTMemory mem = new LTMemory( 1024 * 16, 1024 * 16);
2    System. ou. println(" Memory used in fresh ares = " +mem. memoryConsumed( ) );
3    RealtimeThread rt = new RealtimeThread( null, null, null,
4        mem, // The new thread will use LT Memory
5        null,
6        new MyThread( ) );
7    System. out. println(" Mem used after new thread = " +mem. memoryConsumed( ) );
8    rt. start( );
```

## 10.6　本章小结

随着多核处理器的普及，使用并发成为构建高性能应用程序的关键。Java 语言的特征之一是支持多线程，在一个程序中允许同时运行多个任务。本章介绍了 Java 多线程程序设计相关概念、基本原理和基本方法，具体涉及创建线程、线程间通信、线程同步、线程障栅、Fork/Join 框架和 Java 实时规范等内容。Java 实时规范是 Java 为适应实时计算要求而开发的。

### 习　题

1. 编写一个 Java 多线程程序计算下列级数之和。

$$\frac{1}{1 \cdot 2} + \frac{1}{2 \cdot 3} + \frac{1}{3 \cdot 4} + \cdots + \frac{1}{n \cdot (n+1)} + \cdots$$

2. 编写一个 Java 多线程程序计算下面数列的和。

$$\frac{1}{1 + \sqrt{2}} + \frac{1}{\sqrt{2} + \sqrt{3}} + \frac{1}{\sqrt{3} + \sqrt{4}} + \cdots + \frac{1}{\sqrt{624} + \sqrt{625}}$$

3. 利用如下公式：

$$\pi = 4\left[1 - \frac{1}{3} + \frac{1}{5} - \frac{1}{7} + \cdots\right] = 4 \sum_{k=0}^{\infty} \frac{(-1)^{k}}{2k + 1}$$

编写一个 Java 多线程程序计算 $\pi$ 值。

4. 辛普森(Simpson)法则是一个比矩形法更好的数值积分算法，因为收敛速度更快。辛普生法求积公式

$$\int_{a}^{b} f(x)\,\mathrm{d}x \approx \frac{1}{3n}\left[f(x_0) - f(x_n) + \sum_{i=1}^{n/2}(4f(x_{2i-1}) + 2f(x_{2i}))\right]$$

其中，$n$ 为将区间 $[a, b]$ 划分子区间数，且 $n$ 是偶数，$1 \leqslant i \leqslant n$，$x_i$ 表示第 $i$ 个区间的 $x$ 轴

坐标。利用 $\pi = \int_0^1 \dfrac{4}{1+x^2}\mathrm{d}x$，使用辛普森法则计算 $\pi$ 值的串行程序如程序 10.41 所示。

**程序 10.41　使用辛普生法则求 $\pi$ 值的串行程序**

```
1    #include "stdio. h"
2    static long n = 100000;
3    double f( int i)
4    {
5        double x;
6        x = (double)i / (double)n;
7        return 4.0 / (1.0+x * x);
8    }
9    int main( )
10   {
11       long int i;
12       double pi;
13   pi = f(0) - f(n);
14       for (i = 1; i <= n/2; i++)
15         pi += 4.0 * f(2 * i-1) + 2.0 * f(2 * i);
16       pi /= (3.0 * n);
17       printf("Appromxation of pi;%15.13f\n", pi);
18       return 0;
19   }
```

使用辛普森法则，编写一个 Java 多线程程序计算 $\pi$ 值。

5. 编写一个 Java 并行程序计算下列二重积分。

$$I = \int_0^2 \mathrm{d}x \int_{-1}^1 (x + y^2)\,\mathrm{d}y$$

6. 编写一个 Java 多线程程序计算下列二重积分。

$$I = \int_{-1}^1 \mathrm{d}x \int_x^1 y\sqrt{1 + x^2 - y^2}\,\mathrm{d}y$$

7. 编写一个 Java 多线程程序计算下列三重积分。

$$I = \int_0^4 \mathrm{d}x \int_0^3 \mathrm{d}y \int_0^2 (4x^2 + xy^2 + 5y + yz + 6z)\,\mathrm{d}z$$

8. 编写一个 Java 多线程程序实现高斯消元法。

9. 编写一个 Java 多线程程序实现 Jacobi 迭代法。

10. 编写一个 Java 多线程程序实现生产者-消费者程序，其中一些线程是生产者，另外一些线程是消费者。在文件集合中，每个产生者针对一个文件，从文件中读取文本。把读出的文本行插入到一个共享的队列中。消费者从队列中取出文本行，并对文本行进行分词。符号是被空白符分开的单词。当消费者发现一个单词后，将该单词输出。

11. 使用 Fork/Join 框架编写一个大数组求和的 Java 多线程程序。

12. 编写一个 Java 多线程快速排序程序。

13. 一个素数是一个只能被正数 1 和它本身整除的正整数。求素数的一个方法是筛选法。筛选法计算过程是创建一自然数 2，3，5，…，n 的列表，其中所有的自然数都没有被标记。令 $k=2$，它是列表中第一个未被标记的数。把 $k^2$ 和 n 之间的是 k 倍的数都标记出来，找出比 k 大的未被标记的数中最小的那个，令 k 等于这个数，重复上述过程直到 $k^2 > n$ 为止。列表中未被标记的数就是素数。使用筛选法编写一个 Java 多线程程序求小于 1000000 的所有素数。

14. 最小的 5 个素数是 2、3、5、7、11。有时两个连续的奇数都是素数，例如，在 3、5、11 后面的奇数都是素数，但是 7 后面的奇数不是素数。编写一个 Java 多线程程序，对所有小于 1000000 的整数，统计连续奇数都是素数的情况的次数。

15. 在两个连续的素数 2 和 3 之间的间隔是 1，而在连续素数 7 和 11 之间的间隔是 4。编写一个 Java 多线程程序，对所有小于 1000000 的整数，求两个连续素数之间间隔的最大值。

16. 编写一个 Java 多线程程序，开启 3 个线程，第一个线程输出 1，第二个线程输出 2，第三个线程输出 3，要求这 3 个线程按顺序输出，每个线程输出 10 次，其结果为 123123…。

17. 假设系统中有一个输入线程，两个输出线程。输入线程随机产生整数，并放入只能容纳一个数的缓冲区。如果缓冲区放入是一个奇数，由输出奇数的输出线程输出，否则由输出偶数的输出线程输出。编写一个 Java 多线程实现三线程同步互斥。

18. 水仙花数(Narcissistic number)是指一个 n 位数($n \geq 3$)，它的每个位上的数字的 n 次幂之和等于它本身，例如：$1^3 + 5^3 + 3^3 = 153$。编写一个 Java 多线程程序求 $3 \leq n \leq 24$ 所有水仙花数。

19. 编写一个 Java 多线程程序求八皇后问题所有的解。(提示：运行 8 个子任务，每个子任务将皇后放在第一行的不同列中。)

20. 完全数(perfect number)是一些特殊的自然数，它所有的真因子(即除了自身以外的约数)的和恰好等于它本身。自然数中的第一个完全数是 6，第二个完全数是 28。

6 = 1+2+3

28 = 1+2+4+7+14

编写一个 Java 多线程程序求前 8 个完全数。

# 参考文献

［1］KOPETZ H. Real-Time Systems: Design Principles for Distributed Embedded Applications［M］. 2nd ed. New York: Springer, 2011.

［2］KRISHNA C M, SHIN K G. Real-Time Systems［M］. New York: McGraw-Hill Education, 1997.

［3］WANG J. Real-Time Embedded Systems［M］. Hoboken: Wiley, 2017.

［4］HALLINAN C. Embedded Linux primer: a practical, real-world approach［M］. Upper Saddle River: Prentice Hall, 2007.

［5］BURNS A, WELLINGS A. Real-Time Systems and Programming Languages［M］. 3rd ed. Boston: Addision Wesley Longmain. 2008.

［6］GOMAA H. Real-Time Software Design for Embedded Systems［M］. Cambridge: Cambridge University Press, 2016.

［7］LEI X D, ZHAO Y L, CHEN S Q, et al. Concurrency Control in Mobile Distributed Real-Time Database Systems［J］. Journal of Parallel and Distributed Computing, 2009, 69(10):866-876.

［8］LEI Z Y, LEI X D, LONG J. Memory-Aware Scheduling Parallel Real-Time Tasks for Multicore Systems ［J］. International Journal of Software Engineering and Knowledge Engineering, 2021, 31(4): 613-634.

［9］YAO G, PELLIZZONI R, BAK S, et al. Global Real-Time Memory-Centric Scheduling for Multicore Systems ［J］. IEEE Transactions on Computers, 2016, 65(9): 2739-2751.

［10］SAIFULLAH A, FERRY D, LI J, et al. Parallel Real-Time Scheduling of DAGs［J］. IEEE Transactions on Parallel and Distributed Systems, 2014, 25(12): 3242-3252.

［11］CHWA H S, LEE J, LEE J, et al. Global EDF Schedulability Aanalysis for Parallel Tasks on Multi-core Platforms［J］. IEEE Transactions on Parallel and Distributed Systems, 2017, 28(5):1331-1344.

# 附录

## 附录 A　POSIX 线程库函数

附表 A.1　数据类型

| 数据类型 | 功能 | 数据类型 | 功能 |
|---|---|---|---|
| pthread_t | 线程句柄 | pthread_mutex_t | mutex 数据类型 |
| pthread_attr_t | 线程属性 | pthread_cond_t | 条件变量数据类型 |
| pthread_barrier_t | 同步屏障数据类型 | | |

附表 A.2　操纵函数

| 函数原型 | 功能 |
|---|---|
| int pthread_create( pthread_t * tidp, const pthread_attr_t * attr, ( void * )( * start_rtn)( void * ), void * arg) | 创建一个线程 |
| void pthread_exit( void * retval) | 终止当前线程 |
| int pthread_cancel( pthread_t thread) | 中断另外一个线程的运行 |
| int pthread_join( pthread_t tid, void * * thread_return) | 阻塞当前的线程, 直到另外一个线程运行结束 |
| int pthread_attr_init( pthread_attr_t * attr) | 初始化线程的属性 |
| int pthread_attr_setdetachstate ( pthread_attr_t * attr, int detachstate) | 设置脱离状态的属性(决定这个线程在终止时是否可以被结合) |
| int pthread_attr_getdetachstate( const pthread_attr_t * attr, int * detachstate) | 获取脱离状态的属性 |
| int pthread_attr_destroy( pthread_attr_t * attr) | 删除线程的属性 |
| int pthread_kill( pthread_t thread, int sig) | 向线程发送一个信号 |

附表 A.3　工具函数

| 函数原型 | 功能 |
|---|---|
| int pthread_equal( pthread_t threadid1, pthread_t thread2) | 对两个线程的线程标识号进行比较 |
| Int pthread_detach( pthread_t tid) | 分离线程 |
| pthread_t pthread_self( ) | 查询线程自身线程标识号 |

附表 A.4　同步函数

| 函数原型 | 功能 |
|---|---|
| int pthread _ mutex _ init ( pthread _ mutex _ t * restrict mutex, const pthread_mutexattr_t * restrict attr) | 初始化互斥锁 |
| int pthread_mutex_destroy( pthread_mutex_t * mutex) | 删除互斥锁 |
| int pthread_mutex_lock( pthread_mutex_t * mutex) | 占有互斥锁(阻塞操作) |
| int pthread_mutex_trylock( pthread_mutex_t * mutex ) | 试图占有互斥锁(不阻塞操作),即当互斥锁空闲时,将占有该锁;否则,立即返回 |
| int pthread_mutex_unlock( pthread_mutex_t * mutex) | 释放互斥锁 |
| int pthread_cond_init( pthread_cond_t * cv, const pthread _condattr_t * cattr) | 初始化条件变量 |
| int pthread_cond_destroy( pthread_cond_t * cv) | 删除条件变量 |
| int pthread_cond_signal( pthread_cond_t * cv) | 唤醒第一个调用 pthread_cond_wait( )而进入睡眠的线程 |
| int pthread_cond_wait( pthread_cond_t * cv, pthread_mutex _t * mutex) | 等待条件变量的特殊条件发生 |
| int pthread_cond_timedwait( pthread_cond_t * cv, pthread _mutex_t * mp, const structtimespec * abstime) | 到了一定的时间,即使条件未发生也会解除阻塞 |
| int pthread_cond_broadcast( pthread_cond_t * cv) | 释放阻塞的所有线程 |
| int pthread_key_create ( pthread_key_t * key, void ( * destructor) ( void * ) ) | 分配用于标识进程中线程特定数据的键 |
| int pthread _ barrier _ init ( pthread _ barrier _ t * restrict barrier, const pthread _ barrierattr _ t * restrict attr, unsigned count) | 初始化路障 |
| int pthread_barrier_wait( pthread_barrier_t * barrier) | 在路障上等待,直到所需的线程数调用了指定路障 |
| int pthread_barrier_destroy( pthread_barrier_t * barrier) | 删除路障变量 |
| int pthread_rwlock_init( pthread_rwlock_t * rwlock, const pthread_rwlockattr_t * attr) | 初始化读写锁 |
| int pthread_rwlock_rdlock( pthread_rwlock_t * rwlock) | 阻塞式获取读锁 |

**续附表 A. 4**

| 函数原型 | 功能 |
|---|---|
| int pthread_rwlock_tryrdlock( pthread_rwlock_t * rwlock) | 非阻塞式获取读锁 |
| int pthread_rwlock_wrlock( pthread_rwlock_t * rwlock) | 阻塞式获取写锁 |
| int pthread_rwlock_trywrlock( pthread_rwlock_t * rwlock) | 非阻塞式获取写锁 |
| int pthread_rwlock_unlock( pthread_rwlock_t * rwlock) | 释放读写锁 |
| int pthread_rwlock_destroy( pthread_rwlock_t * rwlock) | 删除读写锁 |
| int pthread_setspecific( pthread_key_t key, const void * value) | 为指定线程特定数据键设置线程特定绑定 |
| void * pthread_getspecific( pthread_key_t key) | 获取调用线程的键绑定, 并将该绑定存储在 key 指向的位置中 |
| int pthread_key_delete( pthread_key_t key) | 销毁现有线程特定数据键 |
| int pthread_attr_getschedparam( pthread_attr_t * attr, struct sched_param * param) | 获取线程优先级 |
| int pthread_attr_setschedparam( pthread_attr_t * attr, const struct sched_param * param) | 设置线程优先级 |

**附表 A. 5　信号量数据类型( #include <semaphore. h>)**

| 数据类型 | 功能 |
|---|---|
| sem_t | 信号量数据类型 |

**附表 A. 6　信号量函数( #include "semaphore. h")**

| 函数原型 | 功能 |
|---|---|
| int sem_init ( sem_t * sem, int pshared, unsigned int value) | 初始化信号量 |
| int sem_wait( sem_t * sem) | 将信号量值减 1 |
| int sem_post( sem_t * sem) | 将信号量值加 1 |
| int sem_destroy( sem_t * sem) | 撤销信号量 |
| int sem_sem_trywait( sem_t * sem) | 将信号量值减 1, 但非阻塞 |
| int sem_timedwait ( sem_t * sem, const struct timespec * abs_timeout) | 将信号量值减 1, 但是指定阻塞的时间上限 |
| int sem_getvalue( sem_t * sem, int * sval) | 取信号量值 |

## 附录 B   Java 多线程常用方法

附表 B.1   Thread 类常用方法

| 函数原型 | 功能 |
| --- | --- |
| static ThreadcurrentThread() | 返回对当前正在执行的线程对象的引用 |
| static void sleep(long millis) | 在指定的毫秒数内让当前正在执行的线程休眠 |
| static void sleep(longmillis, int nanos) | 在指定的毫秒数加指定的纳秒数内让当前正在执行的线程休眠 |
| static void yield() | 使当前运行的线程放弃执行，切换到其他线程 |
| booleanisAlive() | 测试线程是否处于活动状态 |
| void start() | 使该线程开始执行，Java 虚拟机调用该线程的 run() 方法 |
| run() | 该方法由 start() 方法自动调用 |
| setName(String s) | 赋予线程一个名字 |
| long getId() | 返回该线程的标识符 |
| String getName() | 返回该线程的名称 |
| int getPriority() | 返回线程的优先级 |
| void setPriority(int newPriority) | 设置线程的优先级 |
| void join() | 等待该线程终止 |
| void join(longmillis) | 等待该线程终止的时间最长为 millis 毫秒 |
| void join(longmillis, int nanos) | 等待该线程终止的时间最长为 millis 毫秒 + nanos 纳秒 |
| void interrupt() | 中断线程 |
| void setDaemon(boolean on) | 将该线程标记为守护线程或用户线程 |

附表 B.2   ExecutorService 接口的常用方法

| 方法 | 功能 |
| --- | --- |
| void execute(Runnable object) | 执行可运行任务 |
| void shutdown() | 关闭执行器，但是允许执行器中的任务执行完一旦关闭，则不接受新任务 |
| List<Runnable>shutdown() | 立即关闭执行器，即使线程池中还有未完成的线程。返回一个未完成线程列表 |
| boolean isShutdown() | 如果执行器已关闭，则返回 true |
| boolean isTerminated() | 如果线程池中所有任务终止，则返回 true |

附表 B. 3    **ReentrantLock 类的常用方法**

| 方法 | 功能 |
| --- | --- |
| void lock( ) | 获得一个锁 |
| void unlock( ) | 释放锁 |
| Condition new Condition( ) | 返回一个绑定到 Lock 实例的 Condition 实例 |
| int getWaitQueueLength(Condition condition) | 返回与此锁相关联的条件 Condition 上的线程集合大小 |
| int getQueueLength( ) | 返回正等待获取此锁的集合 |
| int getHoldCount( ) | 查询当前线程保持此锁的个数，即调用 lock( )方法的次数 |
| booleantryLock( ) | 尝试获得锁，如果锁没有被别的线程保持，则获取锁，即成功获取返回 true，否则返回 false |
| booleantryLock（long timeout, TimeUnit unit） | 尝试获得锁，如果锁没有被别的线程保持，则获取锁，即成功获取返回 true；如果没有获取锁，则等待指定的时间获取锁，返回 true，否则返回 false |
| void lockInterruptbly( ) | 如果当前线程未被中断，则获取锁；如果已中断，则抛出异常（InterruptedException） |
| boolean isHeldByCurrentThread( ) | 查询当前线程是否保持此锁 |
| booleanisLocked( ) | 查询是否存在任意线程保持此锁 |

附表 B. 4    **Condition 接口常用方法**

| 方法 | 功能 |
| --- | --- |
| void await( ) | 使当前线程在接到信号或被中断之前一直处于等待状态 |
| boolean await(long time, TimeUnit unit) | 使当前线程在接到信号、被中断或到达指定等待时间之前一直处于等待状态 |
| long awaitNanos(long nanosTimeout) | 使当前线程在接到信号、被中断或到达指定等待时间之前一直处于等待状态 |
| void awaitUninterruptibly( ) | 使当前线程在接到信号之前一直处于等待状态 |
| boolean awaitUntil(Date deadline) | 使当前线程在接到信号、被中断或到达指定最后期限之前一直处于等待状态 |
| void signal( ) | 唤醒一个等待线程 |
| void signalAll( ) | 唤醒所有等待线程 |

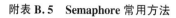

附表 B.5　Semaphore 常用方法

| 方法 | 功能 |
| --- | --- |
| Semaphore(int permits) | 创建具有给定的许可数和非公平的公平设置的 Semaphore |
| Semaphore(int permits, boolean fair) | 创建具有给定的许可数和给定的公平设置的 Semaphore |
| void acquire() | 从此信号量获取一个许可,在提供一个许可前一直将线程阻塞,否则线程被中断 |
| void acquire(int permits) | 从此信号量获取给定数目的许可,在提供这些许可前一直将线程阻塞,或者线程已被中断 |
| void acquireUninterruptibly() | 从此信号量中获取许可,在有可用的许可前将线程阻塞 |
| void acquireUninterruptibly(int permits) | 从此信号量中获取给定数目的许可,在提供这些许可前一直将线程阻塞 |
| int availablePermits() | 返回此信号量中当前可用的许可数 |
| int drainPermits() | 获取并返回立即可用的所有许可 |
| protected Collection < Thread > getQueuedThreads() | 返回一个 collection,包含可能等待获取的线程 |
| int getQueueLength() | 返回正在等待获取的线程的估计数目 |
| boolean hasQueuedThreads() | 查询是否有线程正在等待获取 |
| boolean isFair() | 如果此信号量的公平设置为 true,则返回 false |
| protected voidreducePermits(int reduction) | 根据指定的缩减量减少可用许可的数目 |
| void release() | 释放一个许可,将其返回给信号量 |
| void release(int permits) | 释放给定数目的许可,将其返回到信号量 |
| String toString() | 返回标识此信号量的字符串,以及信号量的状态 |
| boolean tryAcquire() | 仅在调用时此信号量存在一个可用许可,才从信号量获取许可 |
| boolean tryAcquire(int permits) | 仅在调用时此信号量中有给定数目的许可时,才从此信号量中获取这些许可 |
| boolean tryAcquire(int permits, long timeout, TimeUnit unit) | 如果在给定的等待时间内此信号量有可用的所有许可,并且当前线程未被中断,则从此信号量获取给定数目的许可 |
| boolean tryAcquire(long timeout, TimeUnit unit) | 如果在给定的等待时间内,此信号量有可用的许可并且当前线程未被中断,则从此信号量获取一个许可 |